21世纪高等学校计算机基础实用规划教材

C语言程序设计教程

侯九阳　主编

李彦锋　陈亦男　马晓梅　王光辉　副主编

U0249361

清华大学出版社

北京

内 容 简 介

本书以 Visual Studio 2010(Visual C++10.0)作为 C 程序的集成开发环境,以循序渐进、深入浅出的写作思想,系统地介绍了 C 语言的基本知识和程序设计方法。全书共分为 12 章,内容包括 C 语言基础知识和基本算法,C 程序设计概述、数据类型和三种结构的程序设计方法,数组、函数和指针等 C 语言程序设计重点和难点内容;结构体、共用体和枚举类型等复杂数据结构程序设计,编译预处理、文件的概念和文件的基本操作、位运算等方面的知识。

本书可作为高等学校计算机专业和非计算机专业学生学习 C 语言程序设计的教材,并且有利于读者进一步学习 C++或 Visual C++,也可作为参加计算机等级考试的读者的学习与参考书。

图书在版编目(CIP)数据

C 语言程序设计教程/侯九阳主编. —北京:清华大学出版社,2015(2023.1重印)
 21 世纪高等学校计算机基础实用规划教材
 ISBN 978-7-302-38894-4

Ⅰ. ①C… Ⅱ. ①侯… Ⅲ. ①C 语言—程序设计—高等学校—教材 Ⅳ. ①TP312

中国版本图书馆 CIP 数据核字(2015)第 004851 号

责任编辑:郑寅堃 薛 阳
封面设计:常雪影
责任校对:梁 毅
责任印制:宋 林

出版发行:清华大学出版社
　　　　网　　　址:http://www.tup.com.cn,http://www.wqbook.com
　　　　地　　　址:北京清华大学学研大厦 A 座　　　　邮　　编:100084
　　　　社 总 机:010-83470000　　　　邮　　购:010-62786544
　　　　投稿与读者服务:010-62776969,c-service@tup.tsinghua.edu.cn
　　　　质量反馈:010-62772015,zhiliang@tup.tsinghua.edu.cn
　　　　课件下载:http://www.tup.com.cn,010-83470236
印 装 者:三河市人民印务有限公司
经　　销:全国新华书店
开　　本:185mm×260mm　　**印　张:**17.5　　　　**字　　数:**433 千字
版　　次:2015 年 4 月第 1 版　　　　　　　　　**印　　次:**2023 年 1 月第 11 次印刷
印　　数:11801～12300
定　　价:45.00 元

产品编号:062513-02

出版说明

　　随着我国改革开放的进一步深化,高等教育也得到了快速发展,各地高校紧密结合地方经济建设发展需要,科学运用市场调节机制,加大了使用信息科学等现代科学技术提升、改造传统学科专业的投入力度,通过教育改革合理调整和配置了教育资源,优化了传统学科专业,积极为地方经济建设输送人才,为我国经济社会的快速、健康和可持续发展以及高等教育自身的改革发展做出了巨大贡献。但是,高等教育质量还需要进一步提高以适应经济社会发展的需要,不少高校的专业设置和结构不尽合理,教师队伍整体素质亟待提高,人才培养模式、教学内容和方法需要进一步转变,学生的实践能力和创新精神亟待加强。

　　教育部一直十分重视高等教育质量工作。2007 年 1 月,教育部下发了《关于实施高等学校本科教学质量与教学改革工程的意见》,计划实施"高等学校本科教学质量与教学改革工程(简称'质量工程')",通过专业结构调整、课程教材建设、实践教学改革、教学团队建设等多项内容,进一步深化高等学校教学改革,提高人才培养的能力和水平,更好地满足经济社会发展对高素质人才的需要。在贯彻和落实教育部"质量工程"的过程中,各地高校发挥师资力量强、办学经验丰富、教学资源充裕等优势,对其特色专业及特色课程(群)加以规划、整理和总结,更新教学内容、改革课程体系,建设了一大批内容新、体系新、方法新、手段新的特色课程。在此基础上,经教育部相关教学指导委员会专家的指导和建议,清华大学出版社在多个领域精选各高校的特色课程,分别规划出版系列教材,以配合"质量工程"的实施,满足各高校教学质量和教学改革的需要。

　　本系列教材立足于计算机公共课程领域,以公共基础课为主、专业基础课为辅,横向满足高校多层次教学的需要。在规划过程中体现了如下一些基本原则和特点。

　　(1) 面向多层次、多学科专业,强调计算机在各专业中的应用。教材内容坚持基本理论适度,反映各层次对基本理论和原理的需求,同时加强实践和应用环节。

　　(2) 反映教学需要,促进教学发展。教材要适应多样化的教学需要,正确把握教学内容和课程体系的改革方向,在选择教材内容和编写体系时注意体现素质教育、创新能力与实践能力的培养,为学生的知识、能力、素质协调发展创造条件。

　　(3) 实施精品战略,突出重点,保证质量。规划教材把重点放在公共基础课和专业基础课的教材建设上;特别注意选择并安排一部分原来基础比较好的优秀教材或讲义修订再版,逐步形成精品教材;提倡并鼓励编写体现教学质量和教学改革成果的教材。

　　(4) 主张一纲多本,合理配套。基础课和专业基础课教材配套,同一门课程可以有针对不同层次、面向不同专业的多本具有各自内容特点的教材。处理好教材统一性与多样化、基本教材与辅助教材、教学参考书,文字教材与软件教材的关系,实现教材系列资源配套。

（5）依靠专家，择优选用。在制定教材规划时依靠各课程专家在调查研究本课程教材建设现状的基础上提出规划选题。在落实主编人选时，要引入竞争机制，通过申报、评审确定主题。书稿完成后要认真实行审稿程序，确保出书质量。

繁荣教材出版事业，提高教材质量的关键是教师。建立一支高水平教材编写梯队才能保证教材的编写质量和建设力度，希望有志于教材建设的教师能够加入到我们的编写队伍中来。

21 世纪高等学校计算机基础实用规划教材
联系人：魏江江 weijj@tup. tsinghua. edu. cn

前　言

　　本书是根据教育部高等学校计算机基础课程教学指导委员会于 2009 年 10 月发布的《高等学校计算机基础教学发展战略暨计算机基础课程教学基本要求》的指导精神,按照"1+X"课程体系改革的要求,侧重于"语言级程序设计"层面而编写的一门 C 语言程序设计基础教程。

　　程序设计语言是程序设计的工具。一种程序设计语言凝聚了具有时代特征的程序设计理念和方法。为了有效地进行程序设计,正确地应用程序设计语言表达算法,必须准确地运用程序设计语言,掌握其语法知识。C 语言以它丰富的功能、灵活的使用及执行的高效性等特点,在国内外都得到了广泛的应用。本书所选择的语法知识只是进入 C 语言天地的一些基本知识。因为任何一本教材都不可能是万能的,不可能既适合初学者,又适合需要进一步提高者。所以我们仅仅把这本教材定位在刚刚开始涉猎 C 语言程序设计的初学者。

　　本书是编者总结多年的一线教学经验,精心编写而成的,其内容丰富,结构合理,实践性强,深入浅出,既注重理论知识,又注重程序设计方法的训练,突出了实践性与实用性。本书系统地介绍了 C 语言的基本知识和程序设计方法,在讲解基本概念、基本理论、基本方法的基础上,通过精心编写的应用实例或例题进行程序设计实践,有利于读者对 C 语言基本知识的掌握和程序设计能力的提高。本书选择 Visual Studio 2010(Visual C++10.0)作为 C 程序的集成开发环境,所有的实例程序都在该集成开发环境中逐一运行通过。

　　全书内容分为三个部分共 12 章,第一部分由第 1 章至第 5 章组成,介绍 C 语言基础知识和基本算法,包括 C 语言程序设计概述、数据类型和三种结构的程序设计方法等;第二部分包括第 6 章至第 8 章,主要讲解数组、函数和指针等 C 语言程序重点和难点内容,并通过程序实例给出了一些常用算法;第三部分包括第 9 章至第 12 章,讨论了结构体、共用体和枚举类型等复杂数据结构,并介绍了编译预处理、文件的概念和文件的基本操作、位运算等方面的知识。

　　本书由侯九阳任主编,李彦锋、陈亦男、马晓梅、王光辉任副主编,王国权主审,全书由侯九阳负责统稿。其中,第 1 章、第 7 章、第 10 章由侯九阳编写,第 2 章、第 3 章、第 12 章由李彦锋编写,第 8 章、第 9 章和附录部分由陈亦男编写,第 4 章、第 6 章由马晓梅编写,第 5 章、第 11 章由王光辉编写。在本书的编写过程中,得到了许多高校领导、专家和学者的大力支持和帮助,在此致以诚挚的谢意!

　　本书可作为高等学校计算机专业和非计算机专业学习 C 语言程序设计的教材,各校可根据教学大纲的要求对讲授内容进行适当取舍。

　　由于编者水平有限,书中难免有疏漏之处,恳请各位专家和读者批评指正。

编者

2013 年 4 月

目　录

第1章 C 语言程序设计概述

计算机程序设计语言通常简称为编程语言,是一组用来定义计算机程序的语法规则,用来向计算机发出指令。从计算机诞生至今,程序设计语言也在伴随着计算机技术的进步不断发展。本章介绍计算机程序设计涉及的基本知识,C 语言的发展简史及特点,并通过实例说明 C 语言程序的结构和书写规则,以及 Microsoft Visual Studio 2010 集成开发环境的基本操作。

1.1 计算机语言和计算机程序

程序是操作计算机完成特定任务的指令的集合,由程序设计语言编写实现。计算机语言的种类很多,每一种语言都包含一组指令及一套语法规则,总体上来说可以分成机器语言、汇编语言、高级语言三大类。

1. 机器语言

机器语言是用二进制代码表示的、计算机能直接识别和执行的一种机器指令系统的集合。它是计算机的设计者通过计算机的硬件结构赋予计算机的操作功能。机器语言具有灵活、直接执行和速度快等特点。

机器语言程序能够被计算机直接识别和执行,因而效率较高。用机器语言编写程序,编程人员首先要熟记所用计算机的全部指令代码和代码的含义。手编程序时,程序员得自己处理每条指令和每一个数据的存储分配和输入输出,还得记住编程过程中每步所使用的工作单元处在何种状态。这是一件十分烦琐的工作,编写程序花费的时间往往是实际运行时间的几十倍或几百倍。而且,编出的程序全是 0 和 1 的指令代码,直观性差,还容易出错,不便于修改。现在,除了计算机生产厂家的专业人员外,绝大多数的程序员已经不再去学习机器语言了。

2. 汇编语言

汇编语言是一种符号语言,是在机器语言基础上直接发展起来的一种面向机器的低级语言。在汇编语言中,用助记符(Memoni)代替机器指令的操作码,用地址符号(Symbol)或标号(Label)代替指令或操作数的地址。汇编语言克服了机器语言难读、难编、难记和易出错的缺点,同时由于汇编语言的每一条指令都与机器语言的指令保持着一一对应的关系,可方便地对硬件进行控制和操作,能充分发挥硬件的潜力。

使用汇编语言编写的程序,机器不能直接识别,还要由汇编程序(或者叫汇编语言编译器)转换成机器指令。汇编程序将符号化的操作代码组装成处理器可以识别的机器指令,这个组装的过程称为组合或者汇编。因此,有时候人们也把汇编语言称为组合语言。

汇编语言像机器指令一样，是硬件操作的控制信息，其仍然是面向机器的语言，使用起来还是比较烦琐费时的，通用性也差。但是，汇编语言用来编制系统软件和过程控制软件时，其目标程序占用内存空间少，运行速度快，有着高级语言不可替代的用途。

3. 高级语言

汇编语言和机器语言是面向机器的，不同类型计算机所使用的汇编语言和机器语言是不同的。1954 年出现的 Fortran 语言以及随后相继出现的其他高级语言，开始使用接近人类自然语言，但又消除了自然语言中的歧义性的语言来描述程序。这些高级语言使人们开始摆脱进行程序设计必须先熟悉机器内部结构的桎梏，只需按照解题的过程写出相应的程序，把精力集中于解题思路和方法上。

但是，计算机是不能直接执行高级语言程序的，必须翻译成二进制程序代码才能在机器上运行。高级语言的翻译程序有两种方式：一种是先把高级语言程序翻译成机器语言（或先翻译成汇编语言，然后再由汇编程序再次翻译成机器语言）表示的目标程序，之后再链接成为可执行文件，然后在机器上执行，这种翻译程序称为编译程序，多数高级语言如 Fortran、Pascal、Basic、C 等都采用这种方式。另一种是直接把高级语言源程序逐句翻译，一边解释一边执行，不产生目标程序。这种翻译程序称为解释程序，如 Basic 就采用这种方式。

目前，一般的高级语言都提供了集成开发环境，它集源程序编辑、编译（解释）和执行于一体，非常方便用户使用，如 Visual Studio、Dev C++、Delphi 等。

1.2 C 语言概述

C 语言是世界上最流行、使用最广泛的高级程序设计语言之一，是最靠近机器的通用程序设计语言。最初设计时它是作为一种面向系统软件（操作系统和语言处理系统）的语言，即用来代替汇编语言的，但是由于 C 语言强大的生命力，目前其已被广泛地应用于事务处理、科学计算、工业控制和数据库技术等各个方面。

1.2.1 C 语言的产生和发展

C 语言是 1972 年由美国的 Dennis Ritchie 设计发明的。较早的操作系统等系统软件基本上是用汇编语言编写的，但汇编语言对硬件的依赖过强，从而导致了可读性和可移植性差等不足。为克服这些不足，系统软件最好采用高级语言来编写，但事实上大多数高级语言难以胜任汇编语言的一些功能，如对内存地址的操作、位操作等。人们迫切希望有一种语言既具有高级语言的特性，又具有低级语言的特性，集两者优点于一身，因此 C 语言应运而生。

1970 年美国 AT&T 公司贝尔实验室的 Ken Thompson 为实现 UNIX 操作系统而提出一种仅供自己使用的工作语言，由于该语言是基于 1967 年由英国剑桥大学 Matin Richards 提出的 BCPL 语言设计的，因而被命名为 B 语言。1972 年贝尔实验室的 Dennis M. Ritchie 又在 B 语言基础上系统引入了各种数据类型，从而使 B 语言的数据结构类型化，并将改进后的语言命名为 C 语言。1973 年贝尔实验室正式发表了 C 语言，同时，B. W. Kerninghan 和 D. M. Richie 以 UNIX V 的 C 编译程序为基础写出了影响深远的名著 *The C Programming Language*，这本书上介绍的 C 语言是以后各种 C 语言版本的基础，被称为传统 C。1978 年开始，C 语言独立于 UNIX 和 PDP，被先后移植到大、中、小及微型机上。C 语言很快便风靡全世界，成为世界上应用最广泛的计算机程序设计语言之一。

1983 年，美国国家标准会(ANSI)开始对 C 语言进行标准化，并且在当年公布了第一个 C 语言标准草案，即 83 ANSI C。1987 年，ANSI 又公布了一个 C 语言标准——87 ANSI C，并且在 1990 年，这一标准被国际标准组织 ISO 接受为 ISO C 的标准(ISO 9899：1990)。1994 年，ISO 又修订了 C 语言的标准。目前流行的 C 语言编译系统大多是以 ANSI C 为基础进行开发的，但不同版本的 C 编译系统所实现的语言功能和语法规则略有差别。

随着面向对象和可视化程序设计的发展需求，在 C 语言的基础上又产生了 C++、Visual C++、Java、C# 等程序设计语言。目前，在微机上广泛使用的 C 语言编译系统有 Microsoft C、Turbo C、Borland C、DEV-C 等。

1.2.2 C 语言的特点

C 语言发展如此迅速，而且成为最受欢迎的语言之一，主要是因为它具有强大的功能。许多著名的系统软件，如 Foxbase 等就是由 C 语言编写的。用 C 语言加上一些汇编语言子程序，就更能显示 C 语言的优势，例如 PC-DOS、Word 等就是用这种方法编写的。归纳起来 C 语言具有下列特点。

(1) 语言简洁紧凑、使用灵活方便。C 语言共有 32 个关键字，9 种控制语句，程序书写自由。一个 C 语句可以写在一行上，也可以分多行书写，主要用小写字母表示。

(2) C 语言的运算符丰富，运算功能强。C 语言的运算符包含的范围很广泛，共有 34 种之多。C 语言把括号、赋值、强制类型转换等均作为运算符处理。与其他语言相比，C 语言的运算类型丰富，表达式类型多样化，在 C 中可以灵活使用各种运算符实现在其他语言中难以实现的运算。

(3) C 语言的数据类型丰富。C 的数据类型包括整型、实型、字符型、数组类型、指针类型、结构体类型、共用体类型等，能用来实现各种复杂的数据类型的运算。尤其是指针类型数据，使用十分灵活，使程序效率更高，是 C 语言的一大特点。

(4) C 语言的结构化特征显著。C 语言具有结构化控制语句(如 if-else 语句、do-while 语句、for 语句等)，并以函数作为程序的模块单位，能更好地实现程序的模块化。

(5) C 语言语法限制不太严格，程序设计自由度较大。例如，对变量类型使用比较灵活，整型、字符型及逻辑型数据可以通用。并且其放宽了语法检查，因此程序员应当仔细检查程序，保证其正确，而不要过分依赖 C 编译程序去检查。编写一个正确的 C 程序可能会比编写一个其他高级语言程序难一些，因而对用 C 语言编程的人，要求更高一些。

(6) C 语言允许直接访问物理地址，进行位运算，能够实现汇编语言的大部分功能，可直接对硬件进行操作。因此 C 语言既具有高级语言功能，又具有低级语言的许多功能，可用来编写系统软件。这种双重性，使它既是成功的系统描述语言，又是通用的程序设计语言。故 C 语言有"高级语言中的低级语言"之美誉。

(7) C 语言程序生成的目标代码质量高，程序执行效率高。C 语言程序生成的目标代码一般只比汇编语言程序生成的目标代码效率低 10%～20%。

此外，C 语言还有程序通用性强、可移植性好等特点。由于 C 语言的这些优点，使得 C 语言的应用面很广，成为深受编程者喜欢的一门程序设计语言。当然，C 语言也有自身的不足,如语法限制不太严格、对数组下标越界不做检查等。

1.2.3　C 语 言 程 序 结 构

在介绍 C 语言程序格式之前,首先来看几个简单的 C 语言程序实例,从而直观地了解 C 语言程序的基本构成和格式特点。

【例 1.1】 在显示器上输出字符串。

```
/ * 程序名 c_programming.c, 输出字符串"C Programming!" * /
# include "stdafx.h"
# include < stdio.h >
# include < stdlib.h >
int main( )
{
    printf("C Programming!\n");
    system("pause");
    return 0;
}
```

执行程序后,在显示器上的输出结果如下:

```
C Programming!
```

说明:

(1) 第 1 行以 / * 开头到 * /结尾之间的内容为注释。注释文字可以是任意字符,如汉字、拼音和英文等。注释可以放在程序中的任意位置,它只是给读程序者看的,帮助理解,对编译和运行不起作用。

(2) 第 2～4 行的 #include 是 C 语言的编译预处理命令,作用是将程序头文件 stdafx.h,系统头文件 stdio.h、stdlib.h 包含到当前程序中来。标准 C 编译系统提供了上百种库函数,用户编写的程序中可直接调用系统提供的库函数,C 语言的库函数的原型定义都是放在头文件中的,调用库函数时必须使用 include 命令将该头文件包含到程序中。stdio.h 为系统的标准输入输出头文件,定义了 I/O 库所用到的某些宏和输入输出相关的系统函数的定义信息;stdlib.h 是系统标准函数库头文件,其中包含对动态存储分配库函数和常用的系统函数等的定义。注意,预处理命令后面没有“;”,因为它不是 C 语言执行语句。关于 C 语言的编译预处理命令将在第 10 章详细介绍。

(3) void main 是主函数的声明,void 说明该函数没有返回值,main 是函数名,表示这是一个主函数,每一个 C 源程序都必须有且只有一个主函数。大括号{ }括起来的部分为 main 函数的函数体,是函数所要完成的操作,每个函数至少有一对{ }。函数体内主要由语句组成,C 语言规定一个语句后面必须加一个分号“;”。本例中函数体内只有一个语句,即程序的第 6 行。

(4) 第 7 行为系统函数 printf 函数的调用语句。printf 函数为系统在标准输入输出头文件 stdio.h 中提供的一个输出函数,其作用为将双引号内的字符串原样输出到终端(一般指显示器)。\n 为一个换行符,表示输出字符串“C Programming!”后回车换行。

(5) 第 8 行是系统函数 system 的调用语句,是在头文件 stdlib.h 中提供的调用系统命令的函数,作用是将命令 pause 传递给 DOS 执行,使 DOS 暂停执行命令文件并显示信息,以便用户查看屏幕输出结果。

【例1.2】 求一个梯形的面积。

```
/* 本程序求梯形的面积 */
# include "stdafx.h"
# include <stdio.h>
# include <stdlib.h>
int main()
{
    float s, a, b, h;                   /* 定义浮点型变量 */
    scanf("%f %f %f",&a, &b, &h);       /* 从终端输入数值赋给变量 a、b、h */
    s = (a + b) * h/2;
    printf("s = %.2f \n", s);           /* 输出面积,结果保留 2 位小数 */
    system("pause");
    return 0;
}
```

程序运行时,如果输入 3.5 7 10,则显示结果如下:

s = 52.50

说明:

程序中第 8 行为系统函数 scanf 的调用语句。scanf 函数是系统所提供的一个数据输入函数,其所在头文件也是 stdio.h。scanf 函数中的"%f"为格式控制串,表示要输入实型数据(%f 为浮点型数据的格式控制符);后面的",&a,&b,&h"表示输入的数值分别赋给变量 a、b、h。

【例1.3】 求两个整数的最大值。

```
/* 本程序调用函数 max 求两整数的最大值 */
# include "stdafx.h"
# include <stdio.h>
# include <stdlib.h>
int max(int m, int n)               /* 定义求 x、y 最大值的函数 */
{
if(m > n)
    return m;
    return n;
}
int main( )
{
    int x = 9, y = 2, maxVal;        /* 变量定义并赋值 */
    maxVal = max(x, y);              /* 应用函数求 x、y 的最大值 */
    printf("%d and %d,the max is %d\n", x, y, maxVal);
    system("pause");
    return 0;
}
```

程序输出结果如下:

9 and 2,the max is 9

C 语言程序设计概述

说明：

（1）本程序定义了两个函数，一个是主函数 main 函数，另一个是 max 函数。

（2）本程序的 main 函数的函数体由 4 个语句组成（程序中第 12 行～第 15 行），第 1 个语句为变量定义语句，在此定义了 3 个 int 型（整型）变量 x、y、maxVal。后 4 个语句为可执行语句。

（3）函数 max 用来求两个整型变量的最大值，函数体内部的 return 的作用是结束函数并将变量的值返回被调用位置。

（4）程序执行时，首先执行 main 函数的函数体，当执行到语句 maxVal ＝ max(x, y) 时，转至 max 函数并运行其函数体，当执行 return 时，max 函数运行结束，并将返回值作为函数运行结束的值带回到 main 函数中，并赋值给变量 maxVal。

（5）本例中涉及了函数的调用、函数的形式参数与实际参数、函数的返回值等内容。

在此读者只需有个简单理解即可，更为详细的内容将在第 8 章介绍。

由以上 3 个 C 程序实例，可以看出 C 程序的基本结构有以下几个特点。

（1）C 程序为函数模块结构，所有的 C 程序都是由一个或多个函数构成的。其中至少且仅有一个 main 函数。

（2）C 程序的执行总是从主函数 main 开始执行，且不论 main 函数在整个程序中的位置如何（main 可放在最前、最后或其他两个函数之间），当 main 函数执行完毕后，程序也执行结束。

当执行到调用函数的语句时，程序将控制转移到调用函数中执行，执行结束后，再返回主函数继续执行，直至程序结束。

（3）C 程序的函数包括由编译系统提供的标准函数（如 printf()、scanf()等）和用户自定义函数（如例 1.3 中的 max()等）。

函数是 C 语言程序的基本单位，由函数首部和函数体两部分组成。其一般结构为：

```
函数类型    函数名([形式参数说明])
{
    数据说明部分
    语句部分
}
```

函数首部用于说明函数的函数名、函数的返回值类型、函数的属性及函数的参数等。如例 1.3 中的 max 函数的函数定义 max(int m, int n)。注意函数名后的一对圆括号不能省略，即使函数没有形式参数，如 main()函数。

函数体即函数首部后一对大括号内的部分，第一个大括号{表示函数体开始，最后一个大括号}表示函数体结束。函数体一般包括声明部分和执行部分两部分。声明部分主要由变量定义语句、函数声明语句等组成；执行部分由若干个可执行语句组成。函数体中可以有多对大括号，它们构成复合语句。

（4）C 源程序中可以有编译预处理命令。预处理命令通常应放在源文件或源程序的最前面。如前面例子中的文件包含命令♯include。

（5）每个 C 语言语句（执行语句及变量定义语句等）的最后必须有一个分号";"。分号是 C 语言的必要组成部分，是必不可少的。但预处理命令，函数首部和大括号}之后不能加分号。

（6）源程序中还应有适当的注释,以增强程序的可读性。

1.2.4 C 程序格式特点

根据 C 语言的语法要求及特点,C 程序在格式上还具有以下 4 个特点:

（1）一个说明或一个语句占一行。但是 C 源程序书写格式自由,一行内可以写多个语句,一个语句也可以写在多行上,但这样可能会影响程序的可读性,因此不建议这样书写。

（2）函数与函数之间加空行,以清楚地分出程序中有几个函数。

（3）C 程序中用大括号{}表示程序的结构层次,常采用"锯齿形"书写格式,低一层次的语句或说明可比高一层次的语句或说明缩进若干空格后书写,同一个层次结构中的语句左对齐,以便看起来更加清晰,增加程序的可读性。

（4）C 语言程序习惯上使用小写英文字母,大写字母常常是作为常量的宏定义和其他特殊用途使用的。

程序中的英文字母的大小写敏感,即大写字母与小写字母被认为是不同的字符。如某程序段中若有以下语句:

```
int result;
Result = 0;
```

编译时则会出现变量 Result 未定义的错误。因为第 1 行定义的 int 型变量 result 全由小写字母组成,而第 2 行赋值语句中变量名为 Result(输入时将小写字母 r 误写为大字字母 R),此时则认为 result 和 Result 为两个不同的变量名,而 Result 在前面并未给出定义,所以编译时出错。

1.3 C 程序的运行步骤与运行环境

1.3.1 C 程序的运行步骤

运行一个 C 程序,是指从建立源程序文件直到执行该程序并输出正确结果的全过程。在不同的操作系统和编译环境下运行一个 C 程序,其具体操作和命令形式可能有所不同,但基本过程是相同的,即必须经历如图 1.1 所示的步骤。

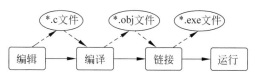

图 1.1 C 程序运行过程

C 程序运行的步骤如下:

（1）建立源程序文件。可以利用各种文本编辑器(如 Windows 提供的"记事本"等),也可以利用 C 语言的各种集成开发环境,来输入与编辑 C 语言源程序。后者更为方便。源程序编辑好后,将其以文件的形式保存,C 源程序的扩展名为 c。

（2）对编辑好的源程序进行编译。用 C 语言的编译程序对源程序进行编译,形成扩展名为 obj 的目标程序文件。目标程序文件的内容为机器语言指令。

（3）将目标程序文件与库函数连接。通过 C 语言的连接程序将编译后得到的目标程序文件与库函数进行连接，得到可以执行的程序文件，其扩展名为 exe。

（4）运行可执行程序文件。

图 1.2 给出了运行一个 C 程序的过程，其中带箭头的实线表示操作流程，虚线表示输入与输出的文件。

1.3.2　Visual Studio 2010 集成开发环境

现有的 C 编译系统都是集程序的编辑、编译、连接和运行为一体的集成开发环境（IDE），本书选择 Visual Studio 2010（Visual C++ 10.0）作为 C 程序的集成开发环境。Visual Studio 2010 是微软公司推出的，是目前最流行的 Windows 平台应用程序开发环境。Visual Studio 2010 版本于 2010 年 4 月 12 日上市，其集成开发环境（IDE）的界面被重新设计和组织，变得更加简单明了。Visual Studio 2010 同时带来了 NET Framework 4.0、Microsoft Visual Studio 2010 CTP（Community Technology Preview），并且支持开发面向 Windows 7 的应用程序。本书主要介绍在 Windows 操作系统下，利用 Visual Studio 2010 运行 C 程序的有关内容与方法，而与面向对象及可视化程序设计相关的内容将不进行说明。

1. Visual Studio 2010 集成开发环境的启动

如果计算机中已正确安装 Visual Studio 2010，则在 Windows"开始"菜单中选择"程序"→Microsoft Visual Studio 2010→Microsoft Visual Studio 2010，即可启动 Microsoft Visual Studio 2010 集成环境，显示主窗体。

2. Visual Studio 2010 的主窗体

Visual Studio 2010 的主窗体（建立源文件后的主窗体）如图 1.2 所示。开发环境包括多页面窗口、工程管理器以及调试器等，在工程管理器中集合了编辑器、编译器、连接程序和执行程序。主窗体顶端自上而下分别为标题栏、菜单栏、工具栏。工具栏的下方有左右两个窗口，左窗口为多页面窗口，包括解决方案资源管理器、类浏览器、属性窗口等，右窗口为工程编辑器窗口，源代码的输入与编辑工作就是在右侧窗口进行的。再下面为输出窗口，包括错误列表、查找结果、调试等窗口。编译源程序时，出现的错误信息便显示在错误列表窗口中。当进入调试模式时，与调试程序相关的窗口如局部变量窗口、监视窗口、即时窗口及输出窗口会显示在下方的标签中，如图 1.3 所示。主窗体屏幕最下方是状态栏，显示当前操作及光标当前位置等提示信息。

3. 集成开发环境设置

编辑环境的设置可以通过以下操作完成：单击主菜单"工具"→"选项"，就会弹出"选项"对话框，如图 1.4 所示，展开"环境"标签，可以有许多个性化的设置选项，如语言环境、字体、颜色、快捷键、启动界面等设置，用户可以根据自己的习惯和喜好进行个性化的设置。

4. 菜单栏

菜单栏中包括"文件"、"编辑"、"搜索"、"视图"、"项目"、"生成"、"调试"、"团队"、"数据"、"工具"、"体系结构"、"测试"、"分析"、"窗口"和"帮助"共 15 个主菜单项。下面介绍 3 个运行 C 程序时常用的菜单项的功能。

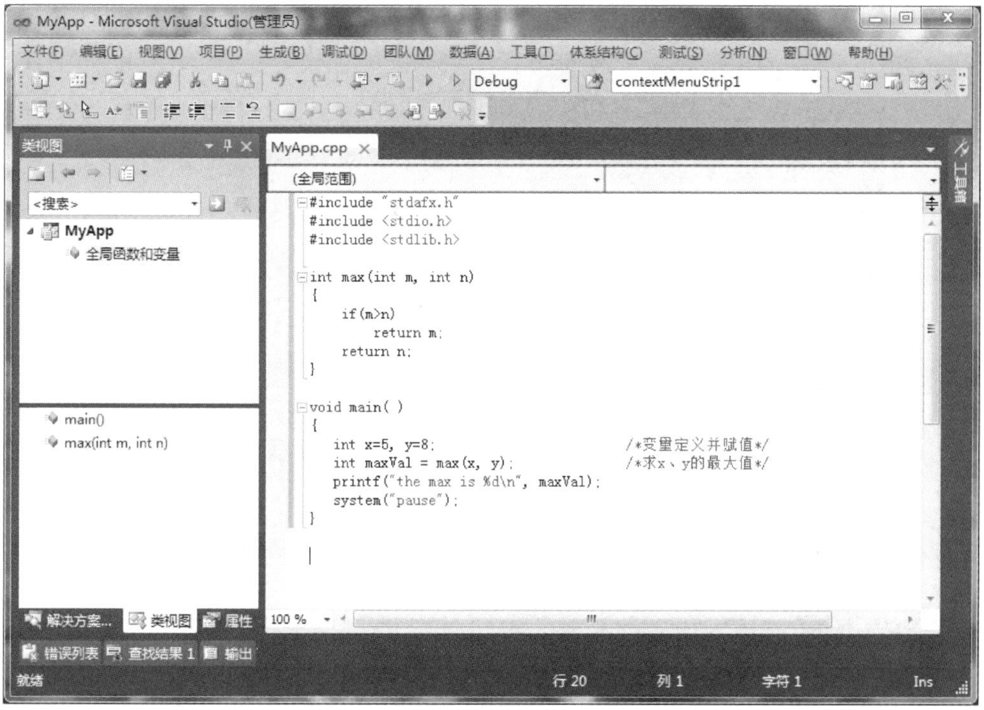

图 1.2　Visual Studio 2010 的主窗体

图 1.3　调试窗口

C 语言程序设计概述

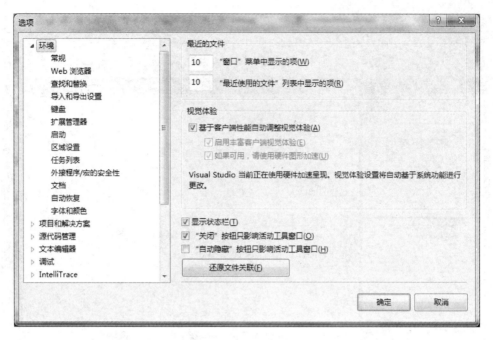

图 1.4 "选项"对话框

（1）"文件"菜单。

在"文件"菜单中共包括 16 个子菜单项如图 1.5 所示，主要用于对文件、项目、解决方案及文档等进行相关操作。下面介绍其各菜单命令的功能。

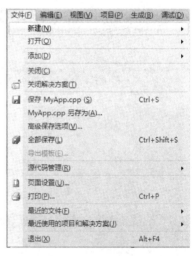

"新建"：用来创建新的项目、工程、网站、资源文件或模板。

"打开"：用来打开一个已存在的文件、解决方案、网站等。通过"打开"的下一级菜单可以指定文件位置及文件类型等。

"添加"：用来添加新的项目或网站。

"关闭"：用来关闭在活动窗口中打开的文件。若文件修改后尚未保存，系统会提示用户是否进行保存。

"关闭解决方案"：用来关闭当前打开的解决方案。

"保存"：将当前窗口中的文件内容保存到源文件中。若该文件是未命名的新文件，则弹出"保存文件"对话框。

图 1.5 "文件"菜单

"另存为"：选择该命令后，弹出"保存文件"对话框，用于将打开的文件保存为另一个新文件。

"高级保存选项"：可以设置所保存源文件的编码格式。

"全部保存"：用于将当前打开的所有工程和文件进行保存。如果有未命名的新文件，则会弹出"保存文件"对话框。

"导出模板"：可以将现有的项目导出为项目模板。

"源代码管理"：用于多人合作开发项目时源代码的管理。

"页面设置"：设置编辑页面的大小、边距等。

"打印"：用来打印当前正在编辑的文件。

"最近的文件"：近来打开或创建的单独的文档列表。

"最近使用的项目和解决方案"：近来创建或打开的项目和解决方案列表。

"退出"：选取该命令，将退出集成环境。

（2）"编辑"菜单。

"编辑"菜单中共有 18 个子菜单项如图 1.6 所示，提供了丰富的文件编辑操作功能。下面给出了一些常用命令的功能。

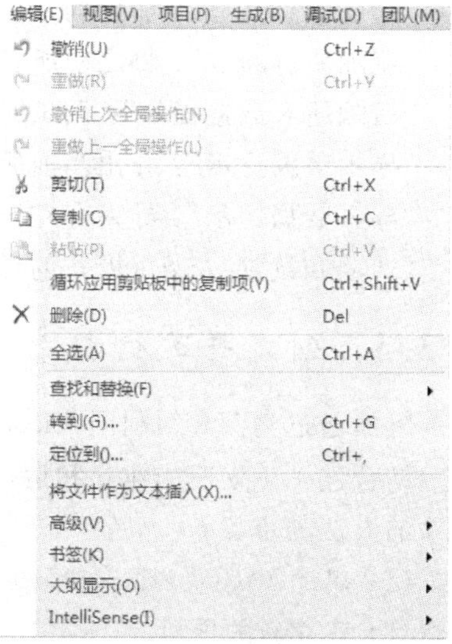

"撤销"：撤销最近一次的编辑操作。

"重做"：恢复被"恢复"撤销的编辑操作。

"撤销上次全局操作"：撤销最近一次的对全局的编辑操作。

"重做上一全局操作"：恢复被"恢复"撤销的对全局的编辑操作。

"剪切"：将选定的内容删除并存放至剪贴板中。

"复制"：将选定的内容复制到剪贴板中。

"粘贴"：将剪贴板中内容粘贴到当前光标位置。

"循环应用剪贴板中的复制项"：将剪贴板中的内容多次循环使用，相当于多次复制再多次粘贴。

"删除"：删除当前编辑窗口中选定的所有内容。

"全选"：选定当前编辑窗口中的所有内容。

"查找和替换"：在项目或文件中查找指定的内容或替换该内容。

"转到"：光标跳转到指定的行。

"定位到"：光标跳转到指定关键词所在的位置。

图 1.6　"编辑"菜单

"将文件作为文本插入"：将指定文件的内容插入到当前编辑的文档。

"高级"：对代码格式的调整，如快速注释／取消、增加／减小缩进、格式化代码等。

"书签"：管理项目中用到的书签。

"大纲显示"：以大纲的视图显示代码，此时代码可折叠／展开显示。

IntelliSense：对智能提示进行管理。

（3）"调试"菜单。

"调试"菜单用于编译、运行应用程序。其共包含 16 个子菜单项，如图 1.7 所示。下面介绍常用的一些菜单命令。

"窗口"：指定断点、输出及即时窗口是否显示。

"启动调试"：启动程序并进入调试模式。

"开始执行（不调试）"：启动程序不进入调试模式。

图 1.7　"调试"菜单

C语言程序设计概述

"启动性能分析"：分析程序的性能并给出建议。

"附加到进程"：将程序连接到正在运行的程序。

"异常"：设定程序在发生哪些异常时中断。

"逐语句"：调试时每次执行一条语句。

"逐过程"：调试时每次执行一个过程。

"切换断点"：在当前语句处设置或取消断点。

"新建断点"：在当前语句处设置断点，可设置中断条件。

"删除所有断点"：将之前所有设置的断点删除。

"清除所有数据提示"：调试时，将之前所有显示的数据提示清除。

"导出数据提示"：导出当前所有数据提示到 XML 文件。

"导入数据提示"：导入存在于 XML 文件中的数据提示。

"选项和设置"：调试模式的环境及相关选项的设置。

1.3.3 创建并运行程序

下面通过实例介绍利用 Visual Studio 2010 集成环境创建并运行 C 程序的方法。

结合例 1.1 程序的建立和运行过程，下面给出了在 Visual Studio 2010 集成环境中运行程序的方法与步骤。

（1）启动 Visual Studio 2010 集成环境。

（2）建立新的项目。

选择"文件"菜单中的"新建"命令，在其子菜单中选择"项目"命令，会打开"新建项目"对话框，如图 1.8 所示。该对话框分为上下两大部分，上半部分是创建新项目的一些选项，其中左面的子窗口为项目类型，应该在"已安装的模板"中选择 Visual C++ 中的 Win32 类型，

图 1.8 "新建项目"对话框

然后在中间的子窗口中选择"Win32 控制台应用程序";下半部分是该项目的名称和路径,填好后单击"确定"按钮即可进入下一步。若用户在"名称"中填入 MyApp,在"位置"中选择 D:\MyPrograms,则所有的程序文件都会放在 D:\MyPrograms\MyApp 目录中。选择好项目类型后,系统会打开"Win32 应用程序向导"对话框,如图 1.9 所示。直接使用默认设置,单击"完成"按钮即可完成新项目的创建。

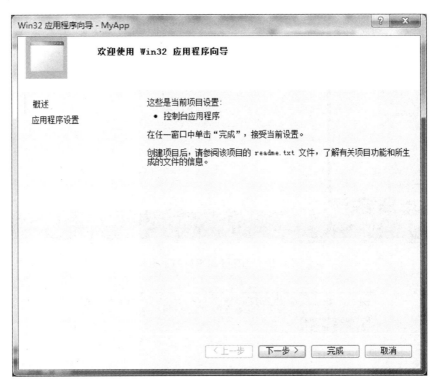

图 1.9 "Win32 应用程序向导"对话框

（3）编辑源代码。

创建好项目后,系统会根据项目名称创建一个 C++ 源文件(C++ 与 C 兼容,源文件扩展名为 cpp),本例的项目名称是 MyApp,因此创建的源文件为 MyApp.cpp,该文件会被默认打开,直接在其中输入并编辑源代码即可。编辑后的程序界面如图 1.10 所示,其中的代码为例 1.1 的源代码。

（4）运行程序。

程序编辑完成后必须要运行才能看到结果,运行程序可通过"调试"菜单中的"启动调试"或"开始执行(不调试)"命令来完成。若程序中没有任何错误,则该命令会执行一系列的操作,如源程序的编译、链接、生成 exe 文件、执行 exe 文件等,最终屏幕上会显示出程序的执行结果,如图 1.11 所示。

另外,程序中生成的 exe 文件在 debug 子目录中,若按本例中的设置,其路径为 D:\MyPrograms\MyApp\Debug\MyApp.exe,该文件为独立的应用程序,可脱离集成开发环境单独执行。

C 语言程序设计概述

图 1.10　创建并编辑后的主窗口

图 1.11　显示程序执行结果的控制台窗口

1.3.4　调试程序

在经过预处理、编译和链接后,成功生成了可执行程序,仅仅是表明该程序中没有词法和语法等错误,编译系统无法发现程序中深层次的逻辑问题(比如算法不对导致结果不正确)。当程序运行无法获得预期结果时,需要借助调试手段来找出错误原因。

1. 设置断点

在程序中设置断点的目的是让程序运行到可能有错误的代码前停止,然后人为控制逐条语句运行,通过在运行过程中查看相关变量的值,来判断错误产生的原因。如果想让程序运行到某一行前能暂停下来,就需要将该行设成断点。具体方法是在代码所在行行首单击鼠标,或单击该行后按 F9 键,行首出现暗红色圆点,则设置断点成功。断点将被加亮显示,默认的加亮颜色是红色,如图 1.12 所示。如果想取消某行代码的断点设置,则在该行代码行首再次单击或按 F9 键即可。

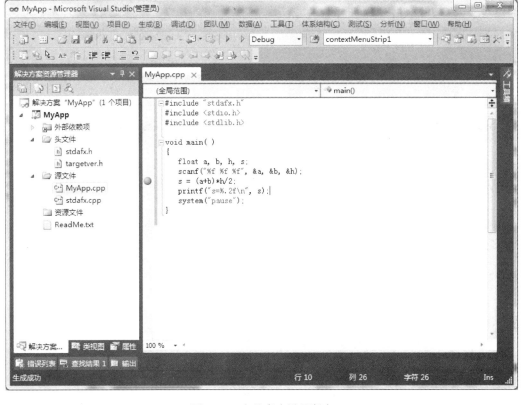

图 1.12　在程序中设置断点

2. 调试程序

设置断点后,要使程序进入调试运行状态,单击"调试"菜单中的"启动调试"命令,或者按快捷键 F5 和工具栏上的 ▷ 按钮,程序将运行到第一个断点处,此时断点处的暗红色圆点中有一黄色箭头,表示接下去将运行箭头所指向的代码。

3. 单步运行程序

运行断点处的代码,可以使用"调试"菜单中的"逐语句"、"逐过程"、"跳出"等命令,也可以使用如图 1.13 所示调试工具栏中的按钮或按快捷键,"逐语句"的快捷键为 F11,"逐过程"的快捷键为 F10。

图 1.13　"调试"工具栏

4. 查看变量

在调试程序时,可能要看程序运行过程中变量的值,以检测程序对变量的处理是否正确。在调试程序状态下,可以通过如图 1.14 所示的"局部变量"窗口来查看局部变量的值,也可以通过如图 1.15 所示的"监视"窗口中通过输入变量的名或表达式来查看相应的值,甚至将鼠标直接移动到源代码中的变量上也可以查看该变量的值。

C 语言程序设计概述

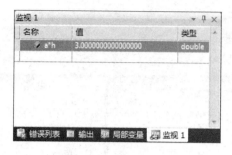

图 1.14 "局部变量"窗口　　　　　　　　图 1.15 "监视"窗口

习　题　1

一、填空题

1.1　一个函数由两部分组成,它们是_____和_____。

1.2　在 C 语言中,凡在一个标识符后面紧跟着一对圆括号,就表明它是一个_____。

1.3　在 C 语言中,每个语句用_____结束。

1.4　主函数名后面的一对圆括号中间可以为空,但一对圆括号不能_____。

二、选择题

1.5　(　　)是 C 程序的基本构成单位。

　　A. 子程序　　　　　　B. 主程序和子程序　　C. 过程　　　　　　D. 函数

1.6　以下说法正确的是(　　)。

　　A. C 语言程序总是从第一个定义的函数开始执行的

　　B. 在 C 语言程序中,要调用的函数必须在 main()函数中定义

　　C. C 语言程序总是从 main()函数开始执行,在 main()函数中结束

　　D. C 语言程序中的 main()函数必须是程序中第一个定义的函数

1.7　C 程序中,main()函数的位置(　　)。

　　A. 必须放在其他函数之前　　　　　　B. 必须在源程序的最后

　　C. 可以在程序的任何位置　　　　　　D. 包含文件中的第一个函数

1.8　以下叙述正确的是(　　)。

　　A. C 语言中没有输入输出语句,数据的输入输出使用函数来完成

　　B. C 程序中每一行只能写一个语句

　　C. C 程序由一个或多个函数构成,其中可以有一个或多个 main()函数

　　D. 预处理语句必须以分号结尾

三、简答题

1.9　简述机器语言、汇编语言及高级语言各自的区别。

1.10　简述 C 语言程序中 main 函数的作用。

1.11　说明在 Visual Studio 2010 环境中如何创建、编译、链接和运行程序。

第2章　C语言的数据类型

数据是程序的必要组成部分,计算机最基本的功能就是对各种各样的数据进行识别、处理和加工。数据类型是对程序所处理数据的一种描述和约束,通过类型名对数据赋予一些约束,主要包括数据的种类和大小等,以便进行高效处理和词法检查。本章首先介绍数据在计算机中的存储方法,然后进一步介绍 C 语言的基本数据类型、常量与变量、运算符与表达式以及数据类型间的转换等知识。

2.1　计算机存储信息的方法

为了便于读者理解以后章节中讲到的变量和程序存取等概念,理解计算机如何找到指令以及如何找到指令要处理的数据等知识,在这里先介绍一下位、字节、内存地址、数值数据及字符数据等基础知识。

2.1.1　位、字节及内存地址

在计算机领域中一直沿袭着冯·诺依曼的二进制思想。计算机由逻辑电路组成,逻辑电路通常只有两个状态,开关的接通与断开,这两种状态正好可以用 1 和 0 表示,而且技术上实现简单,因此计算机的存储采用二进制,存储单位为位、字节、字等。

位(b),也称为比特,每个 0 或 1 就是一个位。位是数据存储的最小单位。在计算机系统中,CPU 位数指的是 CPU 一次能处理的最大位数。

字节(B),是计算机中处理数据的基本单位,计算机中以字节为单位存储和解释信息,规定一个字节等于 8 个二进制位(1B=8b)。通常,一个英文字母(不分大小写)占一个字节的空间,一个中文汉字占两个字节的空间,一个英文标点占一个字节,中文标点占两个字节。举例:英文句号"."占一个字节的大小,中文句号"。"占两个字节的大小。另外,为了便于衡量存储器的大小,统一以字节(B)为单位。容量一般用 KB、MB、GB、TB 来表示,它们之间的关系是 1KB=1024B,1MB=1024KB,1GB=1024MB,1TB=1024GB,其中 1024=2^{10}。

字(Word),由一个或几个字节组成的一个存储单元,称为"字"。字的位数叫做字长,不同档次的机器有不同的字长。例如 286 微机的字由两字节组成,它的字长为 16 位;486 微机的字由 4 字节组成,它的字长为 32 位。计算机的字长决定了其 CPU 一次操作处理实际位数的多少,由此可见计算机的字长越大,其性能越优越。

内存地址,内存是以字节为单位的一片连续存储空间,为了便于访问,计算机系统给每一个字节单元一个唯一的编号,从 0 开始逐个编排,这些编号称为内存单元的地址。存储单元与内存地址的关系就好比房间和房间号的关系。

在内存里存放着正在执行的程序及所用数据。程序在执行过程中 CPU 需要不停地与内存进行信息交换,从内存中读取一条条指令和数据,完成指定的操作后又要把结果存回到内存中。CPU 无论是从内存中读出数据还是把数据写入内存,都需要通过某一内存地址编号找到特定的存储单元来完成。

2.1.2　数值数据的表示

1. 机器数与真值数

在计算机中,因为只有 0 和 1 两种表示形式,为了区分正数和负数的不同,通常把一个数的最高位定义为符号位,用 0 表示正,1 表示负,称为数符;其余位表示数值的大小,这种把在机器内存放的正负符号数码化的数称为机器数,而与机器数对应的用正、负符号加绝对值来表示的实际数值称为真值数,例如真值数$(-0101101)_B$,其对应的机器数为 10101101。

2. 无符号整数与带符号整数

机器数可分为无符号整数和带符号整数两种。无符号整数是指计算机字长的所有二进制位均表示数值,带符号整数是指机器数分为符号和数值两部分,且均用二进制代码表示。例如,8 位二进制数 10011011 作为无符号整数和带符号整数对应的真值不同,当 10011011 作为无符号整数时,对应的真值是 10011011(二进制) = 155(十进制),而 10011011 作为带符号整数时,其最高位的数码 1 代表符号 -,所以与机器数 10011011 对应的真值是 -0011011(二进制) = -27(十进制)。因此同样是 8 位二进制数,若是无符号数,其表示范围是 0~255,若是有符号数,其表示范围是 -128~127。

3. 原码、反码和补码

为了方便带符号数的运算和处理,机器数在计算机中的表示方法有三种,即原码、反码和补码,最常用的是原码和补码两种,原码表示法比较直观,补码运算则比较简单。下面分别从其定义出发来理解这三种表示法及其关系。下面以整数为例,而且假定字长为 8 位。

(1)原码。原码表示法是一种直观的机器数表示法,用最高位表示符号,符号位为 0 表示该数为正数,符号位为 1 表示该数为负数,有效数值部分用二进制绝对值表示。其表示形式与真值的形式最为接近。通常用$[X]_原$表示 X 的原码。

【例 2.1】　已知 X,求 X 的原码$[X]_原$,其中:

① X = +3;

② X = -3;

③ X = +126;

④ X = -126。

解:

① $[+3]_原 = 00000011$

② $[-3]_原 = 10000011$

③ $[+126]_原 = 01111110$

④ $[-126]_原 = 11111110$

需要注意的是,在原码表示中,0 有两种表示形式,即有 +0 和 -0 两种形式,具体表示如下:$[+0]_原 = 00000000$,$[-0]_原 = 10000000$。因此对于 8 位二进制带符号整数表示的

256 个数中：00000000～01111111 可表示正整数 0～127；11111111～10000000 可表示负整数－127～0，其中 00000000 表示＋0，10000000 表示－0。

原码表示方法简单易懂，与其真值的转换方便。但首先要判别两数的符号，若同号则做加法，如异号则做减法。此外，在做减法时还要判别两数绝对值的大小，用绝对值大的数减去绝对值小的数，取绝对值大的数的符号为结果符号。可见原码表示不便于实现加减运算。

（2）反码。如果机器数是正数，则该机器数的反码与原码一样；如果机器数是负数，则其反码是符号位为 1 保持不变，其他各位取反得到的。通常用[X]反表示 X 的反码。

【例 2.2】 已知 X，求 X 的反码[X]反，其中：

① X＝＋3；

② X＝－3；

③ X＝＋126；

④ X＝－126。

解：

① [＋3]反＝00000011

② [－3]反＝11111100

③ [＋126]反＝01111110

④ [－126]反＝10000001

需要注意，在反码表示中，零同样有两种表示形式，具体表示为，[＋0]反＝00000000，[－0]反＝11111111。若字长为 8 位，则补码所表示的范围为－127～＋127。

可见，反码的取值空间和原码相同且一一对应，原码转换成反码并没有从根本上解决问题，问题出现在（＋0）和（－0）上，在人们的计算概念中零是没有正负之分的，所以运用反码进行运算也不方便，因此需要进一步引入补码的概念。

（3）补码。如果机器数是正数，则该机器数的补码与原码一样；如果机器数是负数，则符号位为 1 保持不变，其他各位取反，并在末位加 1 得到。通常用[X]补表示 X 的补码。

【例 2.3】 已知 X，求 X 的补码[X]补，其中：

① X＝＋3；

② X＝－3；

③ X＝＋126；

④ X＝－126。

解：

① [＋3]补＝00000011

② [－3]补＝11111101

③ [＋126]补＝01111110

④ [－126]补＝10000010

注意，在补码表示中，0 有唯一的表示形式，即[＋0]补＝[－0]补＝00000000，若字长为 8 位，则补码所表示的范围为－128～＋127。

在计算机中，对于任意一个带有符号的二进制数，都是按其补码形式进行计算和存储的，补码的运算方便而且较为广泛。其主要原因有如下 3 点：

① 在补码中，0 有唯一的表示形式；

② 利用补码运算使符号位能与有效值部分一起参加运算,从而简化运算规则;

③ 可以使减法运算转换为加法运算,进一步简化计算机中运算器的线路设计。

4. 定点数和浮点数

在计算机中除了可以表示整数也可以表示小数,为了节省内存,并不是用某个二进制位来表示小数点的,而是通过隐含规定它的位置来表示的。通常有两种约定,一种是规定小数点的位置固定不变,这时机器数称为定点数。另一种是小数点的位置可以浮动,这时机器数称为浮点数。

(1) 定点数。常用的定点数有定点整数和定点小数两种表示形式。定点整数的小数点位置约定在整个数值最低位的右边,即该数值表示的是一个整数;定点小数的小数点位置约定在符号位和最高数值位之间,即该数表示的是一个纯小数。通过下面两个例题来进一步分析定点整数和定点小数的机内表示形式,这里假设机器长度为两字节,其中第一个字节的最高位表示数的符号。

【例 2.4】 用定点数表示整数$(183)_D$。

解: 由$(183)_{10}=(10110111)_B$,故机内表示为

因该二进制数的有效位数仅有 8 位,故第一字节的后 7 位均用 0 填充。

【例 2.5】 用定点数表示纯小数$(-0.75)_D$。

解: 由$(-0.75)_D=(-0.110000000000000)_B$,所以机内表示为

(2) 浮点数。定点数所能表示数的范围太窄,常常不能满足计算问题的需要,这时一般要用浮点数进行表示。浮点数中小数点的位置是不固定的,用阶码和尾数来表示。通常尾数为纯小数,阶码为整数,尾数和阶码均为带符号数。尾数的符号表示数的正负;阶码的符号则表明小数点的实际位置。这种表示方法类似于基数为十进制中的科学记数法。

设任意一数 N,可以写成 $N=\pm S\times 2^{\pm J}$ 的形式。这里 S 称为尾数,J 称为阶码,2 为底数。例如,设尾数为 9 位,阶码为 5 位,则二进制数 $N=(-1011.010)_B=(-0.101101)_B\times 2^4$。在内存中,浮点数的存放形式如图 2.1 所示。

图 2.1　浮点数机内表示形式

阶码只能是一个带符号的整数,阶码本身的小数点约定在阶码最右面;尾数表示数的有效部分,是纯小数,其本身的小数点约定在数符和尾数之间。由此可见,浮点数是定点整数和定点小数的混合。在浮点数表示中,数符和阶符都各占一位,而尾数位数决定数的精

度,位数越多,精度越高。阶码位数决定数的范围,位数越多,表示的数值范围就越大。

2.1.3 字符数据的表示

在计算机中,除了数值计算外,还要处理各种字符,比如英文字母、汉字、标点符号、运算符号等。由于计算机是以二进制的形式进行存储和处理的,因此字符也必须按特定规则转换成二进制才能进入计算机,把这种字符用二进制来表示的形式称为编码。为了使用的方便和通用性,一般要制定编码的国家标准或国际标准,这样不同计算机可以采用统一的编码方式,表示或处理数据。下面将介绍几种常用的编码标准。

1. 英文字符编码

目前计算机中用的最广泛的英文字符集及其编码,是由美国国家标准局(ANSI)制定的ASCII 码(American Standard Code For Information Interchange,美国标准信息交换码),它已被国际标准化组织(ISO)定为国际标准,称为 ISO 646 标准,适用于所有拉丁文字字母,ASCII 码是采用 8 位二进制编码的。

在计算机的存储单元中,一个 ASCII 码由 8 位二进制数码组成,其最高位 b_7 用作奇偶校验位,是在代码传送过程中用来检验是否出现错误的一种方法,正常情况下,最高一位 b_7 为 0,在需要奇偶校验时,这一位可用于存放奇偶校验的值,ASCII 的有效值用其余 7 位二进制码表示,其排列次序为 $b_6 b_5 b_4 b_3 b_2 b_1 b_0$,$b_6$ 为最高位,b_0 为最低位。

7 位二进制数可以表示 $2^7 = 128$ 种状态,每种状态都唯一对应一个字符(或控制码),所以,7 位 ASCII 码共可以表示 128 个字符。若要确定某个字符的 ASCII 码,在表中可先查到它的位置,然后确定它所在位置的相应列和行,最后根据列确定高位码($b_6 b_5 b_4$),根据行确定低位码($b_3 b_2 b_1 b_0$),把高位码与低位码合在一起就是该字符的 ASCII 码。一个 ASCII 码可用不同的进制数表示。例如字母 A 的 ASCII 码是 1000001,用十六进制表示为 $(41)_H$,十进制表示为 $(65)_D$。

由 ASCII 码表看出,十进制码值 0~31 和 127(即 NUL~US 和 DEL)共 33 个字符起控制作用,故称为控制码,其余 95 个字符用于写程序和命令,称为信息码。

英文字符除了常用的 ASCII 编码外,还有另一种 EBCDIC 码(Extended Binary Coded Decimal Interchange Code,扩充的二-十进制交换码),这种字符编码主要用在大型机器中,EBCDIC 码采用 8 位基 2 码表示,有 256 个编码状态,但只选用其中一部分。

2. 汉字的编码

汉字系统对每个汉字规定了输入计算机的代码,即汉字的外部码。计算机为了识别汉字,要把汉字的外部码转换成汉字的内部码,以便进行处理和存储。为了将汉字以点阵的形式输出,还要将汉字的内部码转换为汉字的字形码,确定一个汉字的点阵。并且,在计算机和其他系统或设备需要信息、数据交流时还必须采用交换码。

(1)外部码。外部码也叫输入码,是计算机输入汉字的代码,代表某一个汉字的一组键盘符号。汉字的输入方法不同,同一个汉字的外码也可能不一样。人们根据汉字的属性(汉字字量、字形、字音、使用频度)提出了数百种汉字外码的编码方案。由于用户不同,用途不同,各自喜爱的编码方式也不尽相同,故对用什么编码方案不能强求统一。例如拼音码和五笔字型比较受一般用户的欢迎。

(2)内部码。汉字内部码也称为汉字机内码。当计算机输入外部码时,通常要转成内部码,才能进行存储、运算、传送。一般用两个字节(共16位二进制数编码)表示一个汉字的内码,两字节首位都是1,这种汉字编码最多可以表示 $2^7 \times 2^7 = 128 \times 128 = 16384$ 个汉字内部码,一般情况下,汉字的内部码不能与西文字符编码发生冲突,并容易区分汉字与西文字符,尽可能占用少的字节表示尽可能多的汉字,与标准交换码兼容。

(3) 交换码。当计算机之间或与终端之间进行信息交换时,要求它们之间传送的汉字代码信息完全一致,为了适应计算机处理汉字信息的需要,我国于1981年颁布了《信息交换用汉字编码字符集——基本集》简称国标码,代号是 GB 2312—1980。国标码共收集了7445个图形字符,其中汉字6763个,图形符号682个。

(4) 字形码。不论汉字笔画多少,都可以书写在同样大小的方块中,从而把方块分割为许多小方块,组成一个点阵,每个小方块就是点阵中的一个点,即二进制的一个位。每个点由0和1表示"白"和"黑"两种颜色。用这样的点阵就可以输出汉字。一个汉字信息系统具有的所有汉字字形的集合构成了该系统的汉字库。根据输出汉字的要求不同,汉字点阵的多少也不同,点阵越大、点数越多,分辨率越高,输出的字形越美观。汉字字型有 16×16、24×24、32×32、48×48、128×128 点阵等,以 16×16 点阵为例,每个汉字要占两个字节。

2.2 C语言的数据类型

C语言中提供了丰富的数据类型用于描述数据结构,所谓数据类型是按被定义变量的性质,表示形式,占据存储空间的多少,构造特点来划分的。在C语言中,数据类型可分为基本类型、构造类型、指针类型和空类型四大类,其中基本数据类型是其他各种数据类型的基础,数据类型及其分类关系如图2.2所示。

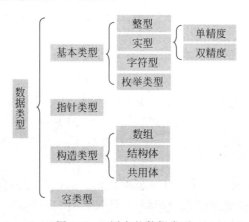

图 2.2　C语言的数据类型

基本类型又称非构造型数据类型,最主要的特点是,其值不可以再分解为其他类型,也就是说,基本类型是自我说明的。基本数据类型包括整型、单精度型、双精度型、字符型和枚举型,枚举型是一种特殊的整型,定义它们的关键字分别为 int、float、double 和 char。本章将讨论这4种基本的数据类型,数组、指针、结构体和共用体将在第6章、第8章、第9章讲解。

除了上述4种基本数据类型关键字外,还有一些数据类型修饰符,它们用来扩充基本类型的意义，以便更准确地适应各种情况的需要。常见的修饰符有 4 种：short（短型）、long（长型）、signed（有符号）和 unsigned（无符号）。这些修饰符与基本数据类型的关键字组合，可以表示不同的数值范围以及数据所占内存空间的大小。表 2.1 给出了 ANSI C 标准中常用的数据类型、长度、范围及备注。

表 2.1 基本数据类型描述

类 型 名 称	类型说明符	字节	数 值 范 围	备 注
整型	int	4	$-2\,147\,483\,648 \sim 2\,147\,483\,647$	$-2^{31} \sim (2^{31}-1)$
无符号整型	unsigned [int]	4	$0 \sim 4\,294\,967\,295$	$0 \sim (2^{32}-1)$
短整型	short [int]	2	$-32\,768 \sim 32\,767$	$-2^{15} \sim (2^{15}-1)$
长整型	long [int]	4	$-2\,147\,483\,648 \sim 2\,147\,483\,647$	$-2^{31} \sim (2^{31}-1)$
单精度型	float	4	$-3.4 \times 10^{38} \sim 3.4 \times 10^{38}$	7 位有效位
双精度型	double	8	$-1.7 \times 10^{308} \sim 1.7 \times 10^{308}$	15 位有效位
字符型	char	1	$-128 \sim 127$	$-2^{7} \sim (2^{7}-1)$

2.3 常量与变量

2.3.1 标识符

在 C 语言中每一个程序所用的常量、变量、函数及类型等都必须有唯一的名称，这样才能被识别和使用。用来标识函数、变量、符号常量、数组、类型、语句标号、文件等的有效字符序列称为标识符（identifier）。标识符的类型包括关键字、预定义标识符和用户自定义标识符。

1. 关键字

所谓关键字，就是系统已经预先定义的、具有特定含义的标识符，有时又叫保留字。关键字有特殊的用途，不允许用户另作他用，否则编译时会出现语法错误。C 语言的关键字都用小字英文字母表示，ANSI 标准定义的关键字有 32 个。

（1）标识数据类型：float、int、long、short、char、double、signed、unsigned、struct、union、enum、volatile、const、typedef。

（2）标识流程控制：break、continue、else、for、return、goto、switch、void、while、do、case、default、if。

（3）标识存储类型：auto、static、extern、register。

（4）标识运算符：sizeof。

2. 预定义标识符

除关键字外，还有一些具有特殊含义的标识符，它们被用作库函数名和预编译命令等地方，这类标识符在 C 语言中被称为预定义标识符。从语法上讲系统允许用户重新定义其作用，但此时这些标识符将失去系统本来规定的含意，建议用户一般不要把它们当作一般标识符使用，避免造成混乱。

（1）编译预处理命令：define、include、ifdef、endif、line、ifndef、else、if、undef。

（2）标准库函数名：fabs、cos、scanf、sqrt、pow、printf、getchar、putchar、gets 等。

3. 用户自定义标识符

除了保留字和预定义标识符外,用户根据自己需要定义的标识符称为用户自定义标识符。一般用来给变量、函数或数组命名,用户自定义标识符的命名规则如下:

(1) 以字母或下划线开头,且后跟字母、数字、下划线的组合。

(2) 变量名不能包括除_(下划线)以外的任何特殊字符,如%、#、$、逗号、空格等。

(3) 区分英文字母的大小写,如 NUM、NUm、Num、num 等都是不同的标识符。

(4) 标识符最多可达 32 个字符,若超出 32 个字符则后面的字符无效。

例如,以下都是合法的变量名:student、a1、_6m、num_1。

以下则是不合法的变量名:sum,1,20d、a$m、m abc。

用户自定义标识符除了要遵循命名规则外,还应注意做到"见名知意",即选择有含义的英文单词或汉语拼音作为标识符,以增加程序可读性。例如,表示姓名用 name,表示年龄用 age,表示求和用 sum 等。

2.3.2 常量

在程序运行过程中其值不发生改变的量,称为常量。在 C 语言中,常量可以分为直接常量和符号常量两大类。

1. 直接常量

直接常量又称为字面常量,直接常量有 4 种类型,分别是整型常量如 12、−20、100,实型常量如 2.85、−64.5、0.0,字符常量如'a'、'8'、'K'和字符串常量如"ABCDEF"、"124536"。

2. 符号常量

在程序中除了可以使用直接常量外,还可以用标识符代表一个常量,称为符号常量。符号常量在使用前必须先定义,符号常量的定义格式为:

#define　标识符　常量

其中#define 是一条预处理命令(预处理命令都以#开头),称为宏定义命令,其功能是把该标识符定义为其后的常量值。定义成功后,在程序中所有出现该标识符的地方均代表了后面的常量值。

例如:

```
#define  NAME  "李洋"
#define  PRICE  20
```

这里定义了两个符号常量 NAME 和 PRICE,以后在程序中出现的 NAME 和 PRICE 则分别代表了字符串常量"李洋"和整型常量 20。需要注意的是符号常量标识符一旦定义,在程序中的其他地方不允许再对该标识符赋值,例如再出现 PRICE=30 就是错误的。

下面来看一个具体实例:

【例 2.6】 已知工资收入和税率,求所缴纳税款。

```
#include  "stdafx.h"
#include  <stdlib.h>
#include  <stdio.h>
#define  PERCENT 0.1
int  main()
```

```
{
    float   income1, income2, income3, tax1, tax2, tax3;
    income1 = 3000;
    income2 = 3800;
    income3 = 3600;
    tax1 = income1 * PERCENT;
    tax2 = income2 * PERCENT;
    tax3 = income3 * PERCENT;
    printf("tax1 = % f\ntax2 = % f\ntax3 = % f\n", tax1, tax2, tax3);
    system("pause");
    return 0;
}
```

符号常量在使用过程中有 5 点需要注意：

(1) 习惯上，符号常量标识符用大写字母表示，以表示其与变量名的区别。

(2) 它与变量不同，它的值在其作用域内不能改变，也不能再被赋值。

(3) 使用符号常量可以提高程序的可读性，即见名知义。

(4) 符号常量增强了程序的可维护性，可以做到"一改全改"。

(5) 定义符号常量是在编译之前的处理，语句末尾不加分号。

2.3.3　变量

在程序运行过程中其值可以被改变的量称为变量。一个变量应该有唯一的名字作为标识，而且在内存中占据一定的存储单元，同时应该遵循先定义后使用的原则。下面将详细讲解变量名、变量值和存储单元的概念及三者之间的关系，以及变量的定义与初始化等问题。

(1) 变量名。每个变量都必须有一个名字，即变量名。变量命名应遵循标识符的命名规则。

(2) 变量值。在程序运行过程中，变量值存储在内存中，不同类型的变量，占用的内存单元(字节)数不同。在程序中，是通过变量名来引用变量值的。

(3) 变量的存储地址。变量在内存中存放其值的起始单元地址即为变量的地址。

例如，在程序中定义了一个整型变量 a，其值为 100，则变量名、变量值和变量的存储地址间的关系如图 2.3 所示。

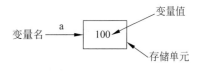

图 2.3　变量名、变量值和存储单元间的关系

(4) 变量的定义。

变量定义的一般格式为：

数据类型标识符 变量名 1，变量名 2，…；

例如：

```
int i,j;                        /* 定义 i,j 为整型变量 */
long x,y;                       /* 定义 x,y 为长整型变量 */
float m,n,k;                    /* 定义 m,n,k 为实型变量 */
char ch1,ch2;                   /* 定义 ch1,ch2 为字符型变量 */
```

由以上的例子可见，在一个变量定义语句中可以定义一个或多个变量，当定义多个变量时,变量名之间用","分隔。通常,对变量的定义放在函数的开头部分,但也可以放在函数的外部或复合语句的开头。

关于变量定义的3点说明:

(1) 编译时系统会自动为每一个变量名分配一个内存地址,在程序执行过程中,对变量值的存取实际上是通过变量名找到相应的内存地址,然后从其存储单元中读取数据。

(2) 声明变量类型的目的是告诉系统变量需要占用的存储单元数目(不同类型的数据在内存中所占的存储单元数目是不同的),以便系统为变量分配相应的存储单元。

(3) 一次可以定义多个同一类型的变量。

2.4 整 型 数 据

2.4.1 整型数据的分类

C语言中将整型数据分为三种:基本整型、短整型和长整型。其中,基本整型的类型标识符为 int;短整型的类型标识符为 short int,可简写成 short;长整型的类型标识符为 long int,可简写成 long。

另外,根据这三种整型数值在计算机内部表示的最高位是当符号位还是数值位,即数值有无正负之分,整型数据又可分为有符号整型(signed)和无符号整型(unsigned)。

2.4.2 整型常量

整型常量指的是整型常数,它可以用十进制、八进制和十六进制三种形式来表示,具体介绍如下:

(1) 十进制整型常量。常由 0~9 的数字组成,没有前缀,不能以 0 开始,没有小数部分,例如 215、−467、0 等。

(2) 八进制整型常量。常以 0 为前缀,其后由 0~7 的数字组成,没有小数部分。例如 056、0237、−051 都是八进制数,它们分别代表十进制数 46、159、−41。

(3) 十六进制整型常量。以 0x 或 0X 为前缀,其后由 0~9 的数字和 A~F(不分大小写)的字母组成,没有小数部分。例如 0x12b、0x1f、−0x87 都是十六进制数,它们分别代表十进制数 299、31、135。

另外,可以通过后缀来确定整型常量的具体类型:

(1) 在整型常量后加字母 l 或 L,则指定其为 long int 型常量,如 24L。

(2) 在整型常量后加字母 u 或 U,则指定其是 unsigned int 型常量,如 168U。

2.4.3 整型变量

在定义了整型变量后,系统在编译时根据变量定义指定不同整型分配相应大小的存储空间。例如,定义两个变量 a 和 b。

```
int a;
long int b;
```

在定义变量时如不指定为无符号型(unsigned),其隐含为有符号型(signed)。如上面定

义的变量 a、b 即为有符号的,其等价于:

```
signed int a;
signed long b;
```

因此,为了简便,通常对于有符号的整型定义并不加修饰符 signed。

2.5 实型数据

2.5.1 实型数据的分类

实型变量可分为单精度型、双精度型和长双精度型三种类型,分别用 float、double 作为类型标识符。在大多数 C 语言系统中一个 float 型数据在内存中占用 4 字节,一个 double 型数据占用 8 字节。

2.5.2 实型常量

实型常量是由整数部分和小数部分组成的,在 C 语言中,有两种表示形式:

(1) 小数形式。由数字和小数点组成的,整数和小数部分可以省去一个,但不可两个都省,而且小数点不能省,如 3.54、.138、256.、0.0 等都是合法的实型常量。

(2) 指数形式(或称科学表示法)。是以字母 e(或 E)来表示以 10 为底的指数的,e(或 E)之前为数字部分,之后为指数部分,且两部分必须同时出现,指数部分可正可负,但必须为整数,如 3.45e2,0.345e3 均合法地代表了 3.45×10^2;如果写成 e2、3e2.6、.e3、e 等都是不合法的指数形式。注意,在字母 e(或 E)的前后以及数字之间不得插入空格。

另外,为了保证实型数据运算结果的精度,在默认情况下,C 语言编译系统将实型常量都作为双精度型(double)来处理。但实型常量可以用后缀 F(或 f)表示单精度型,后缀用 L(或 l)表示双精度型。如 0.6e3f 表示单精度数,4.52e4L 表示双精度数。

2.5.3 实型变量

使用实型数据的类型标识符可以定义相应的实型变量,例如:

```
float x,y;                    /* 定义 x,y 为单精度实数 */
double f1,f2;                 /* 定义 f1,f2 为双精度实数 */
```

由于机器存储数据时采用的存储位数是有限制的,因此能表示数据的有效数字也是有限的,单精度 float 类型的有效位数只为 8 位,而双精度 double 类的有效位数为 15 位。因此实型数据虽然表示数据的范围较大,但会出现误差,从下面的例子分析实型数据的精度问题。

【例 2.7】 分析实型数据的精度。

```
# include  "stdafx.h"
# include  <stdlib.h>
# include  <stdio.h>

int  main()
```

```
{
    float  x, y, z;
    x = 123456.786;
    y = 123456.78;
    z = x - y;
    printf("x = % f\ny = % f\nz = % f\n", x, y, z);
    system("pause");
    return 0;
}
```

程序运行结果如下：

```
x = 123456.789063
y = 123456.781250
z = 0.007813
```

由例 2.7 可知，x 和 y 赋值不同，在理论上 z 的结果应该是 0.006，但运行程序后，实际输出结果为 0.007813，这是由于单精度 x 和 y 的误差造成的。

由上述分析可知实型数据会产生一些误差，因此在使用时应注意：

（1）不要试图用一个实型数据精确地表示一个大整数。

（2）实型数据一般不用于判断"相等"，而是判断接近或近似。

（3）避免直接将一个很大的实型数据与一个很小的实型数据相加或相减，否则会"丢失"小的数。

（4）在使用实型数据时，运算次数越多，误差积累就越大，应尽量避免误差的产生。

2.6　字符型数据

2.6.1　字符常量

字符常量是由单引号括起来的一个字符，如 'e'、'D'、'6'、'=' 等都是字符常量。其中字符可以是字符集中的任意字符，包括字母、数字、标点符号等，例如，数值 8 加上单引号也就变成了字符常量 '8'；字符常量只能用英文状态下的单引号括起，不可以用汉字状态下的单引号或双引号等；另外，大写字母和小写字母是有区分的，它们被认为是两个不同的字符，例如，'T' 和 't' 是两个不同的字符常量。

在内存中存储一个字符型数据需要一个字节，并按字符对应的 ASCII 码值进行存储。例如，字符 'A' 的 ASCII 值为 65，字母 'a' 的 ASCII 值为 97，字符 '0' 的 ASCII 值为 48，空格字符的 ASCII 值为 32。

除了以上形式的字符常量外，C 语言中还允许用一种特殊形式的字符常量，即转义字符。转义字符是反斜杠"\"开头的，后跟一个或几个字符。转义字符具有特殊的含义，不同于字符原有的意义，故称为转义字符。例如，'\n' 代表换行，'\a' 代表响铃。转义字符主要用来表示那些用一般字符不便于表示的控制代码。常用的转义字符及其含义如表 2.2 所示。

注意，表 2.2 中的 '\ddd' 反斜杠后面跟一个三位的八进制数，这三位八进制数的值对应字符的 ASCII 码，'\xhh' 中 '\x' 后面跟着一个两位十六进制数，这个两位十六进数对应字符的 ASCII 码，如 '\101'、'\141' 分别代表字符常量 'A' 和 'a'；因此，对于同样的一个字符，除其自身的表示形式之外(加在一对单引号内),还可以在一对单引号内,用反斜杠后跟一个八进制数或十六进数来表示。

表 2.2 常用转义字符及其含义

字符形式	含　义	十进制 ASCII 代码值	说　　明
\n	NL(LF)	10	换行
\a	BELL	7	产生响铃声
\t	HT	9	横向跳格(即跳到下一个输出区)
\v	VT	11	竖向跳格
\b	BS	8	退格(Backspace)
\r	CR	13	回车
\f	FF	12	走纸换页
\\	\	92	反斜杠字符"\"
\'	'	44	单引号字符
\"	"	34	双引号字符
\0	NUL	0	空操作字符
\ddd	—	—	1~3 位八进制数所代表的字符
\xhh	—	—	1 或 2 位十六进制数所代表的字符

2.6.2　字符变量

使用字符型数据类型标识符 char 可以定义字符型变量。字符变量的定义形式如下:

char b1,b2;

其中,b1 和 b2 即为字符型变量,编译时分别给它们分配一个字节的存储空间。并且在相应的存储空间中只保存一个字符对应的 ASCII 代码值。

在计算机内部,一个字符型数据在内存中占一个字节,并且字符型数据以 ASCII 码值的二进制形式存储,它与整数数据的存储形式相类似,因此,在 C 语言中,字符型数据和整型数据之间可以相互通用,允许对整型变量赋以字符值,也允许对字符变量赋以整型值。在输出时,允许把字符变量按整型变量输出,也允许把整型变量按字符变量输出。通过下面的例子进行说明。

【例 2.8】 把整数赋值给字符变量。

```
# include "stdafx.h"
# include <stdlib.h>
# include <stdio.h>

int  main()
{
    char a;
    a = 65;
    int b;
    b = 'B';
    printf("%c, %c\n%d, %d\n", a, b, a, b);
    system("pause");
```

```
        return 0;
    }
```

程序运行结果如下:

```
A,B
65,66
```

在例 2.8 中 a 被定义为字符型,但在赋值语句中赋以整型值,b 被定义为整型,但在赋值语句中被赋以字符值。从结果看 a、b 值的输出形式取决于 printf 函数格式串中的格式符,当格式符为%c 时,对应输出的变量值为字符,当格式符为%d 时,对应输出的变量值为整数。

另外,C 语言允许将字符类型量作为整型量处理,可以参与对整型变量所允许的任何运算,并且用字符的 ASCII 码参与运算。以下是一个字符变量参与运算的例子。

【例 2.9】

```
# include "stdafx. h"
# include < stdio. h >
# include < stdlib. h >

int   main()
{
    char a;
    a = 'A';
    int b;
    b = 0;
    a = a + 32;
    b = b + 'a';
    printf(" % c, % c\n % d, % d\n", a, b, a, b);
    system("pause");
    return 0;
}
```

程序运行结果如下:

```
a,a
97,97
```

在例 2.9 中,a 被定义为字符型变量,b 为数值型变量,由于大小写字母的 ASCII 码相差 32,因此运算后 a 把大写字母 A 换成小写字母 a,b 的初值为 0,但可以加上字符常量'a',然后 a、b 分别以整型和字符型输出。

由以上程序可见,字符型数据和整型数据是可以通用的。但应注意的是字符数据在内存中只占一个字节,它只能存放 0~255 范围内的整数,当整型数据为两个字节的值,但要按字符型数据处理时,只取其低八位字节参与运算。

2.6.3 字符串常量

字符串常量是用一对双引号括起来的字符序列。双引号起定界符的作用。字符串的长度为字符串序列中字符的个数,不包括两边的双引号。例如:

"Hello everyone!"	/* 长度为 15 */
"12345"	/* 长度为 5 */
" "	/* 引号中有一个空格,长度为 1 */
""	/* 引号中什么都没有,长度为 0 */
"a"	/* 引号中有一个字符 a,长度为 1 */

字符串常量在内存中存储时,系统会自动地在每个字符串末尾加上一个字符串结束标志字符"\0","\0"是一个 ASCII 码为 0 的"空操作"字符,它不引起任何控制动作,也不是一个可显示的字符,只是代表字符串结束的一个标志。因此,对于长度为 n 的字符串常量,在内存中需要 n+1 个字节的存储空间,前 n 个字节用来存放字符串中的 n 个字符,最后一个字节存储字符串的结束标志"\0"。

例如:字符串"hello!",字符串的长度为 6,但在内存中需要占用 7 个字节的地址空间,在内存中的存储形式为:

h	e	l	l	o	!	\0

关于字符串常量有几个问题,读者需要注意:

(1) 不要将字符常量与字符串常量混为一谈,例如'a'是字符型常量,而"a"是字符串常量,两者有本质的区别。

(2) 在 C 语言中没有专门的字符串变量,不能把一个字符串常量赋值给一个字符型变量,例如:

```
char c;
c = 'a';                    /* 将字符'a'赋字符变量 C 是正确的 */
c = "b";                    /* 将字符串"b"赋字符变量 C 是错误的 */
```

若需要将字符串存放在变量中,则要用到字符数组,即用一个字符数组来存放一个字符串,这将在第 6 章中详细介绍。

(3) 字符串可以原样输出,例如:

```
printf("Good morning!");
```

则在屏幕上输出:

Good morning!

2.7 变量的初始化

C 语言规定,程序中所要用到的变量可以在定义变量的同时进行赋值的操作称为变量的初始化。

变量的初始化格式一般如下:

数据类型标识符 变量名[= 初值 1],变量名 2 [= 初值 2],…;

例如：

int a = 100, b = 200, c

该语句中定义了三个整型变量 a，b 和 c，同时初始化了变量 a 和 b 的值。这样系统分别为 a，b 和 c 三个变量分配了两个字节（int 类型在内存占两个字节）的存储单元；同时通过变量名 a 和 b 找到相应的存储单元，并向其所代表的存储单元中存入数据 100 和 200。

一般来说，变量初始化相当于变量定义后再用一个赋值语句给变量赋值。如上面第一个变量定义及初始化语句等价于：

```
int a,b;
a = 100;
b = 200;
```

使用一个变量定义语句定义多个变量时，也可以对部分或全部变量进行初始化。例如：

int m = 30, n, k = 40;

一般来说，当定义变量时未进行初始化其初值是不确定的。如上面定义的变量 m、n、k，其中变量 m 和 k 在定义的同时分别赋初值为 30 和 40，而变量 n 未进行初始化，故其值是不确定的。

若在一个变量定义语句中对多个变量赋一个相同初值时，也要分别对每个变量都赋初值。例如：

float s1 = 0.0, s2 = 0.0;

如以上定义的变量 s1、s2 都初始化为一相同值 0.0，写成如下方式是错误的，将会在编译程序时出错。

float s1 = s2 = 0.0;

而若有变量定义：

float s1, s2;

采用赋值语句再给变量 s1 和 s2 赋相同值 0.0 时，则可用如下赋值语句（详见 2.10 节）：

s1 = s2 = 0.0;

给变量赋值既可以直接给值，也可以通过计算获得，但若在程序运行过程中一直未对某变量赋值，则在引用该变量时，会给出一个意外的值，它的值是不能确定的（或称"乱码"）。

【例 2.10】 通过计算对变量赋值。

```
# include "stdafx.h"
# include <stdio.h>
# include <stdlib.h>

int   main()
{
    int a = 3, b, c = 5;
```

```
b = a + c;
printf("a = % d,b = % d,c = % d\n",a,b,c);
system("pause");
return 0;
}
```

程序运行结果如下：

a = 3,b = 8,c = 5

2.8　运算符与表达式概述

表达式是通过代表一定运算功能的运算符将运算对象(常量、变量、函数等)连接起来，并且符合语法规则而构成的一个说明运算过程的式子。C语言中运算符和表达式数量之多，在高级语言中是少见的，正是丰富的运算符和表达式使C语言功能十分完善，这也是C语言的主要特点之一。

1. 运算符按照其功能分类

(1) 算术运算符：用于各类数值运算，包括加(＋)、减(－)、乘(＊)、除(/)、求余(或称模运算，％)、自增(＋＋)、自减(－－)共7种。

(2) 关系运算符：用于比较运算，包括大于(＞)、小于(＜)、等于(＝＝)、大于等于(＞＝)、小于等于(＜＝)和不等于(! ＝)6种。

(3) 逻辑运算符：用于逻辑运算，包括与(＆＆)、或(‖)、非(!)3种。

(4) 位操作运算符：参与运算的操作数，按二进制位进行运算，包括位与(＆)、位或(｜)、位非(～)、位异或(^)、左移(＜＜)、右移(＞＞)6种。

(5) 赋值运算符：用于赋值运算，分为简单赋值(＝)、复合算术赋值(＋＝、－＝、＊＝、/＝、％＝)和复合位运算赋值(＆＝、｜＝、^＝、＞＞＝、＜＜＝)三类共11种。

(6) 条件运算符：这是一个三目运算符，用于条件求值(?：)。

(7) 逗号运算符：用于把若干表达式组合成一个表达式(,)。

(8) 指针运算符：用于取内容(＊)和取地址(＆)两种运算。

(9) 求字节数运算符：用于计算数据类型所占的字节数(sizeof)。

(10) 下标运算符：下标([])。

(11) 强制类型转换：(类型符)。

(12) 分量运算符：成员(→、.)。

(13) 其他：如函数调用运算符，括号()。

2. 运算符按其连接对象的个数分类

(1) 单目运算符(仅对一个运算对象进行操作)：

!　　～　　＋＋　　－－　　－(取负号)　　(类型标识符)　　＊　　＆　　sizeof

(2) 双目运算符(该运算符连接两个运算对象)：

＋　－　＊　/　％　＜　＜＝　＞　＞＝　＝＝　!　＝　＜＜　＞＞　＆　^｜　＆＆　‖　＝　复合赋值运算符

(3) 三目运算符(该运算符连接三个运算对象)：?：

（4）其他： [] . ->

3. C语言中运算符的优先级及结合性

在C语言中，使用运算符时不仅要掌握各种运算符的功能以及它们各自可连接的运算对象个数，还要注意的就是它的优先级和结合性。

（1）优先级。指在表达式中存在不同优先级的运算符参与操作时，总是先做优先级高的操作，也就是说，优先级的高低决定了运算符在表达式的运算顺序。运算的优先关系如图2.4所示。

（2）结合性。指在表达式中各种运算符优先级相同时，由运算符的结合性确定表达式的运算顺序。它分为两类：一类运算符的结合性为从左到右（多数运算符都是这样），这是人们习惯的顺序；另一类运算符的结合性是从右到左，它们是单目、三目和赋值运算符。

图2.4 运算的优先关系

2.9 基本算术运算符与算术表达式

2.9.1 基本算术运算符

基本算术运算符包括两个单目运算符和5个双目运算符。

单目运算符：－（取负）、＋（取正）。

双目运算符：＋（加）、－（减）、＊（乘）、/（除）、％（求余）。

其中，单目运算符的优先级要比双目运算符高。在双目运算符中，＊、/、％的优先级别相同并且高于＋、－，而在优先级相同的情况下，这5个运算符的结合性是从左到右。

关于基本算术运算符的4点说明：

（1）双目运算符＊。注意：不能用×或·表示乘号，在数学中，3b、3×b、3·b都是合法的，但在C语言中只能写成3＊b。

（2）双目运算符/。不能用÷号表示除，另外应注意，两个整数相除结果为整数，例如，9/4的结果为2，舍去小数部分。如果参加运算的两个数中有一个为整数一个为实数，则系统将自动把整型转换为实型数，使运算符两边的类型达到一致后，再进行运算。例如3.0/2.0，其运算结果为1.5。

（3）双目运算符％。运算对象只能是整型，运算符左侧的运算数为被除数，右侧的运算数为除数，求两数相除后所得的余数，在C语言中符号与被除数相同。例如19％－4的结果为3，－19％4的结果为－3。

（4）＋和－也可用作单目运算符，运算符必须出现在运算对象的左边，运算对象可为整型，也可为实型。

2.9.2 算术表达式

用算术运算符、圆括号将运算对象连接起来的符合C的语法规则的表达式称为算术表达式。例如，下面是一个合法的C语言算术表达式：

$(m-n)/k*4\char`\^2+-25\%4$

C 语言算术表达式的书写形式与数学表达式的书写形式是有区别的,在使用时要注意以下几点:

(1) C 语言中表达式中的乘号不能省略。例如,数学表达式 $ax+2b\div c$ 相应的 C 语言表达式就写成:$a*x+2*b/c$。

(2) 在 C 语言表达式中只能使用合法的用户标识符,例如,数学表达式 $4\pi r^2$,相应的 C 语言表达式应该是:$4*3.1415926*r*r$(当然这时可以定义符号常量 PI=3.1415926)。

(3) 在 C 语言表达式中,不允许有分子分母、上下标等情况,必须要利用圆括号保证运算的顺序。例如数学表达式 $\dfrac{b^2-4ac}{a+b}$ 相应的 C 语言表达式应写成:$(b*b-4*a*c)/(a+b)$。

(4) 在 C 语言算术表达式中,不允许出现方括号和花括号,只能用多层圆括号帮助限定运算顺序,而且左右括号必须配对。运算时从内层圆括号开始,由内向外依次计算表达式的值。例如数学表达式 $1+\dfrac{[x+(1+x)]+1}{(x+1)}$ 相应的 C 语言表达式应该写成:$1+((x+(x+1))+1)/(x+1)$。

2.9.3　自增、自减运算符及其表达式

C 语言提供了两个一般高级语言所没有的表达式,自增运算符++和自减运算符--。它们是单目运算符。其作用是使变量的值增 1 或减 1,根据它们出现在运算量之前或之后的不同,分为两种不同的情况。

(1) 前缀++,即++变量名。前缀++使变量的值先增加 1,然后以增加后的值作为运算结果。这里限制变量的数据类型为整型或某种指针类型。

(2) 前缀--,即--变量名。前缀--使变量的值先减 1,然后以减后的值作为运算结果。

(3) 后缀++,即变量名++。后缀++的作用是,先取该变量的值为运算结果,然后使变量的值再增加 1。

(4) 后缀--,即变量名--。后缀--的作用是,先取该变量的值为运算结果,然后使变量的值再减 1。

【例 2.11】　++,--运算的应用举例。

```
# include "stdafx.h"
# include <stdio.h>
# include <stdlib.h>
int  main()
{
    int a,b,c,d,e,f;
    a = 10;
    b = 10;
    c = a++;
    d = --b;
    printf("c = %d,d = %d\n", c, d);
    e = a++;
```

```
        f = ++b;
        printf("e = % d,f = % d\n", e, f);
        system("pause");
        return 0;
    }
```

程序运行结果如下：

```
c = 10,d = 9
e = 11,f = 10
```

【例 2.12】 分析以下程序的运行结果。

```
# include "stdafx. h"
# include < stdio. h>
# include < stdlib. h>

int  main()
{
    int i = 5, j = 5, p, q;
    p = (i++) + (i++) + (++i);
    q = (++j) + (++j) + (++j);
    printf("% d, % d, % d, % d\n", p, q, i, j);
    system("pause");
    return 0;
}
```

程序运行结果如下：

```
16, 22, 8, 8
```

在使用自增自减运算符时应注意以下 4 点：

(1) 注意前缀运算和后缀运算的区别。自减运算符与自增运算符类似，即前缀运算是"先变后用"，而后缀运算是"先用后变"。例如"int x=3;"执行"y=x++;"后，x 的值为 4，而 y 的值为 3，再如"int x=3;"执行"y=++x;"后，x 的值为 4，而 y 的值也为 4。

(2) 注意运算符的运算对象。自增、自减运算符能作用于变量，而不能作用于常量或表达式。因为自增、自减运算符具有对运算量重新赋值的功能，而常量、表达式无存储单元可言，当然不能做自增、自减运算。

(3) 注意运算符的结合方向。取负运算符和自增运算符的优先级相同，自增、自减运算符的结合方向都是从右向左，因此，k ＝－i＋＋等效于 k＝－(i＋＋)，若 i＝4 则表达式 k＝－i＋＋运算后 k 的值为－4,i 为 5。

(4) 注意运算符的副作用。究其原因"先用后变，先变后用"中的"先"和"后"是一个模糊的概念，很难给出顺序或时间上的准确定论，在不同的编译器中可能不会相同。例如在 Turbo C 中，例 2.12 的程序执行结果是 18,24,8,8。为了克服这类副作用，使用自增自减运算时要慎重，连续性的自增自减运算最好不要使用，以减少程序出错的可能性。在程序设计中，效率和易读性两者都要兼顾。

2.10 赋值运算符与赋值表达式

2.10.1 赋值运算符与赋值表达式

等号=就是赋值运算符,它是一个双目运算符,具有右结合性。由=连接的式子称为赋值表达式。其一般形式为:

变量名 = 表达式

例如:

```
x = (a + 6) * 2b;
y = sin(x) + cox(x);
s = i + j-- ;
```

赋值表达式的功能是先计算=右侧表达式的值,然后再将值赋予左边的变量。赋值运算符的左边只能是变量,而不能是算术表达式或常量。上面这三条语句均是合法的赋值表达式,而下面三条语句均是不合法的赋值表达式:

```
2 * a = b + 10;
abs(x) = a + 12;
20 = x + 2 * y;
```

在使用赋值运算符时,有以下几点需要注意:

(1) 赋值运算符不同于数学中的"等于号",这里不是等同的关系,而是进行"赋予"的操作。

(2) 赋值运算符的优先级别只高于逗号运算符,比其他任何运算符的优先级都低,且具有自右向左的结合性。所以要先计算出=右边表达式的值,然后再把此值赋给左边的变量。

(3) 赋值表达式 x=y 的作用为:将变量 y 所代表的存储单元中的内容存入变量 x 所代表的存储单元,x 中原有的数据被替换掉,但 y 变量中的内容保持不变。此表达式应当读作"把 y 的值赋予给 x 变量",而不应读作"x 等于 y"。

(4) 赋值号=右边的表达式也可以是一个赋值表达式,按照运算符的优先级和赋值运算符自右向左的结合性进行求值。例如:x=y=z=5+8,该表达式相当于 x=(y=(z=(5+8)))。

【例 2.13】 分析以下程序的运行结果。

```
# include "stdafx. h"
# include < stdio. h>
# include < stdlib. h>

int  main()
{
    int a, b;
    a = (b = 2 * 3 + 2) + 4;
    printf(" % d, % d\n", a, b);
    system("pause");
```

```
    return 0;
}
```

程序运行结果如下：

```
12,8
```

2.10.2 复合赋值表达式

C 语言中提供了 10 种复合赋值运算符，其中与算术运算有关的复合运算符是：＋＝（加赋值）、－＝（减赋值）、＊＝（乘赋值）、/＝（除赋值）、％＝（求余赋值）、&＝（按位与赋值）、|＝（按位或赋值）、^＝（按位异或赋值）、＜＜＝（左移位赋值）、＞＞＝（右移位赋值）。

由复合赋值运算符组成的表达式，称为复合赋值表达式，其表达形式为：

变量名　运算符 = 表达式；

等价于：

变量名 = 变量名　运算符　表达式；

例如：i＋＝1；　等价于 i＝i＋1；
　　　a－＝c＊d；　等价于 a＝a－c＊d；

复合赋值运算符的优先级与赋值运算符的优先级相同，且运算方向为自右至左。当复合运算符右侧是一个表达式时，C 语言编译系统会自动给该表达式加上一个括号，即先求右侧表达式的值，然后再进行复合赋值运算。

【例 2.14】 分析以下程序运行的结果。

```
# include "stdafx.h"
# include <stdio.h>
# include <stdlib.h>

int  main()
{
    int i = 2, j = 12, k = 10;
    k += j += 2 * i + 20;
    printf("%d, %d, %d\n", i, j, k);
    system("pause");
    return 0;
}
```

程序运行结果如下：

```
2,36,46
```

程序中的复合赋值表达式"k＋＝j＋＝2＊i＋20;"等价于"k＝k＋(j＝j＋(2＊i＋20));"，因此 i 值未发生变化，j 被重新赋值为 36，最后被赋值为 46。

使用复合赋值运算符，不但书写简洁，产生的代码短，而且十分有利于编译处理，能提高编译效率并产生质量较高的目标代码，读者要较好地掌握复合赋值运算。

2.11　逗号运算符与逗号表达式

在 C 语言中逗号",",也是一种运算符,称为逗号运算符。用逗号运算符将若干表达式连接起来,称为逗号表达式。它的一般形式为:

表达式 1,表达式 2,…,表达式 n

例如:

a = 2, a * 2, a * = 5

逗号运算符参与运算时要注意两点:

(1) 在所有运算符中,逗号运算符的优先级别最低。

(2) 逗号运算符的结合性为从左到右,因此逗号表达式将从左到右进行运算。即先计算表达式 1,然后依次计算表达式 2、表达式 3,最后计算表达式 n。

【例 2.15】　分析下面关于逗号运算的程序运行结果。

```
# include "stdafx.h"
# include < stdio.h >
# include < stdlib.h >


int   main()
{
    int a = 3, b = 5, c = 7, x, y;
    y = ( x = 2 * a + b), (b + 3 * c);
    printf("x = % d,y = % d\n", x, y);
    y = (x = 2 * a + b, b + 3 * c);
    printf("x = % d,y = % d\n", x, y);
    system("pause");
    return 0;
}
```

程序运行结果如下:

x = 11, y = 11
x = 11, y = 26

在本程序中表达式"$y=(x=2*a+b),(b+3*c)$;"与"$y=(x=2*a+b,b+3*c)$;"是不等价的逗号运算表达式,其中第一个表达式 $y=(x=2*a+b)$ 是赋值表达式,第二个表达式 $(b+3*c)$ 是算术表达式。后者是赋值表达式,是希望将逗号运算表达式"$x=2*a+b,b+3*c$"的值赋给变量 y。

其实,逗号运算只是把多个表达式连接起来,在许多情况下,使用逗号运算的目的只是想分别计算各个表达式的值,而并非想用逗号运算中最后那个表达式的值。逗号运算常用于 for 循环语句,用于给多个变量置初值,或用于对多个变量的值进行修正等。

2.12 数据类型的转换

2.12.1 隐式类型转换

在不同类型数据的混合运算中,要求这些双目运算符所连接的两个运算对象的数据类型一致,当不一致时,就需要将数据从一种类型转换为另一种类型,这种转换如果是 C 语言系统会自动完成的,就称为数据的隐式类型转换。

如果两个运算对象的类型不一致,则将类型低的运算对象类型转换为类型高的运算对象类型,即系统把占用存储空间少的类型向占用存储单元多的类型转换,以保证运算的精度。各种数据类型的高低顺序及转换规则如图 2.5 所示。

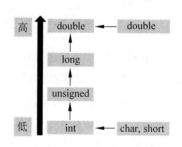

图 2.5 数据类型自动转换规则

在不同数据类型转换的过程中,其类型转换的顺序不是按箭头方向一步一步地逐个进行,而是可以不经过中间某个类型直接完成两种数据类型的转换。例如,一个 int 型数据与一个 float 型数据相运算,则系统先将 int 数据和 float 数据均自动地转换为 double 型数据,然后进行运算。

要注意的是,在计算表达式时,数据类型的各种转换只影响表达式的运算结果,原来定义的变量类型和数据并没有发生变化,只是在参与运算时产生临时结果,以保证运算精度。

2.12.2 强制类型转换

1. 显示强制类型转换

显示强制类型转换是通过强制类型转换运算符将一个数值、变量或表达式强制地转换成指定的数据类型。其一般形式为:

(类型标识符)(表达式)

在进行显示强制类型转换时,有以下 4 点需要注意:

(1) 在进行显式类型转换时,类型关键字必须用括号括起来。例如,(float) f1 不能写成 float f1。

(2) 在对一个表达式进行显式类型转换时,整个表达式要用括号括起来。例如,(float)(x+y),不能写成(float)x+y,否则就变成了只对变量 x 进行类型转换而不是对 x+y 的结果进行类型转换。

(3) 在对变量或表达式进行显式类型转换后,并不改变原来变量或表达式的类型。例如,设 x 为 float 型,y 为 double 型,则(int)(x+y)为 int 型,而 x+y 仍为 doube 型。

(4) 在 Dev-C++ 系统中,将 float 型或 double 型强制转换成 int 型时,对小数部分进行截断取整。分析下面取整的程序。

【例 2.16】 显式类型转换运算符的使用。

```
# include "stdafx. h"
# include < stdio. h >
# include < stdlib. h >
```

```
int main()
{
    float x = 4.0;
    double y = 3.2;
    printf("%d, %f\n", (int)(x * y), x * y);
    system("pause");
    return 0;
}
```

程序运行结果如下：

12,12.800000

2. 隐式强制类型转换

隐式强制类型转换包括两种形式,一种是运用赋值运算符,另一种是在函数有返回值时总是将 return 后面的表达式值强制转换为函数的类型(当两者类型不一致时)。关于这两种形式的运用,请读者在后续章节的学习过程中细细体会。

习　题　2

一、选择题

2.1　在 C 语言中,下列类型属于构造类型的是(　　)。

    A. 整型　　　　　　　B. 字符型　　　　　　C. 实型　　　　　　　D. 数组类型

2.2　下列字符串属于正确标识符的是(　　)。

    A. INT　　　　　　　B. 5_student　　　　　C. 2ong　　　　　　　D. ! DF

2.3　C 语言中运算对象必须是整型的运算符是(　　)。

    A. %　　　　　　　　B. /　　　　　　　　　C. +　　　　　　　　　D. *

2.4　若变量 a、i 已正确定义,且 i 已正确赋值,合法的语句是(　　)。

    A. a==1　　　　　　B. ++i;　　　　　　　C. a=a++=5;　　　　　D. a=int(i);

2.5　设 c 是字符变量,则以下表达式正确的是(　　)。

    A. c=356　　　　　　B. c='c'　　　　　　　C. c="c"　　　　　　　D. c="abcd"

2.6　下面四个选项中,均是不合法整型常量的选项是(　　)。

    A. −0f1　　　　　　　B. −0xcdf　　　　　　C. −018　　　　　　　D. −0x48eg

       −0xffff　　　　　　017　　　　　　　　999　　　　　　　　　−068

       0011　　　　　　　12,456　　　　　　5e2　　　　　　　　　03f

2.7　已知各变量的类型说明如下:

```
int k,a,b;
unsigned long w = 5;
double x = 1.42
```

则以下不符合 C 语言语法的表达式是(　　)。

    A. x%(−3)　　　　　　　　　　　　　B. w+=−2

    C. k=(a=2,b=3,a+b)　　　　　　　　D. a+=a−=(b=4)*(a=3)

2.8 以下叙述中不正确的是(　　　)。

　　A. 在 C 程序中无论是整数还是实数，只要在允许的范围内都能准确无误地表示

　　B. 在程序中，APH 和 aph 是两个不同的变量

　　C. "A"与'A'是不相同的两个量

　　D. 在 C 程序中所用的变量必须先定义后使用

2.9 若 t 为 double 类型，表达式"t＝2,t＋8,t＋＋"的值是(　　　)。

　　A. 11.0　　　　　　　B. 2.0　　　　　　　C. 9.0　　　　　　　D. 1.0

二、填空题

2.10 在 C 语言程序中，用关键字＿＿＿＿＿＿＿定义基本整型变量,用关键字＿＿＿＿＿＿＿定义单精度实型变量,用关键字＿＿＿＿＿＿＿定义双精度实型变量。

2.11 对不同类型的语句有不同的格式字符。例如：＿＿＿＿＿＿＿格式字符用来输出十进制整数,＿＿＿＿＿＿＿格式字符用来输出一个字符,＿＿＿＿＿＿＿格式字符用来输出一个字符串。

2.12 假定一个数在机器中占用 8 位,则－33 的原码、反码和补码分别为 ＿＿＿＿＿＿＿、＿＿＿＿＿＿＿、＿＿＿＿＿＿＿。

2.13 如果 int i＝3,则 printf("％d",－i＋＋)执行后输出＿＿＿＿＿＿＿,i 的结果是＿＿＿＿＿＿＿。

2.14 在 C 语言中,字符型数据和＿＿＿＿＿＿＿数据之间可以通用。

2.15 在 C 语言中,可以利用＿＿＿＿＿＿＿,将一个表达式的值转换成指定的类型。

2.16 与 y＝＋＋x＋5 完全等价的表达式为＿＿＿＿＿＿＿。

2.17 若以下变量均是整型,且"num＝sum＝7;",则执行表达式"sum＝num＋＋,sum＋＋,＋＋num"后 sum 的值为＿＿＿＿＿＿＿。

2.18 假如 a 是整型,f 是实型,i 是双精度型,则表达式 10＋'a'＋i＊f 的结果的数据类型为＿＿＿＿＿＿＿。

三、简答题

2.19 如何测试一个变量占用多大内存空间？

2.20 请问'a'和"a"有什么区别？

2.21 C 语言的符号常量和变量有何区别？

2.22 当不同类型数据做算术运算时是否需要类型转换？如何转换？

四、写出下列程序的运行结果

2.23
```
main()
{
    int i = 010, j = 10, k = 0x10;
    printf("% d, % d, % d\n", i, j, k);
}
```

2.24
```
main()
{
    int x = 10, y = 3, z;
    printf("% d\n", z = (x % y, x/y));
}
```

```
2.25    main()
        {
            int i = 20, j;
            j = (++i) + i;
            printf(" % d\n", j);
            i = 13;
            printf(" % d % d", i++, i);
        }
```

第3章 简单的 C 程序设计

本章先介绍算法概念、特性及算法的流程图表示,进而讲解结构化程序设计的三种基本结构及流程图,然后介绍 C 语言的基本语句及数据的输入输出函数,通过本章的学习,读者可以学会编写最简单的 C 语言程序。

3.1 算法的概念及特性

3.1.1 算法的概念

算法是指对解题方案的准确而完整的描述,是一系列解决问题的清晰指令,代表着用系统的方法描述解决问题的策略机制。也就是说,针对一定规范内的输入,能够在有限的时间内获得所要求的输出。如果一个算法有缺陷,或不适用于某个问题,那么执行这个算法将不会解决这个问题。不同的算法可能用不同的时间、空间或效率来完成同样的任务,举例如下:

【例 3.1】 已知三个数 A、B、C,找出其中最大的数。

解:要完成这个任务有多种算法,这里给出其中两个。

算法一:

步骤 1:先将 A 和 B 比较,若 A>B 则交换 A 和 B 的值。

步骤 2:再将 B 和 C 比较,若 B>C 则交换 B 和 C 的值。

结果:C 的值为最大值。

算法二:

步骤 1:在三者之外设定数值 D,并让 D 等于 A 的值。

步骤 2:再将 D 和 B 比较,若 B>D 则让 D 等于 B 的值。

步骤 3:再将 D 和 C 比较,若 C>D 则让 D 等于 C 的值。

步骤 4:D 的值为最大值。

两个算法都可以解题,但若编程实现所占用空间也相同,但执行效率却不一样,其中算法一由于三个已知数值的不同有可能需要交换 0～2 次,所以其效率是不稳定的,可能是最高的,也可能是最低的。而算法二的效率受已知数的影响比较小,效率较高而且稳定。

3.1.2 算法的特性

一般来说,算法的实现过程应该简单明了和思路清晰,因此,一个正确而有效的算法应具有如下特性。

（1）有穷性：一个算法应该包含有限个操作步骤之后结束,而且每个步骤都应该在有穷时间内完成。

（2）确定性：算法的每个步骤都应该有明确的含义,无二义性。

（3）可行性：算法中的每一步都应该是有效、可行的,执行算法最后应该能得到确定的结果。

（4）输入：一个算法有零个或多个输入,这些输入应该在算法执行前完成,是赋予算法的最初的数据值。

（5）输出：一个算法必须有一个或多个输出。算法的目的是为了求解,通过算法所求得的"解"即是算法的输出。

3.2 算法的流程图表示

在程序的设计过程中,描述算法有许多方法,描述算法的方法有多种,常用的有自然语言、结构化流程图、伪代码和 PAD 图等,其中最普遍的是流程图,因为它直观形象,易于理解。本节将介绍使用流程图来描述算法的方法,并给出结构化程序的三种基本结构。

3.2.1 流程图

流程图就是以特定的图形符号加上说明,用来表示算法的图,是流经一个系统的信息流、观点流或部件流的图形代表。使用图形表示算法的思路是一种极好的方法,因为千言万语不如一张图看得明白。下面举例说明流程图的基本用法。

【例 3.2】 计算 $1+2+3+4+\cdots+n$,将总和输出。

求 $1\sim n$ 的总和的算法,用自然语言描述如下:

（1）定义变量 n 并从键盘给 n 赋值;

（2）定义变量 sum 并赋初值为 0,变量 i 赋初值 1;

（3）判断 i 是否小于或者等于 n,如果是则执行步骤（4）,否则转到步骤（6）;

（4）将 sum 与 i 的和赋给 sum,将 i 的值增加 1;

（5）返回步骤（3）,重复执行;

（6）输出 sum,程序结束。

该算法用流程图描述如图 3.1 所示。

图中基本符号的习惯用法简介如下:

（1）圆角矩形表示程序的开始与结束。

（2）平行四边形表示输入与输出。

（3）矩形框表示普通的工作环节。

（4）菱形框表示判断。

（5）线和箭头表示操作的流向,即操作的执行顺序。

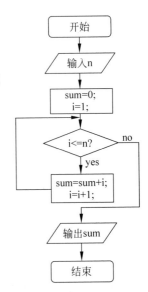

图 3.1 两数相加的流程图

3.2.2 结构化程序的三种基本结构

为了提高算法的质量,方便算法的设计和理解,1966 年 Bohra 和 Jacopini 提出了程序

简单的 C 程序设计

的三种基本控制结构,即顺序结构、选择结构和循环结构。

(1) 顺序结构。这是最简单的一种结构,每条语句按顺序执行,每条语句只执行一遍,不重复执行,也没有语句不执行。如图 3.2 所示,虚线框内即是一个顺序结构,处理框里的 A 和 B 表示一个或一组操作,它们是顺序执行的,即先执行操作 A,再执行操作 B。

(2) 选择结构,又称为分支结构,如图 3.3 所示。此结构中包含一个判断框,执行流程是根据判断条件 c 是否成立来选择执行 A 框或 B 框中的一路分支。当条件 c 成立时,执行 A 框中的操作,然后脱离选择结构;当条件 c 不成立时,执行 B 框中的操作,然后脱离选择结构。其中 A 框或 B 框中可以有一个是空的。

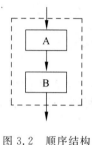

图 3.2　顺序结构

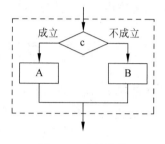

图 3.3　选择结构

(3) 循环结构。循环结构又称为重复结构,其特点是,循环体在条件满足的情况下,可以反复执行某一部分操作。循环结构有两类,一类是当型循环结构,一类是直到型循环结构。

① 当型循环:当型循环结构如图 3.4 所示,其执行过程为:当给定的条件 c 成立时,则执行操作 A(一般称作循环体),然后再判断条件 c 是否成立,如果条件 c 仍然成立,再执行操作 A,如此反复,直到条件 c 不成立时退出循环向后执行。

② 直到型循环:直到型循环结构如图 3.5 所示。其执行过程为:先执行操作 A,然后判断给定的条件 c 是否成立,如果条件 c 不成立,则再执行操作 A,然后再对条件 c 进行判断,若 c 不成立,再执行操作 A,如此反复,直至条件 c 成立为止,退出循环向后执行。

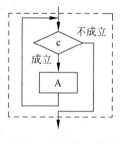

图 3.4　当型循环结构

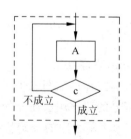

图 3.5　直到型循环结构

两种循环的区别在于:当型循环是先判断条件,再执行循环体,当循环条件中如果一开始条件 c 就不成立时,则循环体一次也不执行。而直到型循环是先执行一次循环体,再判断条件,所以循环体至少执行一次。

三种基本结构,无论是顺序结构、选择结构还是循环结构,它们的共同点是:只有一个入口和一个出口。任何一个结构化程序都是由若干个这样的基本结构组合而成的,这样就保证了程序有良好的可读性。

3.3　C语言基本语句

一个C程序的执行部分是由语句组成的,每个语句以分号";"作为结束符。";"是C语句的重要组成部分。C语句可分为5类,它们是表达式语句、函数调用语句、复合语句、控制语句和空语句。本节将着重介绍赋值语句、复合语句和空语句3类顺序执行语句。

3.3.1　表达式语句

在表达式的后面加上一个";"号,就构成了表达式语句,其一般形式为:

表达式;

例如:

```
y = x * 2;                          /* 赋值语句 */
i++;                               /* 自增表达式语句,i的值自动增加 1 */
z - k > 32 + m;                    /* 逻辑表达式语句 */
```

在程序中,最常见的是由一个赋值表达式后面跟一个";"构成的赋值语句,其一般形式为:

变量 = 表达式;

例如上面出现的 $y = x * 2$ 是赋值表达式,"$y = x * 2$;"则是赋值语句。赋值语句是一种可执行语句,应当出现在函数的可执行部分。程序中的很多计算都是由赋值语句完成的。

3.3.2　复合语句

在C语言中,由一对大括号{ }将两个或者两个以上的语句括起来构成的语句叫复合语句。其一般形式为:

```
{
    语句 1;
    语句 2;
    ⋮
    语句 n;
}
```

例如:

```
{
    int a,b;
    a = 10;
    b * = a + 1;
    printf("b = % d\n";b);
}
```

在使用复合语句时,有以下几点需要注意:

(1) 在书写复合语句时,若干条语句必须用一对"{}"括起来。

简单的 C 程序设计

（2）在复合语句中的最后一条语句不可以省略"；"，而右大括号的后面不能加"；"。

（3）在复合语句内，不仅可以有执行语句，还可以有定义部分，定义部分应该出现在可执行语句的前面。

（4）在程序中，复合语句与单条语句的地位相同。在选择结构和循环结构中都能看到复合语句的作用。

3.3.3 空语句

仅由一个分号"；"组成的语句，被称作空语句。其一般形式为：

```
;
```

空语句也是一条语句，程序执行时不产生任何动作。在程序中，如果没有什么操作需要执行，但从语句的结构上说，必须有一个语句时，可以书写一个空语句。有时候在程序中空语句可用来作空循环体。

3.4 数据的输入与输出

在程序执行过程中，有时候需要从外部设备（例如键盘）得到一些原始数据，将这种操作称为"输入"。当程序运行结束后，又需要将计算结果发送到计算机的外部设备（显示器）上，便于人们对结果进行分析，将这种操作称为"输出"。

为了实现输入和输出功能，一些高级语言提供了输入输出语句，但 C 语言不提供用于输入和输出的语句，在 C 的程序设计中，数据的输入和输出是通过调用标准库函数提供的输入和输出函数来实现的，这些函数都是在头文件 stdio.h 中定义的，因此要使用它们，首先应使用编译预处理命令 ♯include < stdio.h>将该文件包含到当前程序中来。

本节重点介绍输出函数 printf、格式输入函数 scanf、字符输出函数 putchar 和字符输入函数 getchar 四个标准输入输出函数。

3.4.1 格式输出函数 printf()

在 C 语言中，如果用户在程序中需要输出若干个任意类型的数据，就要用到格式输出函数 printf()，同时 printf()函数也是 C 语言提供的标准输出函数，它在整个 C 语言程序设计中的应用非常广泛。

1. 输出函数 printf()的格式和功能

调用格式：

printf("格式控制字符串",输出项列表)

功能：格式控制字符串用来确定输出项的输出格式和需要原样输出的字符。输出项列表可以是常量、变量或表达式，输出项列表中的各输出项之间要用逗号分隔。要求格式字符串和输出项列表在数量和类型上应该一一对应。

【例 3.3】 格式化输出。

```
# include "stdafx.h"
# include < stdio.h>
```

```
# include < stdlib.h >

int main( )
{
    int a = 10, b = -8;
    float c = 5.76;
    printf("a = %d,b = %d,c = %f\n", a, b, c);
    printf("%d%f\n", a, c);
    printf("%d%6d\n", a, b);
    printf("%d,%d\n", a, b, c);
    printf("钓鱼岛是中国的固有领土!\n");
    system("pause");
    return 0;
}
```

程序运行结果如下：

a = 10,b = -8,c = 5.760000
105.760000
10   -8
10,-8
钓鱼岛是中国的固有领土!

在使用格式输出函数 printf()时,需要注意的 7 个问题：

(1) 输出项列表中的每一个输出项必须有一个与之对应的格式说明。每个格式说明均以％开头,以一个格式符(例如 d 或 f)结束。输出项和格式符必须按照从左到右的顺序在类型上一一匹配。

(2) 格式控制字符串可以包含转义符,如'\n'、'\t'等。

(3) 除格式指示符和转义字符外的其他字符,将"原样输出",例如上面例子中的"a="、"b="和"c="等。

(4) 例 3.3 中的第三条输出语句中的"％6d"中的 6 表示变量 b 指定输出字段的宽度为6。若位数小于 6,则左边补充空格,使 a 和 b 之间留出空格,便于阅读。

(5) 当格式符个数少于输出项时,多余的输出项不予输出。当格式符多于输出项时,则对多余的格式将输出不定值(或 0 值)。

(6) 如果需要输出百分号％,则应该在格式控制串中用两个连续的百分号％％来表示。

(7) printf()函数的返回值通常是本次调用中输出字符的个数。

2. printf()函数中常用的格式说明

格式说明是以字符％开头的,格式符结束,中间可以插入附加说明符,格式说明的一般形式为：

％[-][+][♯][m.n][h/l/L]格式符

其中,方括号括住的内容是可以省略的。下面分别介绍各个参数的含义。

(1) 格式字符。格式输出语句中的"％"称为格式说明,它与后面的字符一起说明将要显示的是什么类型。允许使用的格式字符和它们的功能如表 3.1 所示。在一些系统中,这些格式字符只允许小写字母,因此建议读者使用小写字母,使程序具有通用性。

表 3.1　printf()函数格式字符表

格式说明符	含　义
c	输出一个字符
d	输出带符号的十进制整型数
o	以八进制无符号形式输出整型数(不带前导 0)
u	按无符号的十进制形式输出整型数
x	以十六进制无符号形式输出整型数(不带前导 0x 或 0X)。对于 x 用 a~e 输出;对于 X 用 A~E 输出
f	以[-]mmm.ddd 带小数点的形式输出单精度和双精度数。d 的个数由精度指定。隐含的精度为 6;若指定的精度为 0,小数部分(包括小数点)都不能输出
e	以[-]m.dddddde±xx 的指数形式输出单精度和双精度数,d 的个数由精度指定。隐含的精度为 6;若指定的精度为 0,小数部分(包括小数点)都不输出
g	由系统决定采用%f 格式还是采用%e 格式,以使输出的宽度最小
s	输出字符串中的字符,直到遇到"\0"
p	输出变量的内存地址

(2) 长度修饰符(h/l/L)。当长度修饰符 h 用于格式符 d、i、o、u、x 时,表示对应的输出项是短整型或无符号短整型。当 l 用于格式符 d、i、o、u、x 时,表示对应的输出项是长整型或无符号长整型。当 L 用于格式符 e、f、g 时,表示对应的输出项是 long double 型。

(3) 宽度和精度修饰符(m.n)。可以在"%"符号和格式字符之间加入形如"m.n"(m、n 均为整数)的修饰。其中,m 为宽度修饰,n 为精度修饰。宽度修饰符用来指定输出宽度,精度修饰对不同的格式字符作用不同。

① 宽度修饰符。在%与格式字符之间插入一个整数(m)表示输出字段的宽度。如果指定的输出宽度不够,并不影响数据的完整输出,系统会代之以隐含的输出宽度;如果指定的输出宽度多于数据实际所需宽度,则数据右对齐,左边补以空格。表 3.2 列举了未指定宽度和指定输出宽度时的输出结果。

表 3.2　用 printf()函数输出数据时输出数据所占列宽示例

输 出 语 句	输 出 结 果
printf("A%d\n",62);	A62
printf("A%5d\n",62);	A 62
printf("A%f\n",123.45);	A123.450000
printf("A%12f\n",123.45);	A 123.450000
printf("A%e\n",543.21);	A5.43210e+02
printf("A%13e\n",543.21);	A 5.43210e+02
printf("A%g\n",456.7);	A456.7
printf("A%8g\n",456.7);	A 456.7

② 精度修饰符。在%与格式字符之间插入一个小数点和 n(即.n)表示输出字段的精度。对于 f 格式输出,n 用来指定输出小数位的位数,缺省时 n=6;对于 g 或 e 格式输出,n 指明输出精度,用来指定有效数字的位数,缺省时 n=6;对于 d、i、o、u、x 格式输出,n 表示至少出现的数字个数;对于 s 格式输出,n 表示最多输出字符串的前 n 个字符,多余截断,缺

省时字符串的内容全部输出。表3.3列举出了使用"m.n"形式来指定数据输出宽度和精度的示例。

表 3.3　使用"m.n"形式,指定数据输出宽度和精度示例

输 出 语 句	输 出 结 果
printf("A%6.5d\n",82);	A 00082
printf("A%8.3f\n",123.55);	A 123.550
printf("A%8.1f\n",123.55);	A 123.6
printf("A%8.0f\n",456.55);	A 457
printf("A%9.2e\n",456.55);	A 4.57e+002
printf("A%.7g\n",123.56789);	A123.5679
printf("A%7.5s\n", "ABCDEFG");	A ABCDE

(4) 左对齐修饰符(-)。在指定数据左对齐时,这时可以在宽度前加一个"-"号来实现。当输出数据的宽度小于数据需要的实际宽度 m 时,在 m 所限定的字段宽度内,输出项左对齐,右边补填充符,缺省时,右对齐,左边补填充符。表3.4列举了指定左对齐时的输出结果。

表 3.4　printf()函数左对齐输出示例

输 出 语 句	输 出 结 果
printf("A%6d#\n",246);	A 246#
printf("A%-6d#\n",246);	A246 #
printf("A%14.8lf#\n",2.4686);	A 2.46860000#
printf("A%-14.8lf#\n",2.4686);	A2.46860000 #

(5) 使数值带有"+"号或"-"号的修饰符(+)。可以在%和格式字符间(或指定的输出宽度前)加一个"+"号。例如:

printf("%+d,%+d\n",10,-10);

其输出结果为:

+10,-10

(6) 在输出数据前加前导0。可以在指定输出宽度的同时,在数据前面的多余空格处填以数字0。例如:

printf("A%07d\n",25);

其输出结果为:

A0000025

(7) 八进制数、十六进制数和浮点数格式修饰符(#)。如果需要在输出的八进制数前添加o,十六进制数前添加0x,可在%号与格式字符o或x之间插入一个#号(**注意**:#只对o格式字符和x格式字符起作用)。

例如:

```
printf("%o, %#o, %x, %#x\n", 20, 20,20,20);
```

其输出结果为：

```
24,024,14,0x14
```

【例 3.4】 分析字符型数据和字符串输出格式。

```
#include "stdafx.h"
#include <stdio.h>
#include <stdlib.h>

int main()
{
    char c = 'A';
    int i = 65;
    printf("%c, %d\n", c, c);
    printf("%c, %d\n", i, i);
    printf("%10s\n", "Welcome!");
    printf("%-10s\n", "Welcome!");
    system("pause");
    return 0;
}
```

程序运行结果如下：

```
A,65
A,65
  Welcome!
Welcome!
```

【例 3.5】 分析实型数据输出格式及输出精度。

```
#include "stdafx.h"
#include <stdio.h>
#include <stdlib.h>

int main()
{
    float x = 1234.789012f;
    double y = 123456789012.123456;
    float z = 123.456;
    printf("x = %f,\ty = %f\n", x, y);
    printf("%f, %9.2f, %9.4f\n", z, z, z);
    printf("%e, %9.2e, %1.04e\n", z, z, z);
    system("pause");
    return 0;
}
```

程序运行结果如下：

```
x = 1234.789063,   y = 123456789012.123460
123.456001,    123.46, 123.4560
1.234560e+002,1.23e+002,1.2346e+002
```

3.4.2 格式输入函数 scanf()

scanf()函数是 C 语言提供的标准输入函数,它的作用是把从键盘输入的数据传送给对应的变量,可用于输入多个任何类型的数据。

1. 输入函数 scanf() 的格式和功能

调用格式:

scanf("格式控制字符串",输入项地址列表)

功能:从键盘向内存中输入数据,在"格式控制字符串"的作用下,输入数据转换成相应的类型,存放在对应的地址单元中。此处的"格式控制字符串"与 printf()函数的"格式控制字符串"类似,"输入项地址列表"是由地址组成的,指的是每个输入项对应的内存地址单元,可以是变量的地址,也可以是字符串的首地址,各地址间用逗号隔开。

【例 3.6】 格式化的输入与输出。

```
# include "stdafx.h"
# include < stdio.h >
# include < stdlib.h >

int main()
{
    int m,n,k;
    scanf("%d%d%d",&m,&n,&k);
    printf("%d,%d,%d",m,n,k);
    system("pause");
    return 0;
}
```

执行时,从键盘输入 1、22、333 的运行结果如下:

1 22 333 回车
1 22 333

在使用格式输出函数 scanf()时,需要注意的几个问题:

(1) 执行 scanf()函数,在从键盘输入数据时,在数据间用一个或多个空格隔开,也可以用回车键或跳格键(Tab)隔开。

(2) scanf()函数中没有精度控制,如"scanf("%3.2f",&x);"是错误的,不能企图用此语句输入小数位数为 2 的实数。

(3) 输入的数据可以是字符、字符串和数值,但输入字符和字符串是不能带界定符"和'的。

(4) scanf()函数中的"格式控制字符串"不能有普通字符出现。

(5) 在输入数值型数据时,若遇到字母等非法字符时,系统则认为有效数据是非法字符前的数值部分。

(6) scanf()函数在调用结束后将返回一个函数值,其值等于得到输入值的输入项的个数。

2. scanf()函数中常用的格式说明

scanf()函数中格式说明时也是以字符%开头的,格式符结束,中间可以插入附加说明符。格式说明的一般形式为:

%[*][w][h/l/L]格式符

其中,方括号括住的内容是可以省略的。下面分别介绍各个参数的含义。

(1) 格式字符。格式输出语句中的"%"称为格式说明,它与后面的字符一起说明将要显示的是什么类型。允许使用的格式字符和它们的功能如表 3.5 所示。在一些系统中,这些格式字符只允许小写字母,因此建议读者使用小写字母,使程序具有通用性。

表 3.5　scanf()函数格式字符

格式字符	说　　明
c	输入单个字符
d	输入十进制整型数
i	输入整型数,带前导 0 时是八进制整数,带前导 0x (或 0X)时是十六进制整数,否则是十进制整数
o	输入无符号的八进制整数(可以带前导 0,也可以不带前导 0)
x 或 X	输入无符号的十六进制整数(可以带前导 0x 也可以不带)
u	输入无符号十进制整数
f	输入以带小数点的形式或指数形式的实数
e,E,g,G	与 f 的作用相同
s	输入字符串,将字符串送到一个字符数组中,以串结束标志'\0'作为最后一个字符

(2) 长度修饰符(h/l/L)。长度修饰符 h 用于格式符 d、i、o、u、x 时,表示读入的整数转换成短整型存储;对于 l 修饰格式符 d、i、o、u、x 时,表示读入的整型按长整型存储;修饰 e、f、g 时,表示读入的实数按 double 型存储;对于 L 修饰格式符 e、f、g,表示读入的数是按 long double 型存储。其中,在输入长整型数据和双精度实型数据时,必须使用长度修饰符"l",否则不能得到正确的输入值。

(3) 宽度修饰符(w)。表示输入数据项的字段的宽度。若实际输入字段宽度小于 w 时,取实际宽度。除格式符 c 外,输入字段定义为从下一个非空格字符起,到一个与所解释类型相矛盾的字符,或到由字段宽度说明的长度为止。例如"scanf("%3c%3c",&c1,&c2);",假设输入 abcdef 时,则系统将读取 abc 中的 a 赋给变量 c1,将读取 def 中的 d 赋给变量 c2。

(4) 赋值抑制符(*)。抑制符" * "表示读入对应的输入项但不赋给相应的变量,即跳过该输入值。例如"scanf("%2d% * 2d%3d",&a1,&a2);",假设输入 123456789,则系统将读取 12 并赋值给 a1;读取 34,但舍弃掉(" * "的作用);读取 567 并赋值给 a2。

当调用 scanf 函数从键盘输入数据时,最后一定要按下回车键(Enter 键),scanf 函数才能接收从键盘输入的数据。

当从键盘输入数值数据时,输入的数值数据之间要用间隔符(空格符、制表符(Tab 键)或回车符)隔开,间隔符数量不限。如果在格式说明中人为指定宽度时,也同样可用此方式输入。

【例 3.7】 数值型数据格式输入函数示例。

```
# include "stdafx.h"
# include < stdio.h >
# include < stdlib.h >

int main()
{
    int m,n,k;
    printf("请输入三个整数 m、n、k: \n");
    scanf("%d%d%d",&m,&n,&k);
    printf("%d%d%d\n", m, n, k);
    system("pause");
    return 0;
}
```

要求给 m 赋予 10、给 n 赋予 20、给 k 赋予 30,则数据输入形式应当是:

10 <间隔符> 20 <间隔符> 30 ↙

此处<间隔符>可以是空格符、制表符(Tab 键)或回车符,↙表示按 Enter 键。

【例 3.8】 字符型数据格式输入函数示例。

```
# include "stdafx.h"
# include < stdio.h >
# include < stdlib.h >

int main()
{
    char a,b,c,d;
    printf("input character a,b\n");
    scanf("%c%c", &a ,&b);
    printf("\n%c%c\n", a, b);
    system("pause");
    return 0;
}
```

程序在执行过程中,在键盘中输入 m␣n↙,则将'm'赋值给 a,'␣'赋值给 b。但如果将程序中的输入语句变成"scanf("%c␣%c",&a,&b);",同样地,也在键盘中输入 m␣n↙则会将'm'赋值给 a,'n'赋值给 b。

因此当使用"%c"格式输入字符时需要注意,若格式控制字符串中无非格式字符,则认为空格、Tab 键及回车符等所有输入的字符均为有效字符,且回车符还作为输入的结束符。如果在格式控制字符串中加入空格作为间隔,则输入时各数据之间可加空格。

3.4.3　字符型输入函数 getchar()

getchar 函数的作用是从输入设备(键盘)输入一个字符。

调用格式:

```
getchar();
```

功能：getchar()函数本身没有参数，其函数值就是从键盘上得到的字符。在输入时，空格、回车键等都将作为字符读入，而且，只有在用户按 Enter 键时，读入才开始执行。

【例 3.9】 用 getchar()函数输入字符。

```
# include "stdafx. h"
# include < stdio. h>
# include < stdlib. h>

int main()
{
    char c1, c2;
    c1 = getchar();
    c2 = getchar();
    printf("c1 = % c,c2 = % c\n", c1, c2);
    printf("c1 = % d,c2 = % d\n", c1, c2);
    system("pause");
    return 0;
}
```

该程序执行时，若输入 ab↙，则输出为：

```
c1 = a,c2 = b
c1 = 97,c2 = 98
```

若输入 a↙↙，则输出为：

```
c1 = a,c2 =
c1 = 97,c2 = 10
```

从上面的例子可知 getchar()函数只能接收一个字符，得到的是字符 ASCII 码值，可以赋给一个字符型变量，也可以赋给一个整型变量。当程序执行时若按 Enter 键，则回车符也将作为字符被读入并存在变量中，其中回车符对应的 ASCII 值是 10。

【例 3.10】 将输入的小写字母转换成大写字母后输出。

```
# include "stdafx. h"
# include < stdio. h>
# include < stdlib. h>

int main()
{
    char a, b, c;
    a = getchar();b = getchar(); c = getchar();
    a = a - 32; b = b - 32; c = c - 32;
    printf("% c% c% c",a,b,c);
    system("pause");
    return 0;
}
```

程序运行时输入：

abc↙

则输出结果为：

ABC

3.4.4 字符型输出函数 putchar( )

putchar 函数的作用是把一个字符输出到标准输出设备(显示器)上。

调用格式：

```
putchar(ch);
```

功能：putchar( )函数参数的类型一般为字符型或整型,参数也可以是字符型常量(包括控制字符和转义字符)、字符变量、整型变量。

【例 3.11】 分析输出函数 putchar( )的使用。

```
# include "stdafx.h"
# include < stdio.h >
# include < stdlib.h >

int main()
{
    char c = 'A';
    int i;
    i = c + 1;
    putchar(getchar());
    putchar('w');
    putchar(65);
    putchar('\n');
    putchar('\141');
    putchar(c);
    putchar(i);
    system("pause");
    return 0;
}
```

程序运行时,从键盘输入 p↙,则输出结果如下：

pwA
aAB

这里要注意的是：①对控制字符则执行控制功能,不在屏幕上显示。②putchar( )函数还可以以 getchar( )函数输入字符为参数。③参数 '\141' 是 a 的 ASCII 码 97 的八进制表示形式。

3.5 顺序程序设计举例

下面介绍几个顺序程序设计的例子。

【例 3.12】 从键盘输入两个整数 a 和 b,交换两数后输出。

```
# include "stdafx.h"
```

```
# include < stdio. h >
# include < stdlib. h >

int main()
{
    int a,b,c;
    printf("请输入两个整数 a 和 b: \n ");
    scanf("% d, % d", &a, &b);
    printf("交换前 a = % d,b = % d\n", a, b);
    c = a; a = b; b = c;
    printf("交换后 a = % d,b = % d\n", a, b);
    system("pause");
    return 0;
}
```

程序运行时,从键盘输入 20 和 30 时,运行结果如下:

20,30 ↙
交换前: a = 20,b = 30
交换后: a = 30,b = 20

【例 3.13】 求方程 $ax^2 + bx + c = 0$ 的根。要求 a、b、c 由键盘输入,输出方程的解。

```
# include "stdafx. h"
# include < stdio. h >
# include < stdlib. h >
# include < math. h >

int main()
{
    float a,b,c,deta,x1,x2;
    printf("输入方程的系数 a、b 和 c: ");
    scanf("% f, % f, % f",&a,&b,&c);
    deta = b * b - 4 * a * c;
    x1 = ( - b + sqrt(deta))/(2 * a);
    x2 = ( - b - sqrt(deta))/(2 * a);
    printf("方程解为: x1 = % 6.2f, x2 = % 6.2f\n",x1,x2);
    system("pause");
    return 0;
}
```

程序运行时,从键盘输入 2、−6、3 时,运行结果如下:

2, − 6, 3 ↙
方程解为: x1 = 2.32, x2 = 0.63

程序中用了数学函数库 math. h 中的系统函数 sqrt,所以需要利用预处理命令 #include ＜math. h＞将其包含到程序中(如程序第 2 行)。sqrt 函数的作用是求某个数的平方根。另外,此程序中并没有对 $b^2 - 4ac$ 是否大于等 0 进行判断,在输入方程系数时应保证方程有实数解,随着学习的深入,读者可以进一步完善本程序。

【例 3.14】 从键盘输入任意三角形的 3 个边长 a、b 和 c,编程求此三角形的周长 p 和面积 s。

```
# include "stdafx.h"
# include <stdio.h>
# include <stdlib.h>
# include "math.h"

int main()
{
    float a,b,c,p;
    double t,q,s;
    printf("请输入三角形 3 个边长 a、b 和 c: \n");
    scanf("%f,%f,%f",&a,&b,&c);
    p = a + b + c;
    t = p/2;
    q = t * (t - a) * (t - b) * (t - c);
    s = sqrt(q);
    printf("a = %0.2f,b = %0.2f,c = %0.2f\n",a,b,c);
    printf("三角形的周长 p 为 %0.2f,面积 s 为 %0.2f",p,s);
    system("pause");
    return 0;
}
```

程序运行时,从键盘输入 3、4、5 时,运行结果如下:

```
3,4,5 ↙
a = 3.00,b = 3.00,c = 3.00
三角形的周长 P 为 12.00,面积 S 为 6.00
```

【例 3.15】 从键盘输入一个四位正整数 n,设该正整数为 abcd,求另一个整数 m,m 为 n 的逆序,即 m 为 dcba。如输入整数为 1234,则所求得的整数为 4321。

```
# include "stdafx.h"
# include <stdio.h>
# include <stdlib.h>
int main( )
{
    int n,m,a,b,c,d;
    printf("请输入一个四位正整数 n:\n");
    scanf("%d",&n);
    a = n/1000;                    /* 求千位上的数字 */
    b = n/100 % 10;                /* 求百位上的数字 */
    c = n/10 % 10;                 /* 求十位上的数字 */
    d = n % 10;                    /* 求个位上的数字 */
    m = d * 1000 + c * 100 + b * 10 + a;
    printf("n = %d,m = %d\n",n,m);
    system("pause");
}
```

程序运行时,从键盘输入 6584 时,运行结果如下:

```
6584↙
n = 6584,m = 4856
```

习　题　3

一、选择题

3.1　在 scanf 函数的格式控制中,格式说明的类型与输入的类型应该一一对应匹配。如果类型不匹配,系统(　　　)。

　　A. 出现语法错误　　　　　　　　B. 不可能得出正确结果

　　C. 能正确处理　　　　　　　　　D. 有可能得出正确结果

3.2　以下程序的输出结果是(　　　)。

```
main()
{
    int x = 10,y = 10;
    printf("% d　% d\n", x-- , -- y);
}
```

　　A. 10 10　　　　　B. 9 9　　　　　　C. 9 10　　　　　　D. 10 9

3.3　若变量 m 和 k 已经正确定义,且 k 已经有初值,则下列合法的语句是(　　　)。

　　A. m==1　　　　B. ++k;　　　　C. m=m++=5;　　D. m=int(k);

3.4　若已知 a=10,b=20,则表达式! a<b 的值为(　　　)。

　　A. 10　　　　　　B. 20　　　　　　C. 1　　　　　　　D. 0

3.5　以下 4 个选项中,不能看作一条语句的是(　　　)。

　　A. {;}　　　　　　　　　　　　B. a=0,b=0,c=0;

　　C. if(a>0);　　　　　　　　　D. if(b==0)m=1;n=2;

3.6　以下程序的输出结果是(　　　)。

```
main( )
{
    int a = 5,b = 16;
    printf(" % d% d\n",a++,++b);
}
```

　　A. 6,16　　　　　B. 5,17　　　　　　C. 6,18　　　　　　D. 5,16

3.7　设"int a,b,c;",执行表达式"a=b=1,a++,b+1,c=a+b--"后,a, b 和 c 的值分别是(　　　)。

　　A. 2,1,2　　　　　B. 2,0,3　　　　　C. 2,2,3　　　　　D. 2,1,3

二、填空题

3.8　由一次函数调用加一个分号构成一个_____语句。

3.9　结构化程序的三种基本结构是_____、_____、_____。

3.10　使用 getchar 函数接收字符,若输入多于一个字符时,只接收第_____个字符。

3.11 复合语句是用_____括起来的语句,复合语句在语法上被认为是_____。空语句的形式是_____。

3.12 语句 putchar(getchar())的含义是_____。

3.13 若有定义"int x;",则经过表达式"x=(float)3/4;"运算后,x 的值为_____。

3.14 已知 A＝7.5,B＝2,C＝3.6,表达式"A>B&&C>A || A<B&&! C>B"的值是_____。

3.15 下面语句的执行结果是_____。

```
int y = 3, x = 3, z = 1;
printf(" % d  % d\n",(++x,y++),z + 2);
```

三、阅读并分析程序,给出程序运行结果

3.16 程序一

```
main( )
{
    char a;
    a = 'A';
    printf(" % d % c", a, a);
}
```

3.17 程序二

```
main( )
{
    char c; int n = 100;
    float f = 10; double x;
    x = f * = n/ = (c = 50);
    printf(" % d  % f\n",n,x);
}
```

3.18 程序三

```
main( )
{
    char c1,c2;
    c1 = 'a';
    c2 = '\n';
    printf(" % c % c", c1, c2);
}
```

3.19 程序四

```
main( )
{
    int x,y;
    x = 16, y = (x++) + x; printf(" % d\n",y);
    x = 15; printf(" % d, % d\n",++x,x);
    x = 20, y = x -- + x; printf(" % d\n",y);
    x = 13; printf(" % d, % d",x++,x);
}
```

简单的 C 程序设计

四、编程题

3.20　编写程序,求方程 $ax^2+bx+c=0$ 的解 x。

3.21　从键盘输入一个大写字母,要求改用小写字母输出。

3.22　编写程序,从键盘输入梯形的上底、下底、高,求梯形的面积(取两位小数)。

3.23　请编写一程序,从键盘输入华氏温度,输出相应的摄氏温度,结果保留两位小数。

转换公式:摄氏温度=5/9(华氏温度-32)

第4章 选择结构程序设计

前面第 3 章中就程序设计的三种基本结构已经做了介绍。在现实生活中,人们常常需要根据某些条件进行分析判断,然后根据判断结果选择不同的方案。例如,判断"如果下雨,就要带雨伞","如果考试顺利通过,就去郊游"等。在程序设计中,也提供了可以进行判断的语句,即选择结构的语句,这种选择结构在 C 语言中提供了 if 语句和 switch 语句来实现。

本章主要介绍构造选择条件的关系表达式和逻辑表达式,以及选择结构语句的实现过程。

4.1 关系运算符与关系表达式

4.1.1 关系运算符

关系运算是逻辑运算中比较简单的一种,是实现分支运算的基础。所谓关系运算实际上是"比较运算"。在程序中经常需要比较两个值的大小关系,以决定程序下一步的操作。比较两个值的运算符称为关系运算符。C 语言提供了 6 种关系运算符,如表 4.1 所示。

表 4.1 关系运算符

运　算　符	名　　　称	示　　例
>	大于	a > b
>=	大于等于	a>= b
<	小于	b< c
<=	小于等于	b<= c
==	等于	c== d
! =	不等于	d! = 10

关系运算符都是双目运算符,其结合性均为左结合。在 6 种关系运算符中,前 4 种关系运算符(<、<=、>、>=)的优先级相同(优先级为 6),后两种(==、! =)的优先级相同(优先级为 7),且前 4 种的优先级高于后两种。关系运算符的优先级低于算术运算符,高于赋值运算符。但要注意,在判断两个数值相等时,要使用逻辑等号"=="它不同于赋值符号"="。

4.1.2 关系表达式

用关系运算符将两个表达式连接起来的式子,称为关系表达式。关系表达式的一般格式为：

表达式 1　关系运算符　表达式 2

关系运算符两边的表达式 1 和表达式 2 可以是 C 语言中任意合法的表达式。例如，以下都是合法的关系表达式：

a>=b、a+3>b+c、(a=3)>(b=4)、a>c==b、'A'>'B'

关系运算(包括后面要介绍的逻辑运算)所得的结果都是一个逻辑值。逻辑值只有两个，在很多高级语言中，用"真"和"假"来表示。在 C 语言中，没有专门的逻辑值，而是用非零值来表示"真"，用零表示"假"。因此，对于任意一个表达式，如果值为 0，则代表一个"假"值；只要值是非零，无论是正数还是负数，都代表一个"真"值。在关系运算中，以 1 代表"真"，以 0 代表"假"。

当关系运算符两边的值的类型不一致时，若一边是整型，另一边是浮点型，则系统将自动把整型数转换为浮点数，然后进行比较。需要注意的是，如果 x 和 y 都是浮点数，应当避免使用 x==y 这样的关系表达式，因为存放在内存中的浮点数总是有误差的，因此不可能精确相等，从而使得 x==y 关系表达式的值永远为 0。例如，若有定义：

int a = 3, b = 2, c = 1, d, e;

则考察如下表达式的值：

(1) a>b，表达式的值为"真"，其值为 1。

(2) a>b+c，该表达式等价于 a>(b+c)，故其值为"假"，表达式值为 0。

(3) a>b==c，该表达式等价于(a>b)==c，因 a>b 为"真"，值为 1，而且 c 的值为 1，故该表达式的值为"真"，其值为 1。

(4) (a<5)+3，该表达式是合法的，按照左结合性，a<5 的值为"真"，值为 1，则该表达式的值为 4。

(5) d=a>b，该表达式为赋值表达式，等价于 d=(a>b)，故 d 值为 1，赋值表达式的值为 1。

(6) d=1>(e=2)，该表达式等价于 d=(1>(e=2))，故 d 值为 0，赋值表达式的值为 0。

(7) e=a>b>c，该表达式仍为赋值表达式，并且因为关系运算符的结合性为左结合的，故该表达式等价于 e=((a>b)>c)，a>b 的值为"真"，值为 1，则(a>b)>c 的值为假(值 0)，故给 e 赋的值为 0，该赋值表达式的值为 0。

【例 4.1】 若有以下程序：

```
# include "stdafx. h"
# include < stdio. h>
# include < stdlib. h>
int main()
{
    int x = 2;
    char c1 = 'a', c2 = 'b';
    printf(" % d\n", x>10);   / * 关系表达式的值为 0 * /
```

```
printf("%d\n",c1 == c2 - x);    /*关系表达式的值为 0 */
printf("%d\n",c1 - 32 >= 'A');  /*关系表达式的值为 1 */
system("pause");
return 0;
}
```

则程序运行后的输出结果如下:

```
0
0
1
```

4.2 逻辑运算符与逻辑表达式

4.2.1 逻辑运算符

逻辑运算符是用来对操作数进行逻辑操作的。C 语言中提供了三种逻辑运算符:&&(逻辑与)、||(逻辑或)、!(逻辑非)。

其中,"&&"和"||"是双目运算符,要求有两个运算对象,分别表示对两个操作数进行"逻辑求与"和"逻辑求或"操作,具有左结合性。例如 a&&b,a||(b<10)。"!"是单目运算符,表示逻辑非或逻辑取反,具有右结合性。例如!(a==0)。

逻辑运算符的优先级次序是:"!"(逻辑非)级别最高,优先级为 1;"&&"(逻辑与)次之,优先级为 11;"||"(逻辑或)最低,优先级为 12。

逻辑运算符与赋值运算符、算术运算符、关系运算符之间从高到低的运算优先次序如图 4.1 所示。

!(逻辑非)、算术运算符、关系运算符、&&(逻辑与)、||(逻辑或)、赋值运算符

高   低

图 4.1 运算符的优先顺序

4.2.2 逻辑表达式

用逻辑运算符将一个或多个表达式连接起来,进行逻辑运算的式子,称为逻辑表达式。逻辑运算的表达式可以是 C 语言中任意合法的表达式。逻辑表达式的值也是一个逻辑值"真"或"假"。C 语言编译系统在给出逻辑运算结果时,以数值 1 代表"真",以 0 代表"假",在判断一个值是否为"真"时,以 0 代表"假",以非 0 代表"真"。即将一个非 0 的数值认为"真"。例如:由于 5 和 3 均为非"0",因此,5&&3 的值为"真",即为 1。

"!"(逻辑非):当运算对象的值为"真"时,运算结果为"假",当运算对象的值为"假"时,运算结果为"真"。"&&"(逻辑与):当且仅当两个运算对象的值都为"真"时,运算结果为"真",否则为"假"。"||"(逻辑或):当且仅当两个运算对象的值都为"假"时,运算结果为"假",否则为"真"。数据的逻辑运算真值表如表 4.2 所示。

第 4 章

选择结构程序设计

表 4.2　逻辑运算真值表

a	b	! a	! b	a&&b	a||b
非 0	非 0	0	0	1	1
非 0	0	0	1	0	1
0	非 0	1	0	0	1
0	0	1	1	0	0

例如,若有定义:

```
int a = 4,b = - 5,c = 0,d;
```

则考察如下表达式的值:

(1) a&&b,因为 a、b 的值为非零值,都为真值,所以该逻辑表达式的值为"真",以 1 表示。

(2) ! b,因为 b 的值为非零值−5,即为真值,所以该表达式的值为"假",以 0 表示。

(3) a>b&&b<0,因为 && 运算符的优先级比关系运算符的优先级低,因此该表达式等价于(a>b)&&(b<0),a>b 的值为"真",b<0 的值为"真",所以整个表达式的值为"真",以 1 表示。

(4) a>=0&&b==c,该表达式等价于(a>=0)&&(b==c),a>=0 的值为"真",而 b==c 的值为"假",所以整个表达式的值为"假",以 0 值表示。

(5) a&&b>0||c,由运算符的优先级可见该表达式等价于(a&&(b>0))||c,因 a 为"真",而 b>0 为"假",故 a&&b>0 为"假",又因为 c 为 0,即"假"值,所以整个表达式的值为"假",以 0 表示。

(6) ! a==b||b<=c,该表达式等价于((! a)==b)||(b<=c),! a 为"假"值 0,故! a==b 为"假",而 b<=c 为真,所以整个表达式的值为"真",以 1 表示。

(7) d=a&&b&&c,因赋值运算符的优先级低于逻辑运算符且 && 的结合性为左结合,故该表达式等价于 d=((a&&b)&&c),整体是一个赋值表达式,而 a&&b 的值为"真",c 为"假",所以 a&&b&&c 的值为"假"值 0,所以给变量 d 的赋值为 0,整个赋值表达式的值为 0。

C 语言中,由逻辑与运算符(&&)或者逻辑或运算符(||)组成的逻辑表达式,在特定的情况下会产生"短路"现象。对于逻辑与运算,如果第一个操作数被判定为"假",由于第二个操作数不论是"真"还是"假",都不会对结果产生影响,所以系统不再判定第二个操作数。对于逻辑或运算,如果第一个操作数被判定为"真",同样,第二个操作数不论是"真"还是"假",都不会对结果产生影响,所以系统也不再判定第二个操作数。

例如,有以下的逻辑表达式:

```
a++   &&   b++
```

若 a 的值为 0,表达式首先会去求 a++的值,由于表达式 a++的值为 0,系统完全可以确定逻辑与运算的结果总是为 0,因此将跳过 b++,不再对它进行求值,在这种情况下,a 的值将自增 1,由 0 变成 1,而 b 的值将不变。若 a 的值不为 0,则系统不能仅根据表达式 a++的值来确定表达式的运算结果,因此必然再要对运算符"&&"右边的表达式 b++进行求值,这时将进行 b++的运算,使 b 的值改变。

熟练掌握关系运算符和逻辑运算符后,可以巧妙地用一个逻辑表达式来表示一个复杂的条件。

例如:

(1) 用 C 语言表达式表示 x∈[0,10]。该表达式为:

x>=0&&x<10

注意该表达式一定不要写成 0<=x<10,其等价于(0<=x)<10,因为表达式(0<=x)的值只能是 0 或 1,所以表达式 0<=x<10 的值总为"真"值 1。

(2) 表示字符变量 ch 是英文字母。该条件可表示为:

(ch>'A'&&ch<'Z')||(ch>'a'&&ch<'z')

(3) 表示字符 ch 不是数字字符。可表示为:

!(ch>'0'&&ch<'9')

(4) 当前输入字符不是回车符。可表示为:(ch=getchar())! = '\n'。

4.3 if 语句

4.3.1 if 语句的语法及流程

用 if 语句可以构成分支结构。它根据给定的条件进行判断,以决定执行某个分支程序段。C 语言的 if 语句有两种基本形式。

1. 不含 else 子句的 if 语句

不含 else 子句的 if 语句的一般形式为:

if (表达式){语句块;}

其执行过程是:如果表达式的值为真,则执行其后的"语句块",否则不执行其后的"语句块",如图 4.2 所示。

【例 4.2】 输入一个整数,求其绝对值。

```
# include "stdafx. h"
# include < stdio. h>
# include < stdlib. h>
int main(){
    int x;
    printf("Plese input one number: ");
    scanf(" % d",&x);
    if (x<0)  { x= - x; }
    printf("|x| = % d\n",x);
    system("pause");
    return 0;
}
```

图 4.2 不含 else 的 if 语句

选择结构程序设计

2. 含 else 子句的 if 语句

含 else 子句的 if 语句的一般形式为：

if（表达式）
　　{语句块 1 ;}
else
　　{语句块 2 ;}

例如：

```
if (a < b)
 printf("min = % d\n", a);
else
 printf("min = % d\n", b);
```

　　其执行过程是：如果表达式的值为真，则执行"语句块 1"（通常称作 if 子句），否则执行"语句块 2"（通常称作 else 子句），如图 4.3 所示。

　　【**例 4.3**】 输入一个三角形的三边长，如果能构成三角形，则打印三角形的面积；如果不能构成三角形，则打印"不能构成三角形"。

　　程序代码如下：

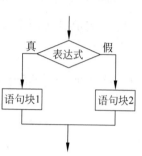

图 4.3　含 else 的 if 语句

```
# include "stdafx. h"
# include < stdio. h>
# include < math. h>
# include < stdlib. h>
int main()
{
    float a,b,c,area,p;
    printf("Please input a,b,c :");
    scanf(" % f , % f,  % f",&a,&b,&c);
    if(a + b > c&&a + c > b&&b + c > a) { / * 判断两边之和是否大于第三边 * /
      p = 0.5 * (a + b + c);
      area = sqrt(p * (p - a) * (p - b) * (p - c));
      printf("area = % f \n",area);
    }
    else
        printf("不能构成三角形\n");
    system("pause");
 return 0;
}
```

对于 if 语句说明如下：

　　（1）if 语句圆括号中的表达式，可以是任意合法的 C 语言表达式（如逻辑表达式、关系表达式、算术表达式、赋值表达式等），也可以是任意类型的数据（如整型、字符型、指针型等）。

　　（2）无论是否有 else 子句，if 子句中如果只有一条语句，则此语句后的分号不能省略，如：

```
if(x<y)  printf("%d",x);                    /* 此行中的分号不能省略 */
else      printf("%d",y);
```

（3）大括号中的执行语句块可以包含一条或多条语句。如果只有一条语句，则可以省略大括号｛｝。但对于初学者来说，建议任何情况下都不要省略语句块外边的｛｝。因为，很多情况下，语句块都包含多条语句。这时，如果忘了语句块外边的｛｝，程序的逻辑将出现异常。

【例 4.4】 输入三个整数，按代数值由大到小的次序输出这三个数。

```
# include "stdafx.h"
# include <stdio.h>
# include <stdlib.h>
int main()
{   int a,b,c,m;
    printf("Please input a,b,c:\n");
    scanf("%d,%d,%d",&a,&b,&c);
    if(a<b)   {m=a;a=b;b=m;}              /* 大括号不可以省略 */
    if(a<c)   {m=a;a=c;c=m;}
    if(b<c)   {m=b;b=c;c=m;}
    printf("%d,%d,%d\n",a,b,c);
    system("pause");
return 0;
}
```

运行结果如下：

```
Please input a,b,c:
8,13,2✓
13,8,2
```

在这个例子中，如果 if 语句后忘了语句块外边的｛｝，程序运行将出现错误，同学们可以自行尝试。

4.3.2 if 语句的嵌套

if 语句中的 if 子句和 else 子句可以是任意合法的 C 语言语句，当然其又可以是一个 if 语句，此时构成了 if 语句嵌套的情形。if 语句嵌套的一般形式可表示如下：

```
if(表达式1)
    if(表达式2)   语句1    ⎫
    else          语句2    ⎬ 内嵌 if
else                       ⎭
    if(表达式3)   语句3    ⎫
    else          语句4    ⎬ 内嵌 if
                           ⎭
```

归纳起来，if 语句嵌套可以分为 if 子句嵌套和 else 子句嵌套两类。if 子句嵌套是内嵌的 if 语句嵌套在 if-else 语句中的 if 子句中。同理，else 子句嵌套是指内嵌语句嵌套于 else 子句中。

另外，嵌套内的 if 语句可以是含 else 子句的 if 语句，也可以是不含 else 子句的 if 语句。这将会出现多个 if 和多个 else 重叠的情况，这时要特别注意 if 和 else 的配对问题。例如：

选择结构程序设计

```
if(表达式 1)
if(表达式 2)语句 1
else 语句 2
```

其中的 else 究竟是与哪一个 if 配对呢？

应该理解为：

```
if(表达式 1)
{ if(表达式 2)语句 1 }
else 语句 2
```

还是应该理解为：

```
if(表达式 1)
{ if(表达式 2)语句 1
  else 语句 2
}
```

为了避免这种二义性，C 语言规定，else 总是与在它上面、距它最近、且尚未匹配的 if 配对，因此对上述例子应按后一种情况理解。

【例 4.5】 计算购买水杯的总金额。如果促销水杯编号为 1，则该水杯的单价为 10 元/个，购买两个以上打九折，购买三个以上打八折，购买四个以上打七折；如果是非促销水杯编号为 2，则按正价销售，30 元/个。

```c
# include "stdafx. h"
# include < stdio. h>
# include < stdlib. h>
int main(){
    int a,b;
    float price;
    printf("请输入购买商品编号和数量: ");
    scanf(" % d, % d",&a,&b);
    printf("a = % d,b = % d: \n",a,b);
    if(a == 1)
        if(b < = 2)
        {   price = b * 10 * 0.9;
            printf("price = % f\n",price);}
        else if(b < = 3)
            {   price = b * 10 * 0.8;
            printf("price = % f\n",price);}
         else
            {   price = b * 10 * 0.7;
            printf("price = % f\n",price);}
        else { price = a * b;
            printf("price = % f\n",price); }
        system("pause");
    return 0;
}
```

程序运行结果如下：

请输入购买商品编号和数量: 1 5 ↙

```
a = 1,b = 5 ↙
price = 35.000000
```

本例程序属于 if 子句嵌套,在 if-else 语句中的 if 子句中又嵌套了一个 if-else 语句。当从键盘输入两个 int 型数后,程序中获得了 a 和 b 的值,并输出,如 a=1,b=5;接下来首先判断 a 的值,当 a==1 为真时,接着执行内嵌 if 语句的 if 子句,判断 b≤2,值为 0,则执行内嵌 else 子句,判断 b≤3,值为 0,执行其后的 else 子句,即"price=b * 10 * 0.7; printf("price=%f\n",price);"语句,输出 price=35。退出内重 if 语句,再退出外重 if 语句,最后结束整个程序。

C 语言程序有比较自由的书写格式,但是过于"自由"的程序书写格式,往往使人们很难读懂,因此建议读者在编写程序的过程中最好以按层缩进的书写格式来写,且应尽量将嵌套放在 else 子句中。

不断在 else 子句中嵌套 if 语句可形成多层嵌套。例如:

```
if(表达式 1)   语句 1
 else
     if (表达式 2)   语句 2
     else
         if (表达式 3)   语句 3
         else
                    ⋮
                    else   语句 n
```

这时形成了阶梯形的嵌套 if 语句,此语句还可以用以下语句形式表示,使得程序结构清晰,层次分明,简单易读。

```
if(表达式 1)   语句 1
else if (表达式 2)   语句 2
else if (表达式 3)   语句 3
 ⋮
else   语句 n
```

其执行过程如图 4.4 所示。

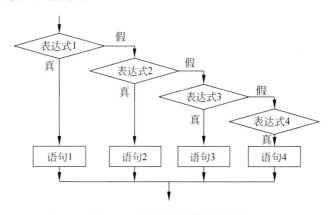

图 4.4   if 语句的阶梯嵌套形式

第 4 章

选择结构程序设计

例如：

```
if(num > 10) cost = 0.5;
else if(num > 5) cost = 0.7;
else if(num > 2) cost = 0.8;
else cost = 0.9;
```

【例 4.6】 输入一元二次方程 $ax^2 + bx + c = 0$ 的三个系数 a、b、c，并求解方程的根。

分析：一元二次方程的解有以下几种情况：

(1) 当 $b^2 - 4ac \geqslant 0$ 时，方程有实根。其中，当 $b^2 - 4ac = 0$ 时，方程有两个相等的实根；而当 $b^2 - 4ac > 0$ 时，方程有两个不相等的实根。

(2) 当 $b^2 - 4ac < 0$ 时，方程没有实根，但有两个共轭的复根。

由此，给出该问题的求解算法的 N-S 结构图如图 4.5 所示。

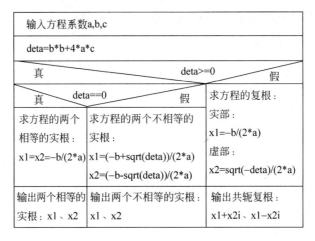

图 4.5　求一元二次方程的根

据此写出程序如下：

```
# include "stdafx.h"
# include < stdio.h >
# include < stdlib.h >
# include < math.h >
int main()
{   int a,b,c,deta;                    /* 方程的系数和根的判别式 */
    double x1,x2;                       /* 方程的两个根 */
    printf("输入方程的系数 a,b,c:");
    scanf(" % d, % d, % d", &a,&b,&c);
    deta = b * b - 4 * a * c;
    if(deta > = 0)                      /* 方程有实根 */
    {   if(deta == 0)                   /* 方程有两个相等实根 */
        {   x1 = x2 = - b/(2 * a);
            printf("方程有两个相等的实根：x1 = x2 = % f\n", x1);
        }
        else                           /* 方程有两个不相等的实根 */
        {   x1 = ( - b + sqrt(deta))/(2 * a);
            x2 = ( - b - sqrt(deta))/(2 * a);
```

```
            printf("方程有两个不相等的实根:x1 = % f,x2 = % f\n", x1,x2);
        }
    }
    else                            /* 方程有共轭复根 */
    {   x1 = - b/(2 * a);           /* 求实部赋给 x1 */
        x2 = sqrt( - deta)/(2 * a); /* 求虚部赋给 x2 */
        printf("方程有两个复根: \n");
        printf("x1 = % f + % fi, x2 = % f - % fi\n", x1,x2,x1,x2);
    }
    system("pause");
    return 0;
}
```

程序运行结果如下:

```
输入方程的系数 a,b,c:1,3,2↙
方程有两个不相等的实根:x1 = - 1.000000,x2 = - 2.000000
输入方程的系数 a,b,c:1,4,4↙
方程有两个相等的实根:x1 = x2 = - 2.000000
输入方程的系数 a,b,c:1,2,2↙
方程有两个复根:
x1 = - 1.000000 + 1.000000i, x2 = - 1.000000 - 1.000000i
```

在例 4.6 中的最外层的 if 语句是一个带 else 的 if 语句,其 if 子句用来处理方程有实根的情况,else 子句用来处理方程有复根的情况,而在 if 子句中又嵌套了一个带 else 的 if 语句,用来分别处理有两个相等的实根和两个不相等的实根的情况。一般为了程序清晰,应尽量采用图 4.4 所示的阶梯嵌套形式,最好将嵌套放在 else 子句中。实际上,对于一元二次方程的求解可以细分成 3 种情况,即:

(1) 当 $b^2 - 4ac = 0$ 时,方程有两个相等的实根。

(2) 当 $b^2 - 4ac > 0$ 时,方程有两个不相等的实根;

(3) 当 $b^2 - 4ac < 0$ 时,方程有两个共轭的复根。

因此可将例 4.6 中的 if 语句嵌套结构改成阶梯嵌套结构,其代码如下:

```
if(deta == 0)                        /* 方程有两个相等的实根 */
{   x1 = x2 = - b/(2 * a);
    printf("方程有两个相等的实根:x1 = x2 = % f\n", x1);
}
else if(deta > 0)                    /* 方程有两个不相等的实根 */
{   x1 = ( - b + sqrt(deta))/(2 * a);
    x2 = ( - b - sqrt(deta))/(2 * a);
    printf("方程有两个不相等的实根:x1 = % f,x2 = % f\n", x1,x2);
}
else                                 /* 方程有共轭复根 */
{   x1 = - b/(2 * a);
    x2 = sqrt( - deta)/(2 * a);
    printf("方程有两个复根: \n");
    printf("x1 = % f + % fi, x2 = % f - % fi\n", x1,x2,x1,x2);
}
```

当然,针对本问题也可以不采用 if 语句的嵌套结构,而直接用三个并列的不含 else 子句的 if 语句来实现：

```
if(deta == 0)                        / * 方程有两个相等的实根 * /
{  / * 代码略 * /
}
if(deta > 0)                         / * 方程有两个不相等的实根 * /
{  / * 代码略 * /
}
if(deta < 0)                         / * 方程有共轭复根 * /
{  / * 代码略 * /;
}
```

【例 4.7】 输入一个学生的成绩，要求根据学生的成绩划分等级。90 分以上(包括 90 分)为"优秀"，80～89 分(包括 80 分)为"良好"，70～79 分(包括 70 分)为"中等"，60～69 分(包括 60 分)为"及格"，60 分以下为"不及格,必须补考"。

该问题可以采用阶梯嵌套形式的 if 语句来实现，程序如下：

```
# include "stdafx. h"
# include < stdio. h >
# include < stdlib. h >
int main( )
{   int score;
    printf("Input score:");
    scanf("% d", &score);
    printf("score = % d: ", score);
    if(score > = 90)   printf("优秀\n");
    else if(score > = 80)   printf("良好\n");
    else if(score > = 70)   printf("中等\n");
    else if(score > = 60)   printf("及格\n");
    else   printf("不及格,必须补考\n");
    system("pause");
    return 0;
}
```

程序运行结果如下：

```
Input score:93 ↙
score = 93:优秀
```

4.4 条件运算符与条件表达式

C 语言中除了可以用 if 语句来构成程序中的选择结构外，另外还提供了一个特殊的运算符——条件运算符，由条件运算符构成的表达式也可形成简单的分支结构。如果在条件语句中只执行单个的赋值语句，常可使用条件表达式来实现。不但使程序简洁，也提高了运行效率。

1. 条件运算符

条件运算符由？和：两个符号组成，它是 C 语言提供的唯一的三目运算符，即要求有三个运算数。

2. 条件表达式

由条件运算符构成的条件表达式的一般语法格式如下：

表达式1 ?表达式2：表达式3

3. 条件表达式的运算规则

运算规则为：如果"表达式1"的值为真，则以"表达式2"的值作为条件表达式的值，否则，以"表达式3"的值作为整个条件表达式的值。

条件表达式通常用于赋值语句之中。

例如，

```
if(a<b)  min = a;
else min = b;
```

可用条件表达式写为

```
min = (a<b)?a:b;
```

执行该语句的语义是：如 a<b 为真，则把 a 赋予 min，否则把 b 赋予 min。

4. 条件运算符的优先级

条件运算符的优先级高于赋值运算符，但低于逻辑运算符、关系运算符和算术运算符。其结合性为"从右到左"（即右结合性）。例如：

```
y = x<3?1:0
```

由于赋值运算符的优先级低于条件运算符，因此首先会求出条件表达式的值，然后赋给 y。在条件表达式中，先求出 x<3 的值，若 x 小于 3，取 1 作为表达式的值并赋给变量 y，若 x 的值大于等于 3，则取 0 作为表达式的值赋给变量 y。

在使用条件运算符时应注意优先级，例如：

```
(a<b)?(a+=b):(a-=b);
```

如果忽略括号"()"，变成如下形式：

```
a<b?a += b:a -= b;
```

将在程序编译时报错，因为条件运算符的优先级高于赋值运算符，上面的语句实际上等同于：

```
(a<b?a += b:a) -= b;
```

而运算符"="是赋值运算符，左操作数应是一个变量，因此出现错误。

【例 4.8】 将输入的小写字母转换为大写字母并输出。

```c
# include "stdafx.h"
# include <stdio.h>
# include <stdlib.h>
int main()
{   char c1,c2;
    printf("请输入一个字母：");
    c1 = getchar();                    / * 输入字母到 c1 * /
```

```
/* 如果 c1 为小写字母,则转换为大写字母 */
c2 = (char)((c1>'Z')?c1 - ('a' - 'A'):c1);
printf("转换为大写字母为: %c\n",c2);
system("pause");
return 0;
}
```

程序运行结果如下:

```
请输入一个字母: d
转换为大写字母为: D
```

程序中的"c1＞'Z'"用于比较 c1 是否大于字母 'Z',若条件成立,则认为其为小写字母,否则为大写字母。如果条件成立,则利用"c1－('a'－'A')"来将小写字母转换为大写字母再赋给 c2,这里的"'a'－'A'"用于计算大、小写字母间的 ASCII 码的差值,再由 c1 减去两者间的差值得到小写字母的 ASCII 码,最后通过(char)强制转换为字符型后赋值给 c2。如果条件不成立,则直接将 c1 的值赋给 c2。

4.5　switch 语句

switch 语句又称为开关语句,是 C 语言提供的一种多分支选择语句。if-else 语句也可以实现多分支选择,但它用于对多条件并列测试,从中取一个满足条件的语句执行,而 switch 语句用于为单个条件测试,从其多种结果中选择一种结果执行,其结构简单清晰。

switch 语句的一般语法格式为:

```
switch(表达式)
{   case   常量表达式 1: 语句 1
           ┆
    case   常量表达式 n: 语句 n
    default:   语句 n+1
}
```

该语句的执行过程是: 先计算 switch 后表达式的值,并逐个与其后的常量表达式值相比较,当表达式的值与某个常量表达式的值相等时,即执行其后的语句,然后不再进行判断,继续执行后面所有 case 后的语句。如表达式的值与所有 case 后的常量表达式均不相同时,则执行 default 后的语句,如没有 default 子句,则该 switch 语句无结果,相当于空语句。

其中,switch、case 和 default 是关键字。对于 switch 语句需做进一步说明:

(1) 关键字 case 与其后面的常量表达式合称 case 语句标号。常量表达式的类型必须与 switch 后的表达式类型相同。各 case 语句标号的值应互不相同。每个标号后必须有一个冒号。

(2) 关键字 default 也起标号作用,代表所有 case 标号之外的那些标号。default 标号可以出现在语句体中任何标号位置上。在 switch 语句体中也可以没有 default 标号。

(3) case 语句标号后的语句 1、语句 2 等,可以是一条语句,也可以是若干条语句组成的复合语句。

(4) 必要时,case 语句标号后的语句可以省略不写,但标号后的冒号不可省略。

（5）在关键字 case 和常量表达式之间一定要有空格，例如"case 10;"不能写成"case10;"。

【例 4.9】 将例 4.7 改用 switch 语句实现。

分析：当输入成绩给变量 score 后，可用 socre/10 作为 switch 语句的判断表达式。因为 socre 为 int 类型，所以表达式 socre/10 的值为 0～10 的整数，故可得到 switch 语句的多个分支。

程序代码如下：

```
# include "stdafx.h"
# include < stdio.h >
# include < stdlib.h >
int main( )
{   int score ;
    printf("Input score:");
    scanf(" % d", &score);
    printf("score = % d: ", score);
    switch(score/10)
    {   case  10:
        case  9:  printf("优秀\n");
        case  8:  printf("良好\n");
        case  7:  printf("中等\n");
        case  6:  printf("及格\n");
        default:  printf("不及格\n");
    }
    system("pause");
    return 0;
}
```

程序运行结果如下：

```
Input score:93↙
score = 93: 优秀
良好
中等
及格
不及格
```

由例 4.9 的程序运行结果可见，在输出了与 93 分相关的成绩"优秀"之后，又同时输出了与 93 毫不相关的等级"良好"、"中等"、"及格"、"不及格"，这与题意不符。为什么会出现这种情况呢？这恰恰反应了 switch 语句的一个特点。在 switch 语句中，"case 常量表达式"只相当于一个语句标号，表达式的值和某标号相等则转向该标号执行，但不能在执行完该标号的语句后自动跳出整个 switch 语句，所以出现了继续执行所有后面 case 语句的情况。这是与前面介绍的 if 语句完全不同的，应特别注意。为了改变这种多余输出的情况，switch 语句通常总是和 break 语句联合使用，使 switch 语句真正起到分支作用。

break 语句也称间断语句。可以在 case 后的语句最后加上 break 语句，每当执行到 break 语句时，立即跳出 switch 语句体。

【例 4.10】 用 break 语句修改例 4.9 的程序。图 4.6 给出了本例中 switch 语句的流程。

```
# include "stdafx. h"
# include < stdio. h>
# include < stdlib. h>
int main()
{   int score ;
    printf("Input score:");
    scanf(" % d", &score);
    printf("score = % d: ", score);
    switch(score/10)
    {   case  10:
        case  9:  printf("优秀\n");break;
        case  8:  printf("良好\n");break;
        case  7:  printf("中等\n");break;
        case  6:  printf("及格\n");break;
        default:  printf("不及格\n");
    }
    system("pause");
return 0;
    }
```

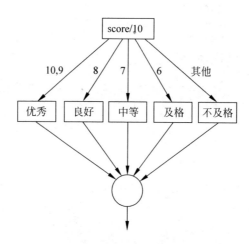

图 4.6   例 4.10 中 switch 语句的流程

习 题 4

一、选择题

4.1   下列运算符中优先级最低的运算符是(   )。

A. || B. ! =   C. <=   D. +

4.2   下列运算符中优先级最高的运算符是(   )。

A. !   B. - =   C. %   D. & &

4.3   以下程序的输出结果是(   )。

A. 0   B. 1   C. 2   D. 3

```
#include<stdio.h>
void main( )
{  int  a=2,b=-1,c=2;
    if (a<b)
       if (b<0)  c=0;
    else  c+=1;
    printf("%d\n",c);
}
```

4.4 运行以下程序后,输出(   )。

　　A. ＃＃＃＃　　　　　　　　　　B. ＆＆＆＆

　　C. ＃＃＃＃＆＆＆＆　　　　　　D. 有语法错误不能通过编译

```
#include<stdio.h>
void main( )
{  int  k=-3;
    if (k<=0)
       printf("####\n");
    else  printf("&&&&\n");
}
```

4.5 为表示关系 x≥y≥z,应使用的 C 语言表达式是(   )。

　　A. (x>=y)&&(y>=z)　　　　　B. (x>=y)AND(y>=z)

　　C. (x>=y>=z)　　　　　　　　D. (x>=y)&(y>=z)

4.6 以下是 if 语句的基本形式:

　　if(表达式)
　　语句

其中"表达式"(   )。

　　A. 必须是逻辑表达式　　　　　　B. 必须是关系表达式

　　C. 必须是逻辑表达式或关系表达式　　D. 可以是任意合法的表达式

二、填空题

4.7 C 语言中关系运算符按优先级别由高到低分别是_____、_____、_____、_____、_____和_____。

4.8 C 语言中逻辑运算符按优先级别由高到低分别是_____、_____、_____。

4.9 请写出以下程序的输出结果_____。

```
#include<stdio.h>
int fun(int a,int b)
{ if(b==0) return a;
 else return(fun(--a,--b));
}
void main()
{ printf("%d\n", fun(4,2));}
```

4.10 当 a=10,b=15,c=20 时,以下 if 语句执行后,a、b、c 的值分别为_____、_____、_____。

```
if (a >= c)
    b = a;   a = c;   c = b;
```

4.11　请写出与以下表达式等价的表达式：(1)_____ 、(2)_____。

(1)！(x<0)　(2)！3

4.12　将下列数学式改写成 C 语言的关系表达式或逻辑表达式：(1)_____ 、
(2)_____。

(1) a＝b 或 a<c　(2) |x|>8

4.13　请写出以下程序的输出结果_____。

```
# include < stdio.h >
void main()
{ int x = 1, y = 2, z = 3;
  if(x > y)
  if(y < z) printf("%d", ++z);
  else printf("%d", ++y);
  printf("%d\n", x++);
}
```

三、编程题

4.14　从键盘输入三个整数,要求按从大到小的顺序输出。

4.15　当 a>=0 时,请将以下语句改写成 switch 语句。

```
if (a < 10)   m = 1;
else  if(a < 20)   m = 2;
else  if(a < 30)   m = 3;
else  m = 5;
```

4.16　字符型数据可以分为数字、大写字母、小写字母及其他字符 4 类,从键盘输入两
个字符,并分别输出它们的类型。

4.17　设计一个简单的日期计算器,分别输入年、月、日,要求输出该日期的前一天和后
一天。

4.18　企业发放的奖金根据利润提成。利润 I 低于或等于 10 万元的,奖金可提 10%；
利润高于 10 万元,低于 20 万元(100 000<I≤200 000)时,低于 10 万元的部分按 10%提成,
高于 100 000 元的部分,可提成 7.5%；200 000< I≤400 000 元时,低于 20 万的部分仍按上
述办法提成(下同),高于 20 万元的部分按 5%提成；400 000<I≤600 000 时,高于 40 万元
的部分按 3%提成；600 000<I≤1 000 000 时,高于 60 万元的部分按 1.5%提成；I>1 000 000
时,超过 100 万元的部分按 1%提成。从键盘输入当月利润 I,求应发奖金总数。

要求：(1) 用 if 语句编写程序；

(2) 用 switch 语句重新编写程序。

第5章 循环结构程序设计

用顺序结构和选择结构可以解决简单的、不出现重复的问题。但是在现实生活中许多问题是需要重复处理的。当编程解决这些实际问题时，经常要用到循环结构。例如，求若干个数据的和；求一个自然数的阶乘；输入一批数据等。循环结构是指某些语句根据一定的条件反复执行多次，是程序设计中一种很重要的结构，所以循环结构又称重复结构。循环结构的特点是：在给定条件成立时，反复执行某程序段，直到条件不成立为止。给定的条件称为循环条件，反复执行的程序段称为循环体。C 语言提供了多种循环语句，可以组成各种不同形式的循环结构。本章将介绍 while 语句、do-while 语句和 for 语句等循环结构的使用。

5.1 while 语句

while 语句可用来实现"当型循环"，其语句的一般形式为：

while(表达式)循环体语句

while 语句中的表达式是循环条件，当表达式值为非 0（即"真"）时，执行 while 语句中的循环体语句，然后继续判断表达式值；若表达式值为 0（即"假"）时，则结束 while 语句的执行，否则继续执行循环体语句。while 循环的传统流程图和 N-S 图如图 5.1 所示。

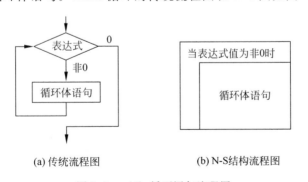

(a) 传统流程图　　　　　(b) N-S结构流程图

图 5.1　while 循环语句流程图

说明：
（1）作为循环条件的表达式一般是关系表达式或逻辑表达式，也可以是任意合法的语言表达式，当表达式值为非 0（即"真"）时，继续执行循环体。

（2）循环体如果包含一条以上的语句，则用{ }括起来，组成复合语句。

（3）while 语句的特点是：先判断表达式，然后执行循环体语句。也就是说，while 语句的循环体可以执行多次,也可以一次都不执行(当循环开始时即为 0 时)。

(4) 应注意循环条件的选择以避免进入死循环。

【例 5.1】 求 1000 之内的奇数和。

例 5.1 要求计算自然数 1~1000 的奇数的累加和,即 1+3+…+999。本例题可以看成是进行 500 次加法运算的结果,也就是反复进行形如"sum=sum+i"的相加赋值运算,即循环体语句。用 N-S 结构流程图来表示的算法如图 5.2 所示,根据流程图写出的程序代码如下:

```
# include "stdafx. h"
# include < stdio. h >
# include < stdlib. h >
int main( )
{    int i, sum = 0;
    /* sum 用于累加并赋初值 0 */
    i = 1;
    while( i <= 1000)
    {
       sum = sum + i;
       i = i + 2;
    }
    printf("sum = % d\n", sum);
    system("pause");              /* 利用软件 DEV - C++运行此语句/
    return 0;
}
```

例 5.1 程序代码的运行结果如下:

sum = 250000

本例中循环变量 i 的初值为 1,循环结束的条件是"i>100",因此在循环体中应该有使 i 增值并最终导致 i>1000 的语句,本例中使用"i=i+2;"语句来达到此目的。如果循环变量 i 的值始终不能满足循环结束的条件,循环将永不结束。

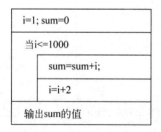

图 5.2　例 5.1 N-S 结构流程图

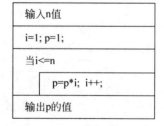

图 5.3　例 5.2 N-S 结构流程图

【例 5.2】 求 n!。

例 5.2 要求计算 n!,即 1 * 2 * 3 * … * n,其中 n 的值从键盘输入。用 N-S 结构流程图来表示的算法如图 5.3 所示,根据流程图写出的程序代码如下:

```
# include "stdafx. h"
# include < stdio. h >
```

```
# include < stdlib.h >
int main( )
{
    unsigned long p = 1;           /* p用于累积,初值为1 */
    int i = 1,n;
    printf("Input n:");
    scanf(" % d",&n);
    while(i < = n)
    {
        p = p * i;
        i++;
    }
    printf(" % d!= % ld\n",n,p);
    system("pause");               /* 利用软件 DEV - C++运行此语句 */
    return 0;
}
```

当键盘输入的 n 值为 6 时,例 5.2 程序代码的运行结果如下:

```
Input n:6 ↙
6! = 720
```

【例 5.3】 输入两个正整数 m 和 n,求其最大公约数和最小公倍数。

分析:该问题的求解有两部分,一是求两个数的最大公约数,一是求两个数的最小公倍数。

(1)求两个数的最大公约数。

设 a 和 b 为两个正整数,则 a、b 的最大公约数就是能够整除这两个数的最大整数。求两个数的最大公约数,可用辗转相除法,又称欧几里得算法(Euclidean Algorithm)。辗转相除法的计算原理依赖如下定理:当 a>0 且 b>0 时,a 和 b 的最大公约数与 b 和 a 除以 b 的余数的最大公约数相同。因此,对于两个正整数,可用大数作为被除数 a,小数作为除数 b,将 a 和 b 整除后的余数为 t;继而再让原来的除数 b 作为新一轮的被除数 a,得到的余数 t 为新一轮除数 b,再继续相除……如此进行辗转相除,直至余数为 0,则最后一个除数即所求的最大公约数。

(2)求两个数的最小公倍数。

设两个正整数为 a 和 b,其最大公约数为 g,则其最小公倍数 k 为:k＝a * b/g。

用 N-S 结构流程图来表示的算法如图 5.4 所示,根据流程图写出的程序代码如下:

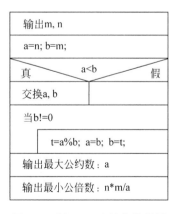

图 5.4　例 5.3N-S 结构流程图

```
# include "stdafx.h"
# include < stdio.h >
# include < stdlib.h >
int main( )
{
    int m,n,a,b,t;
    printf("输入两个正整数:");
```

```
    scanf("% d, % d", &m,&n);
    a = n; b = m;
    if(a < b) { t = a; a = b; b = t; }
    while(b!= 0)
    {
        t = a % b;
        a = b;
        b = t;
    }
    printf("它们的最大公约数为: % d\n", a);
    printf("它们的最小公倍数为: % d\n", n * m/a);
    system("pause");   / * 利用软件 DEV - C++运行此语句/
    return 0;
}
```

当键盘输入 m、n 值为 24 和 36 时,例 5.3 程序代码的运行结果如下:

输入两个正整数: 24,36 ✓
它们的最大公约数为: 12
它们的最小公倍数为: 72

5.2 do-while 语句

do-while 语句用于实现"直到型循环",其语句的一般形式为:

do
  循环体语句
while(表达式);

do-while 语句先无条件执行一次循环体语句,再判断表达式的值,若值为非 0(即"真"),则继续执行循环体语句,否则终止循环。do-while 语句流程如图 5.5 所示。

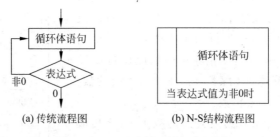

(a) 传统流程图　　　　(b) N-S结构流程图

图 5.5　do-while 循环语句流程图

do-while 语句和 while 语句的区别在于:do-while 语句是先执行后判断,因此 do-while 语句至少要执行一次循环体语句;而 while 语句是先判断后执行,如果循环的条件不满足,则循环体语句一次也不执行。

【例 5.4】 while 语句和 do-while 语句的比较,求 $\sum_{n=1}^{10} n$。

(1) 程序一:用 while 循环语句求和。

```
# include "stdafx. h"
```

```
# include < stdio. h >
# include < stdlib. h >
int main( )
{
    int i, sum = 0;
    scanf(" % d", &i);
    while(i < = 10)
    {
        sum = sum + i;
        i++ ;
    }
    printf("sum = % d\n", sum);
    system("pause");              / * 利用软件 DEV - C++运行此语句/
    return 0;
}
```

当键盘输入的 i 值为 1 时,运行结果如下:

1 ↙
sum = 55

重新运行一次程序,当键盘输入的 i 值为 11 时,运行结果如下:

11 ↙
sum = 0

(2) 程序二: 用 do-while 循环语句求和。

```
# include "stdafx. h"
# include < stdio. h >
# include < stdlib. h >
    int main( )
    {
        int i, sum = 0;
        scanf(" % d", &i);
        do
        {
            sum = sum + i;
            i++ ;
        }
        while(i < = 10);
        printf("sum = % d\n", sum);
        system("pause");          / * 利用软件 DEV - C++运行此语句/
        return 0;
    }
```

当键盘输入的 i 值为 1 时,运行结果如下:

1 ↙
sum = 55

重新运行一次程序,当键盘输入的 i 值为 11 时,运行结果如下:

11 ↙
sum = 11

从例 5.4 程序一和程序二的运行结果可以看到当输入的 i 值小于或等于 10 时,两者运算结果相同。当输入的 i 值大于 10 时,两者结果就不同了。这是因为此时对于 while 循环来说,循环体一次也不执行,而对于 do-while 循环语句来说则要执行一次循环体。因此可以得到结论:在 while 循环和 do-while 循环具有相同的循环体时,若 while 后面的表达式的初始值为"真",两种循环得到的结果完全相同;否则,两者结果不相同。

对于 do-while 语句应注意以下几点:

(1) 在使用 do-while 语句时,在"while(表达式)"后必须加分号。

(2) 当 do 和 while 之间的循环体由多个语句组成时,也必须用{ }括起来组成一个复合语句。

(3) do-while 语句的特点是:先执行循环体,再判断表达式,即 do-while 语句的循环体至少执行一次。

【例 5.5】 从键盘输入一个整数,判断其是几位数。

编程思路:从键盘输入一个整数,将其与 10 进行整除,每除一次计数一次,直到为 0 结束。

```
# include "stdafx. h"
# include < stdio. h >
# include < stdlib. h >
int   main()
{long m,a;
int n = 0;
printf("input data:\n");
scanf(" % ld",&m);
a = m;
do{
a = a/10;
n++;}while(a > 0);
printf(" % ld\n",n);
system("pause");      /∗利用软件 DEV-C++运行此语句/
return 0;
}
```

图 5.6 例 5.5 的运行结果

程序运行结果如图 5.6 所示。

5.3 for 语句

for 语句是 C 语言提供的一种功能强大且使用广泛的循环语句。用 for 语句构成的循环结构通常称为 for 循环,其一般形式为:

for(表达式 1;表达式 2;表达式 3)
   循环体语句

可以用图 5.7 表示 for 语句的执行过程,其执行过程为:

(1) 求解"表达式 1";

(2) 求解"表达式 2",若其结果为非 0 值,则转向步骤(3);若值为 0,则转向步骤(5);

(3) 执行 for 语句中指定的语句(即循环体语句);

（4）计算"表达式 3"，转向步骤（2）；

（5）结束 for 语句的执行。

例如，可用如下语句段求解例 5.1：

```
sum = 0;
for(i = 1; i <= 100; i++) sum = sum + i;
```

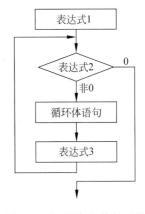

图 5.7　for 语句的执行过程

C 语言的 for 语句是非常灵活的语句，关于 for 语句进一步说明如下：

（1）for 语句中的表达式可以部分或全部省略，但两个";"不可省略。

例如：

```
for( ; ; ) printf(" * ");
```

这样的 for 循环是一个无限循环。

又如，还可用如下语句段求解例 5.1：

```
sum = 0; i = 1;
for(; i <= 100; i++)   sum = sum + i;
```

将 i=1 放在 for 语句前执行，执行该 for 语句时，则跳过"求解表达式 1"这一步。

又如，用如下语句段仍可求解例 5.1：

```
sum = 0; i = 1;
for( ; i <= 100; )   sum += i++;
```

此 for 语句的"表达式 1"和"表达式 3"被省略，此时它与 while 语句完全相同，相当于下列的 while 语句：

```
while( i <= 100)   sum += i++;
```

for 语句的"表达式 2"为循环条件，当其被省略时，则总认为循环条件为真。例如：

```
for(i = 1;;i++)   …
```

此时不判断循环条件，循环将无终止地进行下去。实际上，为了避免死循环，可以在循环体内进行判断，当满足一定条件时则退出循环，如用 break 语句退出循环。

（2）for 后一对括号中的表达式可以是任意合法的 C 语言表达式。例如：

```
for(sum = 0,i = 1;i <= 100;i++) sum += i;
```

这个 for 语句的"表达式 1"则为逗号表达式，该语句仍能求解例 5.1。

（3）若 for 语句的循环体是一个复合语句，则必须用大括号括起来。例如语句段：

```
sum = 0;
for(i = 1; i <= 100;)
{
sum = sum + i;
    i++;
}
```

循环结构程序设计

（4）for 语句的循环体可以为空，即循环体语句只有一个空语句"；"。例如：

```
for(sum = 0, i = 1; i <= 100; sum += i++) ;
```

虽然该语句的循环体为空，但其仍可实现例 5.1 的求解。

【例 5.6】 判断一个自然数 n 是否是素数。

分析：素数是大于 1 并且除了 1 和其本身之外不能被任何数整除的正整数。判断自然数 n 是否为素数的方法是：让自然数 n 被 $2 \sim \sqrt{n}$ 中的整数除，如果 n 能被 $2 \sim \sqrt{n}$ 中某一个整数整除，则说明自然数 n 不是素数；如果 n 不能被 $2 \sim \sqrt{n}$ 中的任意整数整除，则自然数 n 就是一个素数。

程序代码如下：

```
# include "stdafx. h"
# include < stdio. h>
# include < math. h>
# include < stdlib. h>
int main( )
{
    int n,k,i,flag;                    /* flag 用作 n 是否为素数的标识 */
    printf("请输入一个自然数：");
    scanf("% d",&n);
    flag = 1;                          /* 先设 n 为素数 */
    k = (int)(sqrt((float)(n)));       /* sqrt 为求 n 的平方根函数,所在头文件为"math. h" */
    for( i = 2; i <= k; i++)
    {     if (n % i == 0)
        /* 当数 i 能够整除 n 时,即可判断 n 不是素数 */
        {
            flag = 0;                  /* 给 flag 标识赋 0,并修改 i 值以结束循环 */
            i = k + 1;
        }
    }
    if(flag)
    /* flag 未发生改变,其值仍为 1,即 i~k 中的数都不能整除 n */
        printf("% d 是素数。\n",n);
    else
        printf("% d 不是素数。\n",n);
    system("pause");                   /* 利用软件 DEV - C++运行此语句/
    return 0;
}
```

【例 5.7】 将九九乘法表输出到屏幕上，要求打印行列对齐，效果美观大方。

实现方法为：采用两层循环结构，外层循环控制行输出及换行，内层循环控制列输出，程序代码如下：

```
# include "stdafx. h"
# include < stdio. h>
# include < stdlib. h>
int main()
{int i = 0,j = 0;
int mult = 0;
```

```
for(i = 1;i <= 9;i++)
{for(j = 1;j <= i;j++)
{printf(" % d * % d = % - 3d",j,i,i * j);}
printf("\n");}
return 0;
}
```

程序运行结果如图 5.8 所示。

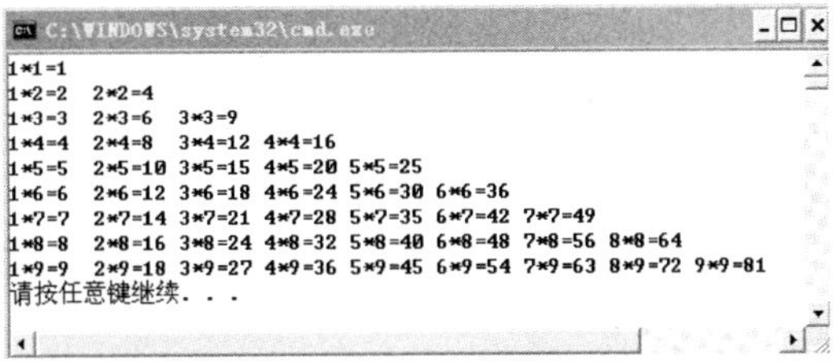

图 5.8　例 5.7 运行结果

5.4　循　环　嵌　套

由于循环体内的语句本身还可以是另一个循环语句,因此就构成了另一层循环。在一个循环体内又完整地包含了另一个循环结构,称为循环结构的嵌套。其中,处于外层的循环称为外循环,处于内层的循环称为内循环。内层循环结构中还可以嵌套循环,形成多层循环结构的嵌套,前面介绍的三种类型的循环都可以互相嵌套。

【例 5.8】　利用循环嵌套打印下面的图形。

```
**********
 **********
  **********
   **********
```

程序代码如下:

```
# include "stdafx. h"
# include < stdio. h >
# include < stdlib. h >
int main( )
{
int k,i,j;
    for(i = 0;i <= 3;i++)
    {
        for (k = 1;k <= i;k++)   printf(" ");        /* 双引号内为一空格字符 */
        for (j = 0;j <= 9;j++)   printf(" * ");
        printf("\n");
    }
    system("pause");                                /* 利用软件 DEV - C++运行此语句/
    return 0;
}
```

上述程序中由 i 控制 for 循环中内嵌了两个平行的 for 循环语句。由 k 控制 for 循环体只有一个语句,用来输出一个空格。由 j 控制 for 循环体也只有一个语句,用来输出一个" * "号。

当 i 等于 0 时,由 k 控制 for 循环,因为 k 的值为 1,所以表达式 k<=i 的值为 0(即"假"),循环体一次也不执行,接着执行由 j 控制 for 循环体,连续输出十个" * "号;当 i 等于 1 时,由 k 控制 for 循环体执行一次,输出一个空格,这就使得第二行输出的十个" * "号右移一个字符位置,其他以此类推。

【例 5.9】 输出两个数之间的所有"水仙花数",所谓的"水仙花数"是指一个三位数,其各位数字的立方和等于该数本身。例如 $153 = 1^3 + 3^3 + 5^3$。

程序代码如下:

```
# include "stdafx.h"
# include < stdio.h >
# include < stdlib.h >
int main()
{int i,digit,m,n,number,sum;
scanf(" % d % d",&m,&n);
for(i = m;i <= n;i++){
sum = 0;
digit = i;
while(digit!= 0)
{number = digit % 10;
sum = sum + number * number * number;
digit = digit/10;}
if(i == sum)
printf(" % d\n",i);}
system("pause");        / * 利用软件 DEV - C++运行此语句/
return 0;
}
```

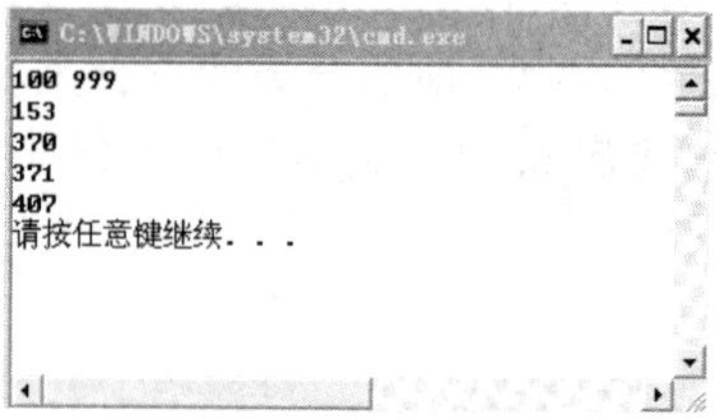

程序运行结果如图 5.9 所示。

图 5.9 例 5.9 的运行结果

5.5 break 语句和 continue 语句

前面介绍的 while 语句、do-while 语句和 for 语句都是在执行循环体之前或之后通过对条件表达式的测试来决定是否终止对循环体的执行的。有时出于程序的需要,要求提前结束循环体,利用 break 语句可以立即终止循环的执行,转到循环结构的下一条语句执行。循环中还有一种情况,根据执行结果,本次循环不需要或不能执行到最后,就应该开始下一次循环,这种情况利用 continue 语句可以实现。

5.5.1 break 语句

break 语句可用在 while、do-while、for 和 switch 语句中。

在 switch 语句中,我们讲过使用 break 来跳出 switch 语句,继续执行 switch 后的语句。

在循环语句中,break 语句的作用为:跳出本层循环(break 语句所在的那层循环),使本层循环提前结束,然后执行本层循环后面的语句。

【例 5.10】 从 1 开始求自然数的阶乘,直到某个数的阶乘值超过 4000 为止。

程序代码如下:

```
# include "stdafx. h"
# include <stdio. h>
# include <stdlib. h>
int main( )
{
    int i,p = 1;
    for (i = 1; ; i++)
    {
        p = p * i;
        if (p > 4000) break ;
        printf (" % d!=  % d\n",i,p);
    }
    system("pause");                    / * 利用软件 DEV - C++运行此语句/
    return 0;
}
```

程序运行结果如图 5.10 所示。

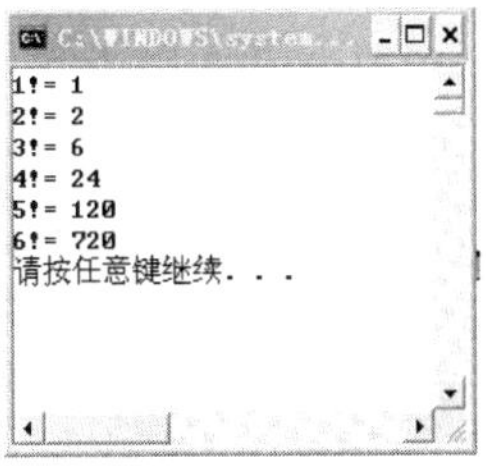

在例 5.10 的程序代码中,省略了 for 语句的循环条件(即 for 语句的第 2 个"表达式"),也就是说其循环条件永远为"真",但该程序并没有造成死循环,因为当某个自然数的阶乘大于 4000 时,用 break 语句结束了 for 循环。

图 5.10 例 5.10 的运行结果

【例 5.11】 输出 3～100 之间的所有素数。

分析:在例 5.6 中用一个 for 循环实现了判断一个自然数 n 是否为素数的功能,因此可在该循环外面再加上一层循环,使自然数 n 从 3 循环至 100,即可实现该问题的求解。另外,在例 5.6 中当 n 能够被一个整数整除时,我们利用修改循环控制变量 i 的值的方式结束循环(见例 5.6),实际上最好的方式是采用 break 语句来实现。

程序代码如下:

```
# include "stdafx. h"
# include <stdio. h>
# include <math. h>
# include <stdlib. h>
int main( )
{
  int n,i,k,flag;
  for(n = 3; n <= 100; n++)
  {
    flag = 1;
    k = (int)sqrt((float)n);
    for (i = 2; i <= k; i++)
        if(n % i == 0) { flag = 0; break ; }
    if (flag) printf(" % 5d",n);
  }
```

```
        system("pause");                          /*利用软件 DEV-C++运行此语句/
        return 0;
    }
```

程序运行结果如下：

3 5 7 11 13 17 19 23 29 31 37 41 43 47 53 59 61 67 71 73 79 83 89 97

说明：

（1）break 语句只能出现在循环体内和 switch 语句体内。

（2）当 break 出现在循环体中的 switch 语句体内时，其作用只是跳出其所在的 switch 语句体。当 break 出现在循环体中，但并不在 switch 语句体内时，其作用是跳出本层循环。

5.5.2 continue 语句

continue 语句只用在循环语句中，其作用是结束本次循环，即跳过循环体中尚未执行的语句，接着进行下一次是否执行循环的判定。

【例 5.12】 打印输出 $100\sim200$ 之间能被 3 整除的数。

程序代码如下：

```
#include "stdafx.h"
#include <stdio.h>
#include <stdlib.h>
int main( )
{
    int n;
    for(n=100; n<=200; n++)
    {
        if(n%3) continue;
        printf("%d  ", n);
    }
    system("pause");                          /*利用软件 DEV-C++运行此语句/
    return 0;
}
```

程序运行结果如下：

102 105 108 111 114 117 120 123 126 129 132 135 138 141 144 147 150 153 156 159 162 165 168 171
174 177 180 183 186 189 192 195 198

在例 5.12 中，当某个 n 不能够被 3 整除时，执行 continue 语句，结束本次循环，即跳过后面的 printf 语句，然后 n 值加 1，再继续判断 $n\leqslant=200$ 是否为真而决定是否再进行下一次循环。也就是说只有 n 能被 3 整除时，才执行 printf 函数。当然本例中的 for 语句的循环体可用如下语句来代替：

```
    if(n%3==0) printf("%d  ", n);
```

此例中采用 continue 语句只是为了说明 continue 语句的作用而已。

continue 语句和 break 语句都可用于循环语句的循环体。它们的区别在于对循环次数的影响不同。break 语句用于立即退出当前循环，而 continue 语句仅跳过当次循环（本次循环体内不执行 continue 语句后的其他语句,但下次循环可能还会执行)。下面通过一个例子来说明它们之间的区别。

【例 5.13】 continue 语句和 break 语句的区别举例。

```
# include "stdafx. h"
# include < stdio. h>
# include < stdlib. h>
int main( )
{
    int n;
    for(n = 1; n < = 10; n++)
    {
        if(n == 5) break ;
        printf(" % d  ", n);
    }
    printf("\n");
    for(n = 1; n < = 10; n++)
    {
        if(n == 5) continue;
        printf(" % d  ", n);
    }
    printf("\n");
    system("pause");              /*利用软件 DEV-C++运行此语句/
    return 0;
}
```

程序运行结果如下:

```
1  2  3  4
1  2  3  4  6  7  8  9  10
```

从程序运行结果可见,第一个 for 循环当 n 值为 5 时用 break 语句结束循环,所以只输出前 4 个数;而第二个 for 循环当 n=5 时,只是结束了本次循环,然后进入了下次循环,所以只有数字 5 未输出。

5.6 goto 语句

goto 语句称为无条件转移语句,其一般形式为:

goto   语句标号;

语句的标号可以是任意合法的标识符。goto 语句的作用是:把程序的执行转向标号所在的位置。goto 语句可以和 if 语句一起构成循环结构。

【例 5.14】 求 1 到 100 的累加和。

程序代码如下:

```
# include "stdafx. h"
# include < stdio. h>
# include < stdlib. h>
```

```
int main( )
{
    int i = 1, sum = 0;
    loop:
        sum += i;
    i++;
    if(i<=100)  goto loop;
    printf("sum = %d\n", sum);
    system("pause");                          /*利用软件DEV-C++运行此语句/
    return 0;
}
```

程序运行结果如下：

sum = 5050

用 goto 语句实现的循环完全可以用 while 或 for 循环来表示。现代程序设计主张限制
goto 语句的使用，因为滥用 goto 语句将使程序流程无规则、可读性差。goto 语句只在一个
地方有使用价值：当要从多重循环深处直接跳转到循环之外时，如果用 break 语句，将要用
到多次而且可读性并不好，这时 goto 可以发挥作用。

习 题 5

一、选择题

5.1 "for(i=1;i<9;i+=1);",该循环共执行了(　　)次。

    A. 7　　　　　　　B. 8　　　　　　　C. 9　　　　　　　D. 10

5.2 "int a=2;while(a=0) a--;",该循环共执行了(　　)次。

    A. 0　　　　　　　B. 1　　　　　　　C. 2　　　　　　　D. 3

5.3 执行完循环"for(i=1;i<100;i++);"后,i 的值为(　　)。

    A. 99　　　　　　B. 100　　　　　　C. 101　　　　　　D. 102

5.4 以下 for 语句中,书写错误的是(　　)。

    A. for(i=1;i<5;i++);　　　　　　　　B. i=1;for(;i<5;i++);

    C. for(i=1;i<5;) i++;　　　　　　　　D. for(i=1,i<5,i++);

5.5 (　　)语句,在循环条件初次判断为假时,还会执行一次循环体。

    A. for　　　　　B. while　　　　　C. do-while　　　　D. 以上都不是

5.6 循环结构的特点是(　　)。

    A. 从上至下,逐个执行　　　　　　　B. 根据判断条件,执行其中一个分支

    C. 满足条件时反复执行循环体　　　　D. 以上都对

5.7 i、j 已定义为 int 类型,则以下程序段中内循环体的执行次数是(　　)。

```
for(i=5;i;i--)
for(j=0;j<4;j++){…}
```

    A. 20　　　　　　B. 24　　　　　　C. 25　　　　　　D. 30

5.8　C语言 while 语句中,用于条件的表达式是(　　　)。

　　A. 关系表达式　　　　　B. 逻辑表达式　　　　C. 算术表达式　　　　D. 任意表达式

5.9　"int a=1, x=1;",循环语句"while(a<10) x++; a++;"的循环执行(　　　)。

　　A. 无限次　　　　　　B. 不确定次　　　　　C. 10 次　　　　　　D. 9 次

5.10　下列程序段执行后 s 的值为(　　　)。

```
int i = 1, s = 0;  while(i++)  if(!(i%3)) break ;  else s += i;
```

　　A. 2　　　　　　　　B. 3　　　　　　　　C. 6　　　　　　　　D. 以上均不是

二、填空题

5.11　三种循环语句是_____价的。

5.12　当循环体中的 switch 语句内有 break 语句时,则只跳出_____语句。同样,当 switch 语句中有循环语句,内有 break 语句时,则只跳出_____语句。

5.13　循环体执行遇到 continue 语句时_____。

5.14　下列程序的功能是输入一个正整数,判断是否是素数,若为素数输出 1,否则输出 0,请为程序填空。

```
main( )
{  int i, x, y = 1;
   scanf("% d", &x);
   for(i = 2; i <= x/2; i++)
   if (_____) { y = 0; break; }
   printf("% d\n",y);
}
```

5.15　输入若干个字符,分别统计数字字符的个数、英文字母的个数,当输入换行符时输出统计结果,运行结束。

```
# include < stdio. h>
main( )
{  int s1 = 0, s2 = 0
   char ch;
   while((_____)!= '\n')
   {
      if(ch >= '0'&&ch <= '9') s1++;
      if(ch >= 'a'&&ch <= 'z' || _____) s2++;
   }
}
```

三、阅读下列程序,写出程序运行的输出结果

5.16

```
main( )
{  int y = 9;
   for( ;y > 0; y--)
   if(y % 3 == 0)  { printf("% d", -- y);  continue;}
}
```

5.17

```
main()
{  int k, n, m;
```

循环结构程序设计

```
    n = 10;m = 1;k = 1;
    while (k++< = n)
      m * = 2;
    printf("% d\n",m);
}
```

5.18 输入数据：2,4

```
# include < stdio. h>
void main( )
{
    int s = 1,t = 1,a,n;
    scanf("% d, % d",&a, &n);
    for(int i = 1; i < n;i++)
    {
      t = t * 10 + 1; s = s + t;
    }
    s * = a;   printf("SUM = % d\n",s);
}
```

四、程序改错

5.19 以下程序是显示[200,300]区间所有能被 7 整除的数,每行显示 5 个数,此程序有 6 处错。

```
main()
{
    int i,n = 0;                /* n 用来记录每行已打印数的个数 */
while(i < 300)
{
  if(i % 7 == 0)
   break;
  printf(" % 5d",i);
  n = n + 1;
  if(n = 5)                /* 满 5 个换行 */
  {
   printf("\n");
   n = 0;
  }
}
}
```

5.20 以下程序是求 1! +2! +3! +4! +5! +6! +7! 的值,其中有 3 处错误。

```
main()
{  int i,s,t = 0;
   for(i = 1;i < = 7;i++)
     { s = 0;
       t = t * i;
       s = s + t;
     }
   printf("sum = d\n",s);
}
```

五、程序设计题

5.21 求 10! 的值。

5.22 求 1/2−2/3+3/4−4/5+5/6−⋯+79/80 的值。

5.23 编程序按下列公式计算 e 的值(精度为 1e−6):e=1+1/1! +1/2! +1/3! +⋯ +1/n!。

5.24 求数列的和。设数列的首项为 81,以后各项为前一项的平方根(如 81,9,3, 1.732,⋯),求前 20 项和。

第 5 章

循环结构程序设计

第6章 数组

前面章节中，介绍的数据类型都是简单的基本数据类型，它们的特点是一个该类型的变量对应一个数据，针对单一的变量进行操作，变量名与变量值一一对应关系。除此之外，在C程序设计中，为了处理方便，还可以定义由基本类型数据按照一定形式组织起来的构造数据类型。常用的构造数据类型主要有数组、结构体、共用体和枚举。

本章中主要介绍数组，后面章节将介绍其他构造数据类型。数组是一组具有相同数据类型的元素组成的有序数据集合。一个数组由多个数组元素组成，这些数组元素的类型可以是基本数据类型或者是构造类型。因此，按照数组元素类型的不同，数组又可以分为数值数组、字符数组、指针数组、结构体数组等，本章主要介绍数值数组和字符数组，其余的数组将在以后各章节陆续介绍。

6.1 一 维 数 组

在实际应用中，经常要处理一组具有相同类型的相关数据。例如，有 5 个员工的工资，可以定义它们为浮点型，定义如下：

```
float salary1,salary2,salary3,salary4,salsry5;
```

当存放员工的工资较多时，如 50 个、100 个或者更多，当然也可以依次定义出相应变量，但这样的定义就很不方便，而且在进行后续处理时将出现难以解决的情况。例如，对于50 个员工的工资，要求输出高于平均工资的那些工资。这个问题如果采用前面的定义形式，解决起来将极其烦琐，平均工资固然可以在读入数据的同时，用一边累加员工工资、一边统计数据个数的方法最后求出，但因为只有读入最后一个员工的工资之后才能求出平均工资，因此必须把这 50 个员工的工资全部保留下来，然后逐个与平均工资比较，才能把高于平均工资的员工工资打印出来。假定用 salary1，salary2，salary3，…，salary50 存放员工的工资，用 average 存放平均工资，就需要有 100 条语句来进行判断：

```
if(salary1 > average) printf(" % f\n", salary1);
if(salary2 > average) printf(" % f\n", salary2);
if(salary3 > average) printf(" % f\n", salary3);
              ⋮
if(salary50 > average) printf(" % f\n",salary50);
```

这样的程序无论是在代码量上还是计算效率上将是无法让人接受的，因此，应使用数组来一次性存储所有的员工的工资。

数组是相同类型的变量按照顺序组成的一种构造数据类型,称这些相同类型的变量为数组的元素或者单元。数组通过数组名加索引来使用数组的元素。

上面的定义可改写为:

```
float salary[50];
```

这就定义了一个浮点型数组,它有 50 个数组元素,分别用来存放 50 个员工的工资,这样表示简单清晰,只需用如下的一个 for 循环就能完成 50 次比较:

```
for(int i = 0;i < 50;i++)
    if(salary[i]> average) printf(" % f\n",salary[i]);
```

在这里,由于使用了数组,大大简化了原有程序,同时也提高了程序的运行效率。

6.1.1 一维数组的定义

在 C 语言中,使用数组与使用基本数据类型的变量一样必须先定义才可以使用。

一维数组的定义形式为:

类型说明符　数组名[常量表达式];

例如:

```
int a[5];                    /* 说明数组 a 包含 5 个整型数组元素 */
double b[8];                 /* 说明数组 b 包含 8 个浮点型数组元素 */
char ch[10];                 /* 说明数组 ch 包含 10 个字符类型的数组元素 */
```

数组定义时说明如下:

(1) 数组的类型说明符可以是任意一种基本数据类型或者构造类型,实际上它指定的是数组元素的类型。对于同一个数组,其所有元素的数据类型都是相同的。

(2) 数组名是用户定义的数组标识符,要符合 C 语言标识符命名原则,不能与其他变量名或关键字相同,且数组的名字表示该数组在内存中所分配的一块存储区域的首地址,是一个地址常量,不允许对其进行修改。

例如,下面的程序是错误的:

```
int main()
{
    int a[10];
    a = 4;                   /* 非法操作,不能修改数组名 */
    char a;                  /* 非法操作,变量名 a 与数组名 a 相同 */
    …
}
```

(3) 方括号中必须是整型常量表达式,用来表示数组元素的个数,也称为数组的长度。不能在方括号中用变量或包含有变量的表达式来指定数组元素的个数,但是可以是符号常量或常量表达式。

例如,若定义符号常量 N:

```
♯define N 10
```

则如下数组定义是合法的:

```
int a[2+3],b[N+1];          /* a 的长度为 5,b 的长度为 11 */
```

若变量 n 定义如下:

```
int n = 5;
```

则如下定义是错误的:

```
int a[n];                   /* n 是变量 */
```

（4）数组元素的下标索引从"0"开始。例如:

```
int a[5];
```

则数组 a 中有 5 个 int 类型的元素,分别为 a[0]、a[1]、a[2]、a[3]、a[4]。

（5）允许在同一个类型说明中,说明多个数组和多个变量。例如:

```
int x,y,a[10],b[20];
```

（6）数组在内存中占据一定的连续存储空间。例如:

```
float x[5];
```

若 float 类型变量在内存中占 4 个字节,则该数组 x 在内存中被分配 20 个连续的字节（如图 6.1 所示）。其中,第一个 4 个字节为 x[0] 的存储空间,接下来的 4 个字节为 x[1] 的存储空间,其余元素以此类推。

图 6.1　数组的存储空间

6.1.2　一维数组的初始化

数组中每个元素都表示一个变量,对数组的赋值也就是对数组元素的赋值。C 语言允许在定义数组时直接为数组指定初值,称为数组的初始化。数组初始化是在编译阶段进行的,这样将减少运行时间,提高效率。数组初始化的一般格式为:

数据类型　数组名[常量表达式] = {初值 1,初值 2,…,初值 n};

其中,"="后面部分一定要用花括号括起来,被括起来的部分称为初值列表,大括号中各数据值即为各元素的初值;各初值之间用逗号间隔;初值的个数不能超过数组的大小。

数组初始化有几种方式:

（1）对数组的全部元素赋以初值。例如:

```
int a[4] = {10,20,30,40};
```

该语句执行后,各元素的初始值分别是 a[0]=10、a[1]=20、a[2]=30、a[3]=40。

对全部数组元素赋初值时,可以不指定数组长度。故上述语句可以改为:

```
int a[ ] = {10,20,30,40};
```

系统会根据初值的个数自动定义 a 数组的长度为 4,但如果数组长度与初值的个数不同时,则不能省略数组长度。

(2) 对数组的部分元素赋初值。例如:

```
int a[5] = {1,2,3};
```

该语句执行后,只给数组中的前三个元素赋初值,后两个元素默认值为 0,即 a[0]=1,a[1]=2,a[2]=3,a[3]=0,a[4]=0。

在数组定义时,若只对数组的部分元素赋初值,对于数值型数组来说其余元素自动赋初值为 0,对于字符型数组来说其余元素自动赋初值为空字符。

(3) 对静态存储的数组(即用 static 修饰的数组)不赋初值时,系统会对所有数组元素自动赋以 0(数值型)或空字符(字符型)。关于静态存储的相关概念将在后面章节中介绍。例如:

```
int a[5];                    /* 定义时未赋初值,则数组元素的值是不确定的 */
static int b[5];             /* 定义时虽未赋初值,但数组元素的值都为 0 */
```

C 语言除了在定义数组时用初值列表为数组做整体赋值之外,无法再对数组变量做整体赋值。例如:

```
int a[5];
a = {12,3,4,5};              /* 非法操作,a 是数组名,为地址常量,不可修改 */
a[] = {1,2,3,4,5};           /* 非法操作,该语句只能在数组初始化时使用 */
```

6.1.3 一维数组元素的引用

数组元素是一种变量,其标识方法为数组名后加下标,下标表示了元素在数组中的顺序号(如图 6.1 所示)。对数组进行访问时,只能对数组的某一个元素进行单独的访问,而不能对整个数组的全部数据进行访问。数组元素的引用方式为:

数组名[下标]

其中,下标可以为整型常量、整型变量或整型表达式。

例如,若有定义:

```
int a[5],i = 2,k = 1;
```

则 a[0]、a[3]、a[i]、a[i+k]、a[i++]等都是对数组 a 中元素的正确引用方式。

在对数组元素处理时,可以将数组元素作为相同类型的简单变量来处理。如对上面给出的定义,则可以认为数组 a 中的每一个元素都是一个简单的 int 型变量,故以下语句都是合法的:

```
a[0] = 1;                    /* 给数组元素 a[0]赋值为 1 */
scanf("%d",&a[i]);           /* 从终端输入一个整数赋给数组元素 a[i] */
a[i+1] = a[0] + a[i];        /* 将 a[0]与 a[i]的和赋值给数组元素 a[i+1] */
printf("%d,%d\n",a[i],a[i+1]);              /* 输出 a[i]与 a[i+1]的值 */
```

一般来说,C 语言中不允许一次引用数组的所有元素,只能逐个引用某个元素。

例如,设数组 x 和 y 定义如下:

```
float m[5] = {1.2,3.5, - 2.7,4.1,2.8},n[5];
```

```
m = {1.0,2.0,3.0,4.0,5.0};    /*非法操作,不能用一对大括号的形式给数组整体赋值*/
n = m;                        /*非法操作,不能将一个数组所有元素的值整体赋给另一个数组*/
printf("%f",m);               /*非法操作,数组不能只通过数组名进行整体输出(或输入)*/
```

数组元素的下标是从 0 开始的连续整数,故常用 for 循环语句来处理数组。

例如定义数组:

```
int a[10];
```

则可以用 for 循环语句通过逐个引用数组元素的形式,来实现对数组 a 的输入与输出:

```
{for(int i = 0;i < 10;i++)
    scanf("%d",&a[i]);}
{for(int i = 0;i < 10;i++)
    printf("%d  ",a[i]);}
```

这里需要注意的是,在输入数组数据时,不能做到所谓的"整体输入"。例如,下面的做法是错误的:

```
int a[3];
scanf("%d%d%d",a);
```

scanf 函数的第一个参数中有 3 个%d,因此,后面必须有 3 个地址参数,不能只有一个 a,上述语句应改写为:

```
int a[3],i;
for(i = 0;i < 3;i++)
    scanf("%d",&a[i]);
```

另外,在引用数组元素时应注意下标值不要超过数组的范围。如上面定义的数组 a,其长度为 5,则下标值的取值范围应该在 0~4。超过下标取值范围的现象称为下标越界,值得注意的是,C 编译器对下标越界并不报错,因此在使用数组时,一定要严格防止下标越界,避免导致严重的后果。例如,下面的做法是错误的:

```
char ch[6];
ch[6] = 6;
```

因为 ch[6]不表示数组整体,也不是数组 a 的第 6 个元素,第 6 个元素是 ch[5],所以对 ch[6]的赋值属于越界操作,一定要注意。

6.1.4 一维数组程序举例

【例 6.1】 用一维数组计算 Fibonacci 数列的前 30 项,要求每行输出 5 个数。

分析:Fibonacci 数列前两项值为 1,从第 3 项开始,每一项都是前两项数字之和。定义一个数组 f[30],已知 f[0]=1,f[1]=1,那么就可以根据 Fibonacci 数列的递推关系 f[i]=f[i−2]+f[i−1],i≥2,依次推出 f[2],f[3],f[4],…,f[29]的值。

程序代码如下:

```
# include "stdafx.h"
# include < stdio.h >
# include < stdlib.h >
```

```
int main()
{
    int i;
    int f[30] = {1,1};
    for(i = 2; i < 30; i++)
        f[i] = f[i-2] + f[i-1];
    for(i = 0;i < 30;i++)
    {   if(i % 5 == 0) printf("\n");                       /* 每输出 5 个数后换行 */
        printf("F( % - 2d) = % - 10d",i + 1,f[i]);
    }
    system("pause");
return 0;}
```

程序运行结果如图 6.2 所示。

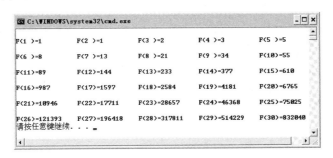

图 6.2　打印 Fibonacci 数列前 30 项

【例 6.2】 从终端输入 10 个学生的学号和成绩,分别输出其中最低分和最高分学生的学号和成绩。

分析:用一维数组 num[ ]存放学生的学号,score[ ]数组存放学生的成绩,使用 for 循环扫描数组 score[ ],通过比较分别求出最高分和最低分学生的下标。

程序代码如下:

```
# include "stdafx.h"
# include < stdio.h >
# include < stdlib.h >
# define N 10
int main()
{
    int num[N],score[N],i;
    int max,min;                    /* 分别存放最高分和最低分学生的下标值 */
    printf("输入学生的学号和成绩: \n");
    for(i = 0;i < N;i++)            /* 输入学生学号和成绩分别存入数组中 */
    {
        scanf(" % d % d",&num[i],&score[i]);
    }
    max = 0;                        /* 初始化为 0 */
    min = 0;                        /* 初始化为 0 */
    for(i = 0;i < N;i++)
    {
        if(score[i]< score[min])
```

```
           min = i;
          if(score[i]> score[max])
          max = i; }
       printf("最高分的学生为: %d, %d\n",num[max],score[max]);
       printf("最低分的学生为: %d, %d\n",num[min],score[min]);
       system("pause");
       return 0;
    }
```

【例6.3】 用起泡法对10个数进行升序排序。

分析：起泡排序法的思想是通过将相邻两个数进行比较实现位置交换，将小的数调到前面。图6.3给出了对5个数进行起泡的过程。在第1轮比较中，第1次比较将数13和9的位置对调，第2次比较将第1个位置上和第2个位置上的两个数13和6对调，……，如此共进行4次比较，经过第1轮比较后将最大数21"沉底"，成为最下面的一个数，而小的数"上升"，如图6.3(a)所示。然后进行第2轮比较，对剩下的4个数按照上述的方法进行3次两两比较，从而这4个数中的最大值13排到最终位置；……。其余各趟排序结果如图6.3(b)所示。依此可推知，如果有n个数，要进行n-1轮比较；在第1轮中要进行n-1次两两比较，在第i轮中要进行n-i次两两比较。

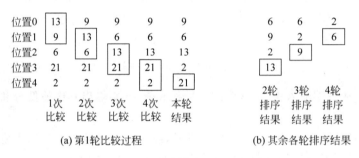

(a) 第1轮比较过程   (b) 其余各轮排序结果

图6.3 起泡法排序过程示意图

本例的流程图如图6.4所示，程序如下：

```
# include "stdafx.h"
# include < stdio.h>
# include < stdlib.h>
int main()
{   int i,j,t,a[10];
    printf("Input 10 digits:\n");
    for(i = 0; i < 10; i++) scanf("%d",&a[i]);
    for(i = 1; i < 10; i++)
      for(j = 0; j < 10 - i; j++)
        if(a[j]> a[j + 1])
        {   t = a[j]; a[j] = a[j + 1]; a[j + 1] = t; }
    printf("The sorted digits:\n");
    for(i = 0;i < 10;i++) printf("%d   ",a[i]);
    printf("\n");
    system("pause");
    return 0;
}
```

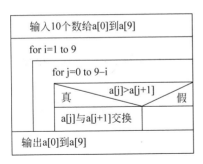

图 6.4　起泡法排序流程图

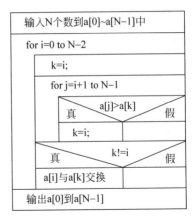

图 6.5　选择法排序流程图

程序运行结果如下：

```
Input 10 digits:
11  13  7  -9  -3  23  -1  0  41  16✓
The sorted digits :
-9  -3  -1  0  7  11  13  16  23  41
```

【例 6.4】　用选择法对 10 个整数按从大到小顺序排序。

分析：首先在该组数字中找出值最大的数，然后把这个数与第 1 个数的位置互换，这样值最大的数就被放到了第 1 个位置，接着再在剩下的数中找出最大值，把它和第 2 个数的位置互换，这样使第 2 大的数放到了第 2 个位置，以此类推，直到把所有的数按照从大到小的顺序排列为止。该排序算法的流程图如图 6.5 所示。

程序代码如下：

```
# include "stdafx.h"
# include <stdio.h>
# define N 10
int main( )
{   int a[N], i, j, k, t;
    printf("Please input %d digits:\n", N);
    for(i = 0; i < N; i++) scanf("%d", &a[i]);
    for(i = 0;i < N-1;i++)               /* 扫描 N-1 趟 */
    {
        k = i;                           /* k 保存当前最大值下标,先设 a[i]即为当前最大值 */
        for(j = i + 1; j < N; j++)       /* 第 i 趟扫描,找最大值,k 记住最大元素下标 */
            if(a[j] < a[k]) k = j;
        if(k!= i)                        /* 当 a[i]不是最大元素时 */
        {   t = a[i]; a[i] = a[k]; a[k] = t; }   /* 交换 a[i]与 a[k],使最大元素到位 */
    }
    printf("The sorted digits:\n");
    for(i = 0; i < N; i++) printf("%d  ", a[i]);
    printf("\n");
system("pause");
return 0;
}
```

程序运行结果如下：

```
Please input 10 digits:
11   13   7   -9   -3   23   -1   0   41   16↙
The sorted digits :
41   23   16   13   11   7   0   -1   -3   -9
```

用选择法排序也需要 9 轮比较，但数据交换的次数要比起泡法少，图 6.6 给出了每一轮排序后的状态。

原始状态	第1轮	第2轮	第3轮	第4轮	第5轮	第6轮	第7轮	第8轮	第9轮
11	41	41	41	41	41	41	41	41	41
13	13	23	23	23	23	23	23	23	23
7	7	7	16	16	16	16	16	16	16
-9	-9	-9	-9	13	13	13	13	13	13
-3	-3	-3	-3	-3	11	11	11	11	11
23	23	13	13	-9	-9	7	7	7	7
-1	-1	-1	-1	-1	-1	-1	0	0	0
0	0	0	0	0	0	0	-1	-1	-1
41	11	11	11	11	-3	-3	-3	-3	-3
16	16	16	7	7	7	-9	-9	-9	-9

图 6.6   选择法排序过程示意图

【例 6.5】 在一个给定的有序数组中查找用户输入的值，并提示查找结果。

分析：本程序采用二分查找法（又称折半查找），假设被查找的数组 a 的元素是有序递增的。其基本思想是：在查找区间如 a[low…high]确定区间的中间点位置 mid＝(low＋high)/2，然后将待查找的 m 值与 a[min]比较，如果 a[mid]＝k，则查找成功并返回此位置，若 a[mid]＞k，则新的查找区间是左区间 a[low…mid-1]，反之，若 a[mid]＜k，则新的查找区间是右区间 a[mid＋1…high]，下一次将针对新的查找区间进行。

程序代码如下：

```
# include "stdafx. h"
# include < stdio. h>
# define N 10
int main( )
   { int a[ ] = {0,1,2,3,4,5,6,7,8},k;
    int low = 0, high = 8, mid;
    printf(("请输入 m:");
    scanf(" % d", &m);
   while(low < = high)
{   mid = (low + high)/2;
    if(a[mid] == m)
    { printf("a[ % d] = % d\n",mid,m);
      return;}
    if(a[mid]> m)
    high = mid - 1;
    else
   low = mid + 1;}
```

```
printf("%d 未找到",m);
system("pause");
return 0;
}
```

程序运行结果如下：

```
请输入 m:5
a[5] = 5
```

6.2 二 维 数 组

在实际应用中,数据的逻辑结果经常是二维的,如一个部门员工的工资表(假如每个员工的工资由 6 部分组成、一共有 10 个员工)、数学矩阵等,似乎使用一维数组也可以管理逻辑上的二维数组,但使用不方便,为此,C 语言引入了二维数组或多维数组来解决类似的问题。二维数组有两个下标变量,多维数组可以有多个下标变量。本小节只重点介绍二维数组,多维数组可以由二维数组类推得到。

6.2.1 二维数组的定义

二维数组定义的一般形式是：

类型说明符 数组名[常量表达式 1][常量表达式 2];

从定义上看,二维数组相对于一维数组只是多了一个下标,即多了一维。例如,二维数组 a 定义如下：

```
int a[3][4];
```

对于此定义语句需说明以下 3 点：

(1) 从逻辑结构上看可以把二维数组看成是一个具有行和列的表格或一个矩阵。其中"常量表达式 1"表示第一维的长度,通常又称为行数;"常量表达式 2"表示第二维的长度,通常又称为列数。对于上面的数组定义语句,则表示定义了一个 3 行 4 列的数组,其数组名为 a,共有 3×4 个数组元素,每个数组元素的类型为 int 型,如图 6.7 所示。

(2) 在 C 语言中,可把二维数组看成是一个由一维数组组成的数组,即数组 a 可以看成是由 a[0]、a[1]、a[2]三个元素组成的一个一维数组,其中每个元素又是由 4 个整型元素组成的一维数组,如图 6.8 所示。建立起这一概念是十分重要的,因为 C 语言编译系统确实是把二维数组 a 中的 a[0]、a[1]、a[2]作为数组名来处理的。

数组a	第0列	第1列	第2列	第3列
第0行	int型	int型	int型	int型
第1行	int型	int型	int型	int型
第2行	int型	int型	int型	int型

共4列 / 共3行

图 6.7 二维数组的逻辑结构

a (二维数组)
a[0]—a[0][0] a[0][1] a[0][2] a[0][3]
a[1]—a[1][0] a[1][1] a[1][2] a[1][3]
a[2]—a[2][0] a[2][1] a[2][2] a[2][3]

图 6.8 数组元素为一维数组

（3）二维数组在概念上是二维的，即其下标在两个方向上变化，数组元素在数组中的位置也处于一个平面之中，而不像一维数组只是一个向量。但是，实际的硬件存储器却是连续编址的，也就是说存储器单元是按一维线性排列的。如何在一维存储器中存放二维数组，可有两种方式：一种是按行排列，即放完一行之后顺次放入第二行。另一种是按列排列，即放完一列之后再顺次放入第二列。在 C 语言中，二维数组的元素是按行存储的，即在内存中是先放第一行的元素，再放第二行的元素，……。二维数组 a 的元素在内存中的排列顺序如图 6.9 所示。

a[0][0]	a[0][1]	a[0][2]	a[0][3]	a[1][0]	a[1][1]	a[1][2]	a[1][3]	a[2][0]	a[2][1]	a[2][2]	a[2][3]
4字节	4字节	4字节	4字节	4字节	4字节	4字节	4字节	4字节	4字节	4字节	4字节

连续的48个字节

图 6.9   二维数组 a 的存储结构

6.2.2   二维数组的初始化

二维数组的初始化和一维数组的初始化相似，也是在定义的同时给各个数组元素赋以初值。二维数组的初始化有以下几种方式：

（1）对数组的全部元素赋以初始值：

• 按数组存储时的排列顺序赋初始值，例如：

```
int a[2][3] = {1,2,3,4,5,6};
```

将所有数据写在一对大括号内，按数组的排列顺序对各个元素赋初始值。该语句执行后，数组中元素的值分别为：a[0][0]＝1，a[0][1]＝2，a[0][2]＝3，a[1][0]＝4，a[1][1]＝5，a[1][2]＝6。

• 分行为二维数组赋初始值，例如：

```
int a[2][3] = {{1,2,3},{4,5,6}};
```

这种赋值方法比较直观，将第一个大括号内的数据赋值给第一行的元素，将第二个大括号内的数据赋值给第二行的元素，以此类推，按行赋值。该语句执行后，数组中各个元素的值同上。

• 第一维的长度根据需要可以省略，但是第二维的长度不能省略。例如：

```
int a[ ][3]={ 1,2,3,4,5,6};
```

或

```
int a[ ][3] = {{1,2,3},{4,5,6}};
```

执行第一个语句时，系统会根据数据的总个数分配存储空间，自动计算第一维的长度即 6/3＝2，即有 a[0][0]＝1，a[0][1]＝2，a[0][2]＝3，a[1][0]＝4，a[1][1]＝5，a[1][2]＝6。同样，执行第二个语句时，赋值部分内部有两对大括号，已经指出该数组有两行，赋值效果相同。

说明：如果没有对数组初始化，在定义二维数组时，所有维的长度都必须给出。

（2）对数组的部分元素赋初始值。

- 赋初值个数少于数组元素个数，例如：

```
int a[2][3] = {{1,2},{3}};
```

该语句执行后对各行的元素赋值，对一行内不够的元素自动赋值为 0，等价于如下语句：

```
int a[2][3] = {{1,2,0},{3,0,0}};
```

- 赋初值行数少于数组行数，例如：

```
int a[3][4] = {{1,2},{3,4}};
```

当赋值语句中大括号个数少于数组的行数时，系统将自动给后面各行的元素赋初值 0。等价于如下语句：

```
int a[3][4] = {{1,2,0,0},{3,4,0,0},{0,0,0,0}};
```

- 赋初值时省略行大括号，按行连续赋初值。例如：

```
int a[3][3] = {1,2,3,4,5 };
```

将所有数据写在一个大括号内，按数组排列的顺序对各元素赋初值。这种情况下，等价于如下语句：

```
int a[3][3] = {{1,2,3},{4,5,0},{0,0,0}};
```

- 对部分元素赋初值时，也可以省略第一维的长度，但应分行赋值。例如：

```
int a[ ][3] = {{1,2},{3,4},{5}};
```

6.2.3 二维数组元素的引用

二维数组的元素也称为双下标变量，其引用的形式为：

数组名[行下标][列下标]；

其中，"下标"应为整型常量或整型表达式。

例如，若有定义：

```
float f[4][3];
```

则 f[0][1]、f[i][j]、f[i+k][j+k]（其中 i、j、k 都是整型变量）等都是合法的二维数组元素的引用形式，但不要写成 f[0,1]、f[i,j]、f[i+k,j+k]，这些形式都是错误的。

对二维数组的引用也和一维数组相似，只能对单个元素进行引用，而不能用单行语句对整个数组全体元素一次性引用。例如：

```
int i = 1,j = 2,a[3][4],b[3][4];
a[0][1] = 1;
b[1][0] = 2;
a[i][j + 1] = b[i + 1][j - 1] + b[i + 1][j];
a = b;                          /* 非法操作,不可以对数组整体赋值 */
```

同样地,当需要对数组中连续多个元素进行引用时,也可以用循环来完成,对于二维数组而言,可以用两重循环嵌套完成。例如:

```
int a[3][4],i,j;
for(i = 0;i < 3;i++)
    for(j = 0;j < 4;j++)
        a[i][j] = i + j;
```

注意:

(1)数组元素和数组说明在形式上有些相似,但这两者具有完全不同的含义。数组说明的方括号中给出的是某一维的长度;而数组元素中的下标是该元素在数组中的位置标识。例如:

```
int p[4][5];              /* 定义数组 p 是 4 行 5 列的二维数组,共有 4×5 个元素 */
p[3][4] = 5;              /* 对数组元素 p[3][4]赋值 */
```

(2)数组说明时方括号内只能是常量表达式,而引用数组元素时下标可以是整型的常量、常量表达式、变量及变量表达式等。

(3)在引用二维数组元素时,应该防止下标越界。二维数组的行下标与列下标都是从 0 开始的。

6.2.4　二维数组程序举例

【例 6.6】　求一个矩阵的转置。例如:

$$A = \begin{bmatrix} 1 & 2 & 3 \\ 4 & 5 & 6 \\ 7 & 8 & 9 \end{bmatrix}$$

分析:将矩阵进行转置,就是将已知矩阵中的行列元素进行互换,得到的矩阵成为原矩阵的转置矩阵。矩阵在程序中可以使用二维数组来表示,则矩阵的行数、列数分别是数组的行下标和列下标。这样,就能实现矩阵元素与数组元素的一一对应。定义两个数组 a 和 b,都是 3 行 3 列的,a 数组的行变成 b 数组的列,那么就存在 b[j][i] == a[i][j]的关系,这样通过两重循环将 a[i][j]的值赋给 b[j][i]即可。为了简化程序,可以在读入数组 a 中元素的同时将其赋给数组 b 中的相应元素。

程序代码如下:

```
# include "stdafx. h"
# include < stdio. h>
# include < stdlib. h>
int main( )
{
    int a[3][3] = {{1,2,3},{4,5,6},{7,8,9}};
    int b[3][3], i, j;
    printf("原矩阵为: \n");
    for(i = 0; i < 3; i++)
    {   for(j = 0; j < 3; j++)
        {   printf(" % 5d", a[i][j]);
            b[j][i] = a[i][j];        /* 将矩阵的行列互换 */
```

```
            }
        printf("\n");
    }
    printf("转置矩阵为：\n");
    for(i = 0; i < 3; i++)
    {   for (j = 0; j < 3; j++)   printf(" % 5d", b[i][j]);
        printf("\n");
    }
    system("pause");
    return 0;
}
```

程序运行结果如图 6.10 所示。

【例 6.7】 求二维数组（3 行 3 列）对角线元素的和。

例如：

$$a = \begin{bmatrix} 13 & 49 & 36 \\ 21 & 14 & 31 \\ 10 & 7 & 19 \end{bmatrix}$$

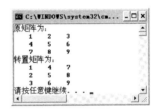

图 6.10 转置矩阵运行结果

分析：在数组 a 的每一行中寻找最大的元素，找到之后把该值赋予数组 b 相应的元素即可。

程序代码如下：

```
# include "stdafx. h"
# include < stdio. h >
# include < stdlib. h >
int main()
{
    int a[3][3] = {{13,49,36},{21,14,31},{10,7,19}},sum = 0;
    for( int i = 0;i < 3;i++)
    {
        for( int j = 0;j < 3;j++)
        {
            if(i == j)
            {
                sum = sum + a[i][j];
            }
        }
    }
    printf(" % d",sum);
    system("pause");
    return 0; }
```

程序中第一个 for 语句中又嵌套了一个 for 语句组成了双重循环。外循环控制逐行处理，内循环对行号 i 与列号 j 比较，若相等则为对角线元素，累加赋予 sum。内循环结束时 sum 即为对角线元素的和。

【例 6.8】 建立一个 9 行 3 列的二维数组用来存放 8 名同学的数学和英语学科的成绩。

分析：通过键盘输入 8 名同学的成绩，计算 8 名同学的两科的平均成绩并填入对应行的第 3 列中，分别计算 8 名同学两学科的成绩之和并填入第 9 行的对应列中。

程序代码如下：

```
# include "stdafx. h"
# include < stdio. h>
# include < stdlib. h>
# define M 9
# define N 3
int main()
{
    float a[M][N];
    int i,j;
    float average, sum;
    for(i = 0;i < M − 1;++i)
    {
        average = 0;
        for(j = 0;j < N − 1;++j)
        {
            scanf(" % f",&a[i][j]);
            average += a[i][j];
        }
        a[i][j] = average/(j + 1);
    }
    for(j = 0;j < N;++j)
    {
        sum = 0;
        for(i = 0;i < M − 1;++i)
            sum += a[i][j];
        a[i][j] = sum;
    }
    for(i = 0;i < M;++i) {
        for(j = 0;j < N;++j)
            printf(" % .2f ",a[i][j]);
        printf("\n"); }
    system("pause");
    return 0;
}
```

【例 6.9】 通过循环按行顺序给一个 5×5 的二维数组赋值为 $1 \sim 25$ 的自然数，形成如下方阵，然后输出该矩阵的下三角部分。

$$
\begin{bmatrix}
1 & 2 & 3 & 4 & 5 \\
6 & 7 & 8 & 9 & 10 \\
11 & 12 & 13 & 14 & 15 \\
16 & 17 & 18 & 19 & 20 \\
21 & 22 & 23 & 24 & 25
\end{bmatrix}
$$

分析：可用一个行数和列数等于 5 的二维数组存储方阵。以方阵的对角线为分界把其划分为上三角和下三角，而对角线上的元素行下标 i 和列下标 j 相等，即 i==j。因此下三角元素行下标 i 大于等于列下标 j，即 i>=j。

程序代码如下：

```
# include "stdafx.h"
# include <stdio.h>
# include <stdlib.h>
int main( )
{   int a[5][5],i,j,n=1;
    for(i=0;i<5;i++)
        for(j=0;j<5;j++)   a[i][j]=n++;
    for(i=0;i<5;i++)
    {   for(j=0;j<=i;j++)   printf("%4d",a[i][j]);
        printf("\n"); }
    system("pause");
    return 0;
}
```

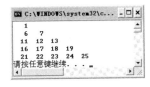

程序运行结果如图 6.11 所示。   图 6.11　打印矩阵下三角结果

6.2.5　多维数组

二维数组可以看作是由一维数组的嵌套而构成的,一个二维数组也可以被分解为多个一维数组。按照二维数组的分解方式,可以定义多维数组。例如,如下即定义了一个三维数组 pw:

```
double pw[2][3][4];
```

该数组 pw 有 $2 \times 3 \times 4$ 个 double 型的数组元素。当然也可以认为 pw 是一个一维数组,有两个元素,只不过该数组每个元素又是一个 3×4 的二维数组。以此类推,还可以定义更多维的数组。

6.3　字　符　数　组

前面介绍的一维数组和二维数组,其数据元素的值都是数值型的,称为数值数组。但在实际应用中,经常会遇到使用字符的情况,如一个英文单词、一本书的书名、一个学生的姓名等,此时,需要使用另外一种类型的数组——字符数组。

字符数组就是数组元素类型为字符型的数组,它主要用于存储一串连续的字符,字符数组中的每一个数组元素只能存放一个字符。

6.3.1　字符数组的定义

字符数组的定义形式与前面介绍的数值数组类似。一般定义形式为:

```
char 数组名[常量表达式];                        /* 定义一维字符数组 */
char 数组名[常量表达式1][常量表达式2];            /* 定义二维字符数组 */
```

例如:

```
char ch[10];
```

此语句表示定义了一个字符数组 ch,可以存放 10 个字符。若将 C Language 这 10 个字符放入数组 ch 中,给字符数组各个元素分别赋值为:

ch[0] = 'C'; ch[1] = ' '; ch[2] = 'L'; ch[3] = 'a'; ch[4] = 'n';
ch[5] = 'g'; ch[6] = 'u'; ch[7] = 'a'; ch[8] = 'g'; ch[9] = 'e';

赋值后数组的状态如图 6.12 所示。

C	␣	L	a	n	g	u	a	g	e
ch[0]	ch[1]	ch[2]	ch[3]	ch[4]	ch[5]	ch[6]	ch[7]	ch[8]	ch[9]

图 6.12　字符数组存储状态

字符数组也可以是二维或多维数组。例如：

char str[3][4];　　　　　　　　　　/* str 即为一个二维字符数组 */

6.3.2　字符数组的初始化

字符数组也允许在定义时初始化，即逐个将字符赋值给数组中的元素。例如：

char str[8] = {'I',' ','l','i','k','e',' ','C'};
char s[][6] = {{'H','e','l','l','o',' '},{'w','o','r','l','d','!'}};

其中，上面二维字符数组完成初始化后，各个数组元素在内存中的存储状态如图 6.13 所示。

H	e	l	l	o	␣	w	o	r	l	d	!
s[0][0]	s[0][0]	s[0][0]	s[0][0]	s[0][0]	s[0][0]	s[0][0]	s[0][0]	s[0][0]	s[0][0]	s[0][0]	s[0][0]

图 6.13　二维字符数组存储状态

说明：

(1) 若初值的个数大于数组长度，则出现语法错误。

(2) 若初值个数小于数组长度，按顺序赋值后，其余元素自动赋值为空字符'\0'。例如：

char str1[9] = {'s','t','u','d','e','n', 't'};

执行该语句后：str1[7]＝str1[8]＝ '\0';

(3) 若初值个数与数组长度相同，则在赋初值时可以省略数组长度，系统会自动根据初值个数确定数组长度。例如：

char str2[ ] = {'C','h','i','n','a'};

执行该语句后，数组的长度会自动定义为 5。用这种方式可以不必去数字符个数，尤其是在赋初值的字符个数较多时这种方法比较方便。

(4) 在 C 语言中字符数组一般是与字符串联系在一起的，可以用字符串常量来给字符数组初始化。例如：

char c[ ] = {"Hello world!"};

也可以省略大括号，直接写成

char c [ ] = "Hello world!";

注意：字符串两端使用双引号而不是单引号，数组 str3 的长度不是 12，而是 13。因为是字符串常量，虽然在输入时不用输入'\0'，但系统会自动在字符串的最后加上一个'\0'，这是字符串的结束标志。其内存存储情况如图 6.14 所示。

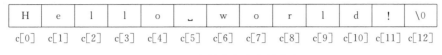

图 6.14　字符串内存存储状态

因此，下面这两个赋初值语句的结果是不同的。

```
char str3[] = {'H','e','l','l','o',' ','w','o','r','l','d','!'};
char str3[] = {"Hello world!"};
```

后者等价于：

```
char str3[] = {'H','e','l','l','o',' ','w','o','r','l','d','!','\0'};
```

（5）不可以用赋值语句给字符数组整体赋一串字符串。例如：

```
char str4[10];
str4 = "I am good!";                    /* 非法语句 */
```

6.3.3　字符数组的格式输入与输出

字符数组的格式输入可以分为逐个元素输入和整体输入两种，输出时也是分为逐个输出和整体输出两种。

1. 逐个字符的输入与输出

使用格式控制符"%c"实现逐个字符的输入与输出。

【例 6.10】　用"%c"格式输入输出字符数组的元素。

```
#include "stdafx.h"
#include <stdio.h>
#include <stdlib.h>
int main()
{   char ch[10];
    int i;
for (i = 0; i < 10; i++) scanf("%c", &ch[i])
    for(i = 0; i < 10; i++) printf ("%c", ch[i]);
    printf ("\n");
    system("pause");
    return 0;
}
```

2. 整体输入与输出字符数组

C 语言中没有字符串类型的变量，但是可用字符数组作为字符串变量来使用。使用字符数组存储字符串时，其后还要存储一个空字符'\0'作为字符串的结束标志。可以使用格式控制符"%s"实现字符串的输入与输出。例如：

```
char c[20];
```

```
scanf("%s",c);
printf("%s",c);
```

注意：

（1）在 C 语言中规定，数组名就代表该数组的首地址。整个数组是以首地址开头的一块连续的内存单元。例如：

```
char c[5] = "girl";
```

设数组 c 的首地址为 2000，也就是说 c[0]单元地址为 2000，则数组名 c 就代表这个首地址。因此在数组名 c 前面不能再加取地址运算符 &。例如：

```
scanf("%s", &c);                /*非法语句*/
```

在执行函数 printf("%s",c)时，按数组名 c 找到首地址，然后逐个输出数组中各个字符直到遇到字符串终止标志'\0'为止。在内存中的情况如图 6.15 所示。

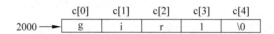

图 6.15　存储单元和内存地址的关系

（2）从键盘输入字符串时不需要加双引号""，且输出字符时不包括结束符'\0'。

（3）用"%s"格式符输入、输出字符串时，printf 函数和 scanf 函数中的输出项或输入项对应的是字符数组名，而不是数组元素。

假设有定义：

```
char str[] = "good";
```

则写成下面形式是错误的：

```
printf("%s",str[0]);            /*输出项不能为数组元素 */
scanf("%s",&str);              /*输出项的数组名前不能加 & */
```

（4）可以在一个输入或输出函数中用多个"%s"实现多个字符串的输入或输出，但是在用 scanf 函数输入某个字符串时，字符串里不能包含空格，否则系统会截取空格前的字符作为输入的字符串。例如：

```
char str[10];
scanf("%s", str);
```

当输入：dog tiger↙

存放到数组 str 内的字符串是"dog"，而不是" dog tiger "。如果想把 dog 和 tiger 都存储到内存则需要用两个数组进行存储，上面的语句应修改为：

```
char str1[5],str2[5];
scanf("%s%s", str1,str2);
```

输入：dog tiger↙

存入到 str1 数组内的字符串是" dog "，而存入到 str2 数组内的字符串是" tiger "。

（5）如果数组长度大于字符串实际长度，则遇到'\0'就停止输出。例如：

```
char w[30] = "I'm a student.";
printf("%s",w);
```

上面语句执行时，只输出"I'm a student."这个字符串，而不是输出 30 个字符。

（6）若一个字符数组包含一个以上'\0'，则遇第一个'\0'时输出就结束。

6.3.4 字符处理函数

由于字符串有其特殊性，很多常规操作都不能用处理数值型数据的方法来完成，例如赋值、比较等。此外，字符串还有一些特殊的操作，例如计算字符串长度、复制字符串、字符串的比较、查找字符串的子串和字符串的连接等。

ANSI C 语言中提供了丰富的字符串处理函数来完成这些操作，大致可分为字符串的输入、输出、合并、修改、比较、转换、复制等。使用这些函数可大大减轻编程的负担。用于输入输出的字符串函数 gets 和 puts，在使用前应包含头文件"stdio.h"，使用其他字符串函数则应包含头文件 string.h。

下面介绍几个最常用的字符串函数。

1. 字符串输出函数 puts()

格式：

puts(str)

其中，str 可以是字符串常量或字符数组名。该函数主要用于将字符数组中的字符串或字符串常量 str 一次输出到标准输出设备（屏幕），输出时将'\0'自动转换为换行符。例如：

```
char s1[] = {"Hello C!"};
puts(s1);
```

另外，可以用该函数输出包含转义字符的字符串。例如：

```
char s2[] = {"Table\nChair"};
puts(s2);
```

则输出：

```
Table
Chair
```

2. 字符串输入函数 gets()

格式：

gets(str)

其中，str 为字符数组名或字符串常量。该函数主要用于读取从标准输入设备（键盘）上输入一个字符串到 str 中，从键盘输入的字符串以回车符为结束。例如：

```
char str[5];
gets(str);
```

上面的程序段用于将从键盘输入的字符存储到字符数组 str[5]中，但是最多可以存储

4个字符,另一个空间存储的是'\0'。

说明:

(1) gets()函数可以读入包含空格字符在内的全部字符直到遇到回车符为止,这也是该函数与 scanf 函数的主要区别。例如:

```
char str[20];
```

若使用如下语句输入和输出字符串:

```
gets(str);
puts(str);
```

此时,当输入为: boy and girl ✓

则输出为: boy and girl

而如果改成用 scanf 输入,即:

```
scanf("%s",str);
puts(str);
```

当输入仍为: boy and girl ✓

则输出结果为: boy

(2) gets()函数也可以输入不可见的字符(如空格、制表符),并且该函数得到一个函数值,即为该字符数组的首地址。

(3) 当使用 gets()函数输入字符数大于字符数组的长度时,则多出的字符会存放在数组的合法存储空间之外。

(4) 用 puts()和 gets()函数只能输出输入一个字符串,不能写成 puts(str1,str2)或 gets(str1,str2)。

3. 字符输入函数 getchar()

格式:

```
getchar()
```

getchar()函数用于从标准输入设备(键盘)一次输入一个字符,输入的字符可以是任意 ASCII 字符(包含回车符)。例如:

```
char str[5];
int i;
for(i = 0;i < 5;i++)
    str[i] = getchar();
str[5] = '\0';                    /*字符串结束符号*/
puts(str);
```

由于 getchar()函数输入的是单个字符,因此在 for 循环结束后得到的不是字符串而是字符数组,因此要用语句"str[5]= '\0';"加上字符串结束符号,这样 str 才是一个完整的字符串。

4. 字符输出函数 putchar()

格式:

```
putchar(ch)
```

其中,ch 为一个字符。putchar()函数用于将一个字符 ch 输出到标准输出设备(屏幕)上。例如:

```
char str[20] = {"How do you do!"};
int i;
for(i = 0;i < 19;i++)
    putchar(str[i]);
```

5. 字符串连接函数 strcat()
格式:

strcat(str1,str2)

其中,str1 是数组名,str2 可以是数组名或字符串常量。strcat()函数把字符数组 str2 中的字符串连接到字符数组 str1 中字符串的后面,并删去字符串 str1 后的串结束标志'\0',只在新串最后保留一个'\0'。该函数返回值是字符数组 str1 的首地址。需要注意的是,调用该函数时,字符数组 str1 的空间必须足够大,否则不能全部装入被连接的字符串。

例如:

```
char s1[25] = "Computer ";
char s2[ ] = "department";
strcat(s1,s2);
```

字符串连接前后的状态如图 6.16 所示。

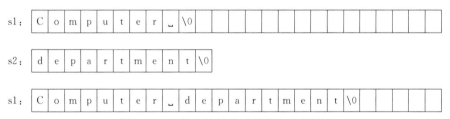

图 6.16 字符串连接前后的状态示意图

6. 字符串复制函数 strcpy()
格式:

strcpy(str1,str2)

其中,str1 是数组名,str2 可以是数组名或字符串常量。strcpy()函数把字符串 str2 复制到字符数组 str1 中,串结束标志'\0'也一同复制。常用此函数将一个字符串常量或字符数组赋值给其他字符数组。例如:

```
char c1[10],c2[] = "Happy";
strcpy(s1,s2);
```

或

```
char c1[10];
strcpy(c1, "Happy");
```

两者的功能是一样的,执行后字符数组 c1 的状态如图 6.17 所示。

c1:	H	a	p	p	y	\0				

图 6.17　字符串复制到字符数组的存储示意图

说明：

（1）字符数组 str1 的长度必须大于 str2 的长度，且足够容纳字符串 str2，否则不能全部装入所复制的字符串。

（2）将字符串 str2 赋值到字符数组 str1 中时，遇到第一个'\0'结束复制。

（3）可以用 strcpy 函数将字符串 str2 中前面若干个字符复制到字符数组中去。例如：

```
strcpy (c1,c2,4);
```

其作用是将字符串 c2 前面 3 个字符复制到字符数组 c1 中去，然后再加一个'\0'，综合前面关于 c1,c2 的定义，上面语句的结果是 c1 的内容为"Happ"。

（4）不能用赋值语句将一个字符串常量或字符数组直接赋值给另一个字符数组。例如：

```
char str1[10],str2[10];
str1 = { "Angry"};                    /* 非法操作 */
    str2 = str1;                      /* 非法操作 */
```

7. 字符串比较函数 strcmp()

格式：

strcmp(str1, str2)

其中，str1、str2 可以是数组名或字符串常量。该函数比较字符串 str1 和字符串 str2，从左到右逐个字符按照 ASCII 码值的大小比较两个字符串，直到出现字符不一样或遇到字符'\0'为止不再比较，并由函数返回值返回比较结果。该函数的返回值有如下三种情况：

$$\text{strcmp(str1,str2)} \begin{cases} =0, \text{当 str1}==\text{str2 时} \\ >0, \text{当 str1}>\text{str2 时} \\ <0, \text{当 str1}<\text{str2 时} \end{cases}$$

例如：

```
int n;
char ch1[] = {"I like C."};
char ch2[] = {"I like Java."};
n = strcmp(ch1,ch2);                  /* 返回值为 -1 */
n = strcmp("China","China");          /* 返回值为 0 */
```

注意：

比较两个字符串时，不能用关系运算符，只能用字符串比较函数来比较。例如：

```
if(s1 == s2) printf ("yes");          /* 非法语句 */
```

而只能用：

```
if(strcmp(s1,s2) == 0) printf ("yes");     /* 合法语句 */
```

8. 求字符串长度函数 strlen()

格式：

strlen(str)

其中，str 可以是字符串常量，也可以是字符数组名。该函数求字符串的实际长度（不含字符串结束标志'\0'）并作为函数返回值。

例如：

```
char s[20] = "C programming";
printf (" % d",strlen(str));
```

也可以改写成：

```
printf (" % d",strlen("C programming"));
```

输出结果为：13

9. 字符串大小写转换函数 strlwr() 和 strupr()

格式：

strlwr(str)
strupr(str)

其中，str 可以是字符串常量，也可以是字符数组名。strlwr()函数用于将字符串 str 中的大写字母转换为小写字母；strupr()函数用于将字符串 str 中的小写字母转换为大写字母。例如：

```
strlwr("Yes");                    / * 将大写字母 Y 转换成小写 y * /
strupr("No");                     / * 将小写字母 o 转换成大写 O * /
```

6.3.5 字符数组应用举例

【例 6.11】 输入一行字符，统计其中单词的个数，输入的单词之间用空格隔开。

```
# include "stdafx. h"
# include < stdio. h >
# include < string. h >
# include < stdlib. h >
int main() {
char arr[40];                     / * 定义字符数组 * /
int i = 0, number = 0,temp = 0;
printf("请输入一行字符: \n");
gets(arr);
for (i = 0;i < strlen(arr);i++) {
if (arr[i] == ' ') {
  temp = 0;
}
else if(temp == 0) {
number++;
temp = 1;
    }
```

```
    }
    printf("单词的个数是：% d\n", number);
    system("pause");
    return 0;
    }
```

程序运行结果如图 6.18 所示。

图 6.18   查找字符串中单词个数

【例 6.12】   将数字字符串转换为十进制整数，例如将字符串"156"转换成数值 156。

分析：首先要将字符串存入到字符数组中，接着利用字符'1'、'2'、'3'的 ASCII 码值分别减去'0'这个字符的 ASCII 码值就可以得到数值 1、2、3，然后再在循环结构中用累加器乘 10 累加即可。

程序代码如下：

```
# include "stdafx. h"
# include < stdio. h>
# include < stdlib. h>
int main()
{
    int i = 0;char s[20];
    long n = 0;
    gets(s);
    for(i = 0;s[i]!= '\0';i++)
        if(s[i]<= '9'&&s[i]>= '0') n = n * 10 + (s[i] – '0');
        else break;
    printf(" % ld\n",n);
    system("pause");
    return 0;
}
```

【例 6.13】   从键盘分别读入一个字符串和一个字符，要求：查找输入的字符是否存在于字符串中，若存在，输出出现的次数，否则输出"没有找到该字符"。

程序代码如下：

```
# include "stdafx. h"
# include < stdio. h>
# include < string. h>
# include < stdlib. h>
int main() {
int i, sum = 0;
char address[20];
printf("请输入一个字符串：\n");
gets(address);
char findChar;
printf("请再输入一个字符：\n");
scanf(" % c", &findChar);
for (i = 0; i < strlen(address); i++) {
if (address[i] == findChar) {
sum++;
```

```
        }
    }
    if (sum!= 0) {
    printf("查找到了: % d", sum);
    } else {
    printf("没有找到该字符!"); }
    system("pause");
    return 0;}
```

【例 6.14】 输入 5 个国家的名称,按字母顺序排列输出。

分析:一个国家的名称即为一个字符串,可以使用一个一维字符数组存放,那么 5 个国家的名称(5 个字符串)就需要 5 个一维字符数组,因此可以定义一个二维字符数组,作为存储多个字符串的数组,其每一行即为存储一个字符串的一维数组。然后通过字符串比较函数 strcmp()实现字符串间的比较,进而实现字符串的排序。

程序代码如下:

```
# include "stdafx. h"
# include < stdio. h>
# include < stdlib. h>
# include < string. h>
int main( ) {
    char temp[20],countrys[5][20];
    int i,j,k;
    printf("input 5 country's name:\n");
    for(i = 0;i < 5;i++) gets(countrys[i]);
    for(i = 0;i < 4;i++)                    / * 利用选择法进行排序 * /
    {   k = i;
        for(j = i + 1;j < 5;j++)
            if(strcmp(countrys[j],countrys[k])< 0) k = j;
        if(k!= i)
        {   strcpy(temp,countrys[i]);
            strcpy(countrys[i],countrys[k]);
            strcpy(countrys[k],temp); }
    }
    for(i = 0;i < 5;i++) puts(countrys[i]);
    system("pause");
return 0;}
```

程序运行结果如图 6.19 所示。

图 6.19 5 个国家按字母顺序排序

习　题　6

一、选择题

6.1　以下在定义数组 a 的同时,给 a 数组中元素赋初始值 0,正确的是(　　)。

　　A. int a[3]={0};　　　　　　　　　　B. int a[3]=(0,0,0);

　　C. int a[3]={ };　　　　　　　　　　D. int a[3]={5,0};

6.2　以下程序段给数组所有元素输入数据,应在下列程序的空白处填入的是(　　)。

```
# include < stdio. h >
void main( )
{   int a[5],i = 0;
    while(i < 5)scanf(" % d"_____);
    …
}
```

　　A. &a[i]　　　　　B. &a[i+l]　　　　C. a[i++]　　　　D. &a[i++]

6.3　以下程序的输出结果是(　　)。

```
# include < stdio. h >
void main( )
{   int i = 1,a[ ] = {1,5,10,9,13,7};
    while(a[i]<= 10) a[i++] += 2;
    for(i = 0;i < 6;i++)
    printf(" % d",a[i]);
}
```

　　A. 2 7 12 11 13 9　　　　　　　　　B. 1 7 12 11 13 7

　　C. 1 7 12 11 13 9　　　　　　　　　D. 1 7 12 9 13 7

6.4　以下对 C 语言字符数组的描述错误是(　　)。

　　A. 字符数组可以存放字符串

　　B. 字符数组中的字符串可以整体输入、输出

　　C. 可以在赋值语句中通过赋值运算符对字符数组整体赋值

　　D. 字符数组中字符串的结束标志是'\0'

6.5　当从键盘输入 18 并回车后,下面程序的运行结果是(　　)。

```
# include < stdio. h >
void main( )
{   int x,y,i,a[8],j,u,v;
    scanf(" % d",&x);
    y = x; i = 0;
    do
    {   u = y/2;
        a[i] = y % 2;
        i++; y = u;
    }while(y >= 1);
    for(j = i - 1;j >= 0;j-- ) printf(" % d",a[j]);
}
```

　　A. 01001　　　　　B. 10010　　　　　C. 01010　　　　　D. 10001

6.6 若有声明语句"int a[5],b[2][3];",则以下对数组元素赋值的操作中,不会出现越界访问的是( )。

    A. a[−1]=1   B. a[5]=0   C. b[1][3]=0   D. b[0][0]=0

6.7 设"int i,x[3][3]={1,2,3,4,5,6,7,8,9};",则下面语句的输出结果是( )。

```
for(i = 0;i < 3;i++)
  printf(" % d",x[i][2 - i]);
```

    A. 147   B. 159   C. 357   D. 369

6.8 以下语句把字符串"Hello"赋值给字符数组,不正确的语句是( )。

    A. char s[ ]= "Hello";   B. char s[5]= "Hello";
    C. char s[ ]={"Hello"};   D. char s[ ]={ 'H','e','l','l', 'o','\0'};

6.9 为了判断两个字符串 s1 和 s2 是否相等,应当使用( )。

    A. if (s1= =s2)   B. if (s1=s2)
    C. if (strcpy(s1,s2))   D. if (strcmp(s1,s2)= =0)

6.10 若有定义语句"char s1 [ ]="abc",s2[9],s3[ ]= "ABCD",s4[ ]={ 'a', 'b', 'c'};",则对库函数 strcpy 不正确的调用是( )。

    A. strcpy(s1, "Ok!")   B. strcpy(s2, "Ok!")
    C. strcpy(s3, "Ok!")   D. strcpy(s4, "Ok!")

6.11 以下不能对二维数组 a 进行正确的初始化的语句是( )。

    A. int a[2][3]={0};
    B. int a[2][3]={{1},{3,4,5}};
    C. int a[2][3]={{1,2},{3,4},{5,6}};
    D. int a[ ][3]={1,2,3,4,5};

6.12 若"a[ ][3]={1,2,3,4,5,6,7};",则 a 数组第一维的大小是( )。

    A. 2   B. 3   C. 4   D. 无确定值

6.13 以下程序的输出结果是( )。

```
# include < stdio. h>
void main( )
  { int m[3][3]={{1},{2},{3}};
    int n[3][3] = {1,2,3};
    printf(" % d\n",m[2][0] + n[0][2]);
  }
```

    A. 0   B. 4   C. 6   D. 3

6.14 以下程序的输出结果是( )。

```
# include < stdio. h>
void main( )
{ char s1[20] = "China",s2[20] = "for",s[10];
   if(strcmp(s1,s2))  printf(" % s\n", strcat(s2,s1));
   else  printf(" % d\n",strlen(s1));
}
```

    A. Chinafor   B. 5   C. forChina   D. 3

6.15 运行以下程序：

```
#include <stdio.h>
#define N 6
void main( )
{ char c[N]; int i = 0;
   for(i = 0; i < N; i++)  c[i] = getchar( );
     for(i = 0;i < N; i++)  putchar(c[i]);
   }
   当输入:A
          B
          CDEF
```

则程序的输出结果是(   )。

  A. ABCDEF   B. A   C. A   D. A

                              B   B   B

                              C   CD   CDEF

                              D

                              E

                              F

二、填空题

6.16 若有以下定义"double f[10];"，则 f 数组元素下标的上限是 _____，下限是 _____。

6.17 若有以下程序：

```
#include <stdio.h>
void main()
{ int i,a[10];
  for(i = 0;i < 10;i++)
  scanf("%d",&a[i]);
  while(i > 0)
  {    printf("%3d",a[--i]);
       if(!(i%5))
             putchar('\n');
  }
}
```

则输入数据 1 2 3 4 5 6 7 8 9 10 后,程序的输出结果是 _____。

6.18 以下程序的输出结果为 _____。

```
#include <stdio.h>
void main( )
{   int a[3][3] = {{1,2},{3,4},{5,6}},i,j,s = 0;
   for(i = 1;i < 3;i++)
     for(j = 0;j <= i;j++)
       s += a[i][j];
   printf("%d\n",s);
}
```

6.19 下面程序以每行 4 个数据的形式输出 a 数组,请填空。

```
#define N 20
```

```
# include < stdio. h>
void main( )
{  int a[N],i;
   for(i = 0;i < N;i++) scanf(" % d",_____);
   for(i = 0i < N;i++)
   {  if (_____)_____;
      printf(" % 3d",a[i]);
   }
   printf("\n");
}
```

6.20 以下程序的输出结果是_____。

```
# include < stdio. h>
void main( )
{  int   i,j,row,col,m;
   int arr[3][3] = {{10,20,30},{25,12, - 30},{ - 85,2,6}};
   m = arr[0][0];
   for(i = 0;  i < 3;  i++)
      for(j = 0;   j < 3;j++)
         if (arr[i][j]< m) { m = arr[i][j]; row = i; col = j; }
   printf(" % d, % d, % d\n", m,row,col);
}
```

6.21 写出以下程序的输出结果_____。

```
# include < stdio. h>
void main( )
{  int i = 0;
   char c, s[ ] = "CABA";
   while(c = s[i])
   {  switch(c)
      {  case 'A': i++;break;
         case 'B': ++i;
         default: putchar(c); i++;
      }
      putchar(' * ');
   }
}
```

6.22 以下程序检查二维数组是否对称,即对所有i,j都有a[i][j]＝a[j][i]。

```
# include < stdio. h>
void main( )
{  int a[4][4] = {1,2,3,4,2,2,5,6,3,5,3,7,8,6,7,4};
   int i,j,found = 0;
   for(j = 0;j < 4;j++)
   {  if(found) break;
      for(i = 0;i < 4;i++)
      if(_____)
      {found = _____;
      break;
   }
   }
   if (found)  printf("不对称\n");
```

```
    else printf("对称\n");
    }
```

6.23 为数组输入数据,逆序置换后输出。逆序置换是指:数组的首元素和末元素置换,第二个元素和倒数第二个元素置换,……

```
#define N 8
#include<stdio.h>
void main( )
{   int i,j,t,a[N];
    for(i=0;i<N,i++)scanf("%d",a+i);
    i=0; j=N-1;
    while(i<j)
    {   t=*(a+i);_____;
        _____=t;
        i++;_____;
    }
    for(i=0;i<N;i++)printf("%5d",*(a+i));
}
```

三、编程题

6.24 将两个从小到大有序整型数组 a 和 b 合并成一个有序整型数组 c。

6.25 输入一行字符,统计其中的数字、字母、空格和其他字符出现的次数。

6.26 有 100 个编号的产品,编号从 101 到 200,从中随机抽取 10 个产品检验。编写程序,由大到小输出被抽取的产品编号。

6.27 狐狸捉兔子问题:围绕着山顶有 10 个洞,狐狸要吃兔子,兔子说:"可以,但必须找到我,我就藏身于这 10 个洞中,你从 10 号洞出发,先到 1 号洞找,第二次隔一个洞找,第三次隔两个洞找,以后如此类推,次数不限。"但狐狸从早到晚进进出出 1000 次,仍没有找到兔子。问:兔子究竟藏在哪个洞里?

6.28 读入 m×n(可认为 10×10)个实数放到 m 行 n 列的二维数组中,求该二维数组各行的平均值,分别放到一个一维数组中,并打印一维数组。

6.29 编写程序打印出以下形式的九九乘法表。

```
                    **  A MULTIPLICATION YABLE  **
        (1)    (2)   (3)   (4)   (5)   (6)   (7)   (8)   (9)
    (1) 1      2     3     4     5     6     7     8     9
    (2) 2      4     6     8     10    12    14    16    18
    (3) 3      6     9     12    15    18    21    24    27
    (4) 4      8     12    16    20    24    28    32    36
    (5) 5      10    15    20    25    30    35    40    45
    (6) 6      12    18    24    30    36    42    48    54
    (7) 7      14    21    28    35    42    49    56    64
    (8) 8      16    24    32    40    48    56    64    72
    (9) 9      18    27    36    45    56    63    72    81
```

6.30 从键盘输入一个字符串 a,并在 a 串中的最大元素后边插入字符串"ab",试编程。

第7章　　　　函　　数

一个较大的程序一般应分为若干个程序模块,每一个模块用来实现一个特定的功能。所有的高级语言中都有子程序这个概念,用子程序实现模块的功能。在 C 语言中,子程序的作用是由函数来完成的。C 语言源程序是由一个或多个函数组成的,在前面各章的例子中,都用到了以 main 命名的主函数,并且在程序中频繁调用了编译系统提供的标准库函数 printf、scanf 等,用户也可以根据实际任务,编写自定义的函数。函数是 C 源程序的基本模块,通过对函数模块的调用实现特定的功能,这些函数模块可以保存在一个或几个源程序文件中,在 main 函数的统一调度下实现程序的完整功能。C 语言程序的这种结构特点有利于提高软件开发的效率,改善软件质量。本章介绍模块化程序设计思想,函数的定义与调用方法,函数之间参数传递方式以及变量的作用域方面的知识。

7.1　模块化程序设计思想及函数分类

7.1.1　模块化程序设计思想

一个实现复杂任务的程序一般应划分为若干个程序模块,每个模块用来实现一个子任务。模块化程序设计的基本思想就是分而治之,即把较为复杂的大程序分解成相对简单的一些小模块,形成层次调用关系,各模块有机地结合在一起,相互配合完成复杂功能。从程序的实现角度看,就是将程序模块化。模块化是结构化程序设计思想的基本组成部分,在 C 语言中模块是用函数来实现的。

C 语言是一种高级程序开发语言,它提供模块化软件开发的功能:

(1) 一个程序由一个或多个模块组成,每一个程序模块作为一个源程序文件。对较大的程序,一般不希望把所有内容全放在一个文件中,而是将它们分别放在若干个源文件中,再由若干个源程序文件组成一个 C 程序。这样便于分别编写、编译,提高调试效率。一个源程序文件可以为多个 C 程序共用。

(2) 一个模块只做一个事情,模块的功能充分独立。模块内部的联系要紧密,模块之间的联系要少。模块之间通过接口(形参或外部变量)通信,模块内部的实现细节在模块外部要尽可能不可见。

(3) 最上层的模块称为主控模块,下层模块称为子模块,通过主控模块将各子模块组织在一起。

7.1.2　函数的分类

在 C 语言中可从不同的角度对函数进行分类。

1. 从使用角度划分,函数可分为标准函数和自定义函数

(1)标准函数:标准函数即库函数,由系统提供,用户无须定义,只需在程序前使用♯include 命令来包含有该函数原型的头文件即可。在前面各章的例题中反复用到的 printf、scanf、getchar、putchar 等函数均属此类。

(2)自定义函数:由用户按需要写的函数。对于用户自定义函数,不仅要在程序中定义函数本身,有时在主调函数模块中还需对该被调函数进行说明,然后才能使用。

2. 从函数形式划分,可分为无参函数和有参函数

(1)无参函数:函数定义、函数说明及函数调用中均不带参数。主调函数和被调函数之间不进行参数传递。这类函数通常用来完成一组指定的功能,可以返回或不返回函数值。

(2)有参函数:也称为带参函数。调用这类函数时,主调函数需要向被调用函数传递相关数据,一般情况下,执行被调用函数时会得到一个函数值,供主调函数使用。

7.2　系　统　函　数

C 语言的系统函数也称库函数或标准函数,例如数学函数、字符函数、字符串函数、输入输出函数等。对于这些函数,C 系统已经定义完毕,用户可以直接使用。调用系统函数,应在源程序开始处用♯include 编译预处理命令包含这一类函数所在的头文件名。

例如,经常在程序的开始部分包含:

```
♯include <stdio.h>
```

就是因为在函数当中要调用系统函数 printf 和 scanf,而这两个函数的定义就是在 stdio.h 这个头文件中给出的,直接引用就可以。

其中,常用的一些函数头文件包括数学函数的头文件 math.h、字符和字符串函数的头文件 string.h、输入输出函数的头文件名 stdio.h 等,具体参见附录 D。

C 语言提供了极为丰富的库函数,这些库函数可以完成很多功能,其具体定义及功能参见附录 D。

7.3　用户自定义函数

7.3.1　函数的定义

在 C 语言中,所有的函数定义,包括主函数 main 在内,都是平行的。也就是说,函数定义的位置必须放在所有函数的外部,不能在函数的内部定义函数。

1. 无参函数的定义

无参函数的定义形式为:

```
类型标识符　函数名()
{ 声明部分
   语句
}
```

说明:

（1）函数的定义包括函数头和函数体两部分。其中类型标识符和函数名称为函数头。

（2）函数名是由用户定义的标识符，要符合 C 语言的命名规则。

（3）类型标识符指明了函数返回值的类型。该类型标识符与前面介绍的各种说明符相同。如果返回值为 int 型，则函数类型标识符可以省略；如果不返回值，只是完成一些操作，则可以写成 void。

（4）函数名后有一个空括号，其中无参数，但括号不可以少。

（5）{}中的内容称为函数体。函数体中的声明部分，是对函数体内部所用到的变量的类型说明。

（6）在很多情况下都不要求无参函数有返回值，此时函数类型符可以写为 void。

【例 7.1】 调用两个无参函数，实现第一个函数程序。

```
# include "stdafx. h"
# include <stdio. h>
# include <stdlib. h>
int main( )
{   print_hanshu( );
    hello( );
    print_hanshu( );
    system("pause");
    return 0;
}
print_hanshu( )
{   printf("这是我的第一个函数程序\n"); }
void hello( )
{   printf("Hello,world\n"); }
```

运行结果：

```
这是我的第一个函数程序
Hello,world
这是我的第一个函数程序
```

这个程序里有 3 个函数，其中 main 早已熟悉，它在 C 语言中是必须的，C 程序总是从 main 函数处开始执行。而函数 print_hanshu 和 hello 分别完成输出一行文字和输出一行信息的功能，其形式与 main 函数相似，只不过把 main 改为 print_hanshu 和 hello 作为函数名，其余不变。

2. 有参函数定义

有参函数定义的一般形式为：

```
类型标识符    函数名(形式参数表)
{ 声明部分
    语句部分
}
```

说明：

（1）"类型标识符"用来指定函数的返回值的类型。有参函数也可以不返回值，此时"类型标识符"应指定为 void。若函数的类型标识符省略，则函数返回值的类型默认为 int 型。

（2）函数名的取名规则与变量名相同。

（3）形式参数表用来接收传入的数据（实参），其每个参数的一般形式为：

类型说明　变量名

形参之间用逗号分隔，必须在形参表中给出形参的类型说明。

（4）当函数有多个形参变量时，每个形参变量的类型要分别说明，即使它们属于同一种类型。如以下函数头的写法是错误的：

```
int min( int a,b)
```

应改写为：

```
int min( int a, int b)
```

（5）大括号括起来的部分称为函数体。函数体中的说明部分是对函数内所使用的变量类型进行说明，函数体的语句部分是用来完成指定的任务的。

（6）可以有空函数，它的定义形式为：

类型名　函数名([形参表])
```
{ }
```

例如：

```
dummy( )
{ }
```

此空函数不产生任何操作，但确实是 C 语言的合法函数，只是为了在主调函数中写上该空函数，方便以后扩充新功能。所以空函数在程序设计中常常是有用的。

注意：在 C 程序中，一个函数的定义可以放在任意位置，既可放在主函数 main 之前，也可以放在 main 之后。

7.3.2　函数的参数和函数的值

1. 形式参数和实际参数

在函数调用时，一般主调函数需要传递要处理的数据给被调函数，被调函数需要把处理结果返回给主调函数，参数的作用就是从主调函数向被调函数传递数据。

前面已经介绍过，函数定义中用的参数叫做形式参数，简称形参，其在整个函数体内都可以使用，离开该函数则不能使用；主调函数中对应的参数称作实际参数，简称实参。形参和实参的功能是做数据传送。对于实参和形参做出以下说明：

（1）函数定义中的形参，在函数未被调用时不占内存中的存储单元。只有在函数调用发生时，形参才被分配内存单元。调用结束后，形参所占内存单元被释放。

（2）实参可以是常量、变量、表达式、函数等，无论实参是何种类型的量，在进行函数调用时，它们都必须具有确定的值，以便把这些值传送给形参。因此应预先用赋值、输入等办法使实参获得确定值。

（3）实参和形参的类型、顺序等要一致，否则会出现"类型不匹配"的错误。

（4）函数调用中发生的数据传送是单向的。即只能把实参的值传送给形参，而不能把形参的值反向地传送给实参。

在调用函数时,给形参分配存储单元并将实参的值传递给形参,调用结束后,形参单元被释放。因此,在执行一个被调用函数时,形参的值如果发生变化,并不会改变主调函数的实参的值。

【例 7.2】 比较两个整数,输出其中的较大数。

程序分析:首先要定义一个整型函数 max,作用是对两个整数进行比较,返回其中的较大值,因此需要两个变量(形参)来存放数据。main 函数中为了得到比较结果,在调用时应把要比较的数据(实参)传送给函数 max。

程序代码如下:

```
# include "stdafx. h"
# include < stdio. h>
# include < stdlib. h>
int main()
{    int a,b,c;
     printf("input two integers:\n");
     scanf(" % d, % d",&a,&b);
     c = max(a,b);
     printf("Max =  % d",c);
     system("pause");
     return 0;
}
max( int x, int y)
{    int z;
     z = x > y?x:y;
     return(z);
}
```

在上面的例题中,执行到"c=max(a,b);"时,发生函数调用,这时将实际参数 a、b 的值分别传递给形式参数 x、y,进入 max 函数的执行过程。max 函数执行完毕时要向主调函数中的调用处返回较大值,并将返回值赋给变量 c,程序中使用了 return 语句。

2. 函数的返回值

通常希望通过函数调用能得到一个确定的值,这个值就是函数的返回值。函数调用返回是通过函数中的 return 语句获得的。

return 语句的一般形式为:

return(表达式);

或

return 表达式;

注意:

(1)系统执行该语句时,先要计算表达式的值,然后再把计算结果返回到调用处。

(2)如果表达式的值与函数类型不符,则以函数类型为准,系统自动进行类型转换。

(3)有返回值的函数中至少应有一个 return 语句;如果函数没有返回值,可以省略return 语句。

例如：

```
void fun(int x)
{ … }
```

一旦函数被定义为空类型后，就不能在主调函数中使用被调函数的函数值了。如对上面定义的函数 fun，若在主函数中有如下语句：

```
sum = fun(n);
```

就是错误的，因为 fun 无任何返回值，其不可以出现在任何表达式中，当然也不可能出现在赋值表达式中。对于上面定义的 fun 函数只能用如下的调用语句进行调用：

```
fun(n);
```

为了使程序有良好的可读性并减少出错，凡不要求返回值的函数都应定义为空类型。

7.3.3　函数的调用

1. 函数调用的一般形式

前面已经介绍过，在 C 程序中是通过对函数的调用来执行函数体的，其过程与其他语言的子程序调用相似。

C 语言中，函数调用的一般形式为：

函数名(实际参数表)

说明：

（1）调用无参函数时则无实际参数表。则其调用形式为：

函数名();

注意，函数名后面的一对括号不能少。

（2）实际参数表中的参数可以是常数、变量或其他构造类型数据及表达式。

（3）实参个数多于一个时，在实参之间用逗号分隔。

2. 函数调用的方式

与标准函数一样，用户自定义的函数调用方式有以下几种：

（1）表达式调用：函数作为表达式中的一项出现在表达式中，以函数返回值参与表达式的运算。这种方式要求函数是有返回值的。例如：

```
c = min(a,b);              /*赋值表达式,把 min 函数的返回值赋给变量 c*/
if(add(x,y)>0)             /*条件表达式,add 函数返回值和 0 比较作为 if 的判断条件*/
```

（2）作为独立的语句调用：函数调用的一般形式加上分号即构成函数语句。例如：

```
printstar();
```

（3）函数的参数：函数作为另一个函数调用的实际参数出现。这种情况是把该函数的返回值作为实参进行传送，因此要求该函数必须是有返回值的。例如：

```
c = min(min(x,y),z);
```

对函数的调用做以下几点说明：

（1）调用函数时，函数名必须与所调用的函数名完全一致。

（2）实参的个数必须与形参的个数一致，在类型上应与形参一一对应匹配。如果类型不匹配，C编译程序将按赋值兼容的规则进行转换，若实参和形参的类型不赋值兼容，通常不给出错信息，程序仍继续执行，只是不会得出正确的结果。因此，应该特别注意实参与形参的类型匹配问题。

（3）一般来说，函数必须先定义，后调用。若函数定义在后，调用在先，则在函数调用之前还必须对函数进行声明。

【例7.3】 用函数实现求两个数之和的程序。

```
# include "stdafx.h"
# include <stdio.h>
# include <stdlib.h>
double add(double a,double b)
{   double s;
    s = a + b;
    return s;
}
int main( )
{   double y,p,q;
    scanf("% lf % lf",&p,&q);
    y = add(p,q);
    printf("sum is % f",y);
    system("pause");
    return 0;
}
```

上述程序中函数 add 的定义也可以放在主调函数之后，但必须在主调函数中对其声明。上述例题可改为：

```
# include "stdafx.h"
# include <stdio.h>
# include <stdlib.h>
int main( )
{   double add(double a,double b);       /* 函数声明 */
    double y,p,q;
    scanf("% lf % f",&p,&q);
    y = add(p,q);
    printf("sum is % f",y);
    system("pause");
    return 0;
}
double add(double a, double b)
{   double s;
s = a + b;
return s;
}
```

程序中的第二行"double add(double a,double b);"是对被调函数 add 的"声明"。

注意：函数的"声明"与函数的"定义"不是一回事。

本节后面将对函数的声明进行专门介绍。

（4）主调函数与被调函数必须放在同一个文件中。

（5）如果在函数的外部对被调函数做了声明,则在主调函数中不必再对被调函数做声明。例如：

```
char letter(char x,char y);   /* 函数声明 */
float f(float x, float y);    /* 函数声明 */
int main( )                   /* 在 main 函数中不必对 letter、f 函数做类型说明 */
{
    …
}
char letter (char c1,char c2)
{
    …
}
float f(float x,float y)
{
    …
}
```

3. 被调用函数的声明

函数的声明就是调用某函数之前应在主调函数中对该被调函数进行说明(声明),表明要调用某函数,这与使用变量之前要先进行变量说明是一样的。在主调函数中对被调函数做声明的目的是通知编译系统被调函数返回值的类型及其参数的相关信息,以便在主调函数中对被调函数进行相应的处理。

函数声明的一般形式为：

类型说明符　被调函数名(参数类型 1 形参名 1,参数类型 2 形参名 2, …);

说明：

（1）如果被调函数在主调函数之前定义,可以不在主调函数中声明被调函数。例如：

```
int min( int x,int y)
{
    …
}
int main( )
{   int a = 1,b = 2,c;
    printf("min = % d\n",c);
}
```

（2）C 语言中允许把函数声明写在程序的开始处。例如：

```
void fun(float x,float y);
int main( )
{   …
    fun(a,b);
    …
}
void fun(float x,float y)
{
```

```
    ...
}
```

（3）函数声明可以省略形参，但是形参的类型不能省略。

例如，对前面 add 函数的声明：

```
double add(double a,double b);
```

可改为：

```
double add(double, double );
```

实际上对函数的声明，通常采用这种形式。

【例 7.4】 对被调用函数做声明。

```
# include "stdafx. h"
# include < stdio. h >
# include < stdlib. h >
int main( )
{   int a = 1,b = 2;
    void swap(int, int);       /* 对被调用函数 swap 的声明 */
    swap(a,b);                 /* 函数调用 */
    printf("a = % d,b = % d\n",a,b);
    system("pause");
    return 0;
}
void swap( int x,int y)         /* 函数定义 */
{   int t;
    t = x; x = y; y = t;
    printf("x = % d,y = % d\n",x,y);
}
```

程序运行结果如下：

```
x = 2,y = 1
a = 1,b = 2
```

注意：从形式看函数定义和函数声明非常相似，但函数的定义和声明不是一回事，要严格区分。"定义"是对函数功能的确立，包括指定函数名、函数返回值类型、参数及其类型、函数体等，它是一个完整的、独立的函数单位。而"声明"的作用则是把函数的名字、函数的类型及形参的类型、个数和顺序通知编译系统，以便在调用该函数时系统按此进行检查是否和函数定义相一致。

4. 函数的嵌套调用

C 语言中不允许做嵌套的函数定义，即所有函数的定义都应在函数的外部进行。但是 C 语言允许在一个函数的定义中出现对另一个函数的调用，即嵌套调用。这与其他语言的子程序嵌套的情形是类似的。

例如，图 7.1(a)所示的某个程序中定义了 3 个函数，main 函数、a 函数及 b 函数。当程序执行时，函数间的嵌套调用关系如图 7.1(b)。该程序的执行过程是：首先执行 main 函数的函数体；当遇到调用 a 函数的语句时，即转去执行 a 函数的函数体；在 a 函数中调用 b

函数时,又转去执行 b 函数;b 函数执行完毕返回 a 函数的断点继续执行 a 函数体的剩余语句;a 函数执行完毕后返回 main 函数的断点继续执行,直至程序结束。

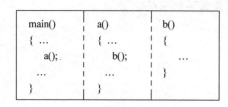

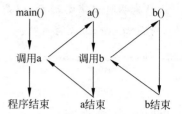

(a) 某程序中定义的三个函数   (b) 程序执行时函数的嵌套调用关系

图 7.1   某程序中定义的函数及函数间的嵌套调用关系

【例 7.5】 求两个整数的最小公倍数。

分析:本题可编写两个函数,其中 f1 用来计算两个整数的最大公约数,f2 用来计算两个整数的最小公倍数。

程序代码如下:

```c
#include "stdafx.h"
#include <stdio.h>
#include <stdlib.h>
int f1(int x, int y)            /*求整数 x,y 的最大公约数*/
{   int m;
    if(x<y) { m=x; x=y; y=m; }
    while(( m=x%y ) != 0)
        {x=y;
         y=m;
        }
    return(y);
}
int f2(int x, int y)            /*求整数 x,y 的最小公倍数 */
{   int m;
    m=x*y/f1(x,y);
    return (m);
}
int main( )
{ int x,y,z;
printf("请输入两个整数:");
scanf("%d,%d",&x,&y);
z=f2(x,y);
printf("输出最小公倍数是:%d",z);
system("pause");
return 0;
}
```

如果输入的值为 69 和 84,则程序的运行结果如下:

请输入两个整数:6984↙
输出最小公倍数是:1932

在主程序中,执行循环程序依次把 x,y 值作为实参调用函数 f2,而在 f2 中又发生对函数 f1 的调用。至此,由函数的嵌套调用实现了题目的要求。

7.4 函数间的数据传递

C 语言程序是由若干个相对独立的函数组成的,但是,各个函数间处理的往往是同一批数据,在程序运行期间,函数之间必然存在着数据相互传递的过程。函数间的数据传递可以通过三种方式实现:

(1) 实参和形参之间进行数据传递。

(2) 通过 return 语句把函数值返回给主调函数。

(3) 通过全局变量进行数据传递。

由于使用 return 语句来返回函数运算结果的方法上面已经介绍,通过全局变量进行数据传递将在 7.7 节进行介绍,本节主要介绍实参和形参之间的数据传递方法。

在定义函数时,所使用的参数是形式参数,表示一个函数被调用时所需的一些必要信息。而在调用函数时,所使用的参数是实际参数,是主调函数向被调函数提供的一些需要处理的具体信息。在调用函数时,实参的值会被传递到被调函数的形参中,以达到传递数据的目的。

函数参数间的数据传递可以通过按值传递和按地址传递两种方式实现。

1. 按值传递

按值传递指的是函数调用时,系统才为形参分配内存单元,并将实参的值复制到形参中;调用结束,形参单元被释放,实参单元仍保留并维持原值。这种方式又称为传值调用。

传值调用时,实参可以是常量、已经赋值的变量或表达式值,甚至是另一个函数,只要它们有一个确定的值,被调函数的形参就可以使用变量来接收实参的值。调用时系统先计算实参的值,再将实参的值按位置顺序对应地赋给形参,即对形参进行初始化。实质上,在形参的内存空间内,是一个被复制的实参副本。在被调函数中,形参的改变只影响副本中的形参值,而不影响主调函数中的实参值。

【例 7.6】 函数参数的按值传递。

```
# include "stdafx. h"
# include < stdio. h>
# include < stdlib. h>
int main( )
{   int a,b;
    a = 1; b = 2;
    printf("main_1:a = % d,b = % d\n",a,b);
    fun(a,b);
    printf("main_2:a = % d,b = % d\n",a,b);
    system("pause");
return 0;
}
int fun( int x,int y)
{
    printf("fun_1:x = % d,y = % d\n",x,y);
```

```
        x = 9; y = 8;
        printf("fun_2:x = % d,y = % d\n",x,y);
    }
```

程序运行结果如图 7.2 所示。

在本例中,main 函数的变量 a、b 和 fun 函数中的变量
x、y 在内存中占据的是不同的存储单元。当在 main 函数中
调用 fun 函数时,则将实参 a 的值传给(赋给)形参 x,实参 b
的值传给(赋给)形参 y。当在 fun 函数中改变 x 和 y 的值
时,则改变的是 x 和 y 的存储单元的内容。因此对于形参 x

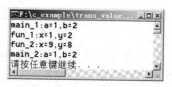

图 7.2 例 7.6 的运行结果

和 y 的改变并不影响 main 函数中的实参 a、b。因此,本例程当 fun 函数结束后,main 函数
中的变量的值并不发生改变,其值仍分别为 1 和 2。实际上函数的形参只有在发生函数调
用时才分配内存单元,函数结束后,形参所占的内存单元将被释放。

2. 按地址传递

因为 C 语言中的参数传递是按值传递,因此,被调函数不能直接改变主调函数中的变
量值,正如例 7.5 所示。只有通过传递变量的地址参数,才能改变该地址所指示的内存单元
的内容。按地址传递是指作为参数传递的,不是数据本身,而是数据的存储地址。

在按地址传递方式中,函数调用时,主调函数传送给被调函数的参数是存储单元的地
址,所以被调函数的形参必须是可以接收地址值的变量,即指针变量,并且它的数据类型必
须与被传递的数据类型一致。此时,主调函数是把变量的地址传送给被调函数,被调函数通
过这个地址找到该变量所在的内存单元,直接对该单元中的变量内容进行存取操作。也就
是说,形参和实参占用共同的内存单元,如果在被调函数中修改了该内存单元的内容,实际
上就是修改了实参的值。因此这种传递方式是一种"双向"数据传递。

【例 7.7】 对从键盘输入的三个整数 a、b 和 c 进行从小到大排序。

分析:比较算法是先将 a 和 b 进行比较,若 a 大于 b,则交换 a 和 b,再将 a 和 c 进行比
较,若 a 大于 c,则交换 a 和 c;再将 b 和 c 比较,若 b 大于 c,则交换 b 和 c。在本程序中,交
换程序设计为一个函数,因为要交换两个变量的内容,因此要采用地址传递的方式。

程序代码如下:

```
# include "stdafx. h"
# include < stdio. h>
# include < stdlib. h>
void swap(int * x, int * y);                    / * 声明函数 * /
int main()
{
    int a, b, c;
    printf("Enter a, b, c:\n");
    scanf(" % d, % d, % d", &a,&b,&c);
printf("Before Sorting a = % d, b= % d, c = % d\n", a, b, c);
    if (a>b)
      swap(&a, &b);
    if (a>c)
      swap(&a, &c);
    if (b>c)
```

```
        swap(&b, &c);
    printf("After Sorting a = % d, b = % d, c = % d\n", a, b, c);
    system("pause");
    return 0;
}
void swap(int * x, int * y)
{
    int temp;
    temp = * x;              /* 指针 x 所指向的变量内容赋值给 temp */
    * x = * y;               /* 指针 y 所指向的变量内容赋值给指针 x 所指的变量 */
    * y = temp;              /* 将暂存在 temp 中的内容赋值给指针 y 所指向的变量 */
    return;
}
```

程序运行结果如图 7.3 所示。

在本例中,函数的调用语句中的实参是变量的地址,形参是能接收地址值的指针变量,在被调函数中把两个指针变量指向的内存单元(即实参变量)的内容进行交换,所以无须再返回值。关于指针变量,将在第8 章中详细介绍。

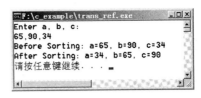

图 7.3　例 7.7 的运行结果

7.5　数组作为函数参数

数组可以作为函数的参数使用,进行数据传送。数组用作函数参数有两种形式,一种是把数组元素(下标变量)作为实参使用;另一种是把数组名作为函数的形参和实参使用。

1. 数组元素作函数实参

数组元素与同类型的普通变量并无区别,因此数组元素作为函数实参使用与普通变量是完全相同的。在发生函数调用时,把作为实参的数组元素的值传送给形参,实现单向的值传送。

【例 7.8】 定义函数判断整型数组各数组元素的正负性。

程序代码如下:

```
# include "stdafx. h"
# include < stdio. h>
# include < stdlib. h>
# define N 5
void JudgeSign( int x)        /* 本函数用于输出数 x 的正负性信息 */
{   if(x > 0) printf(" % d is a positive number\n",x);
    else if(x == 0) printf(" % d is a zero\n",x);
    else printf(" % d is a negative number\n",x);
}
int main( )
{   int a[N];
    printf("Please input % d numbers:\n",N);
    for(i = 0;i < N;i++) scanf(" % d",&a[i]);
    for(i = 0;i < N;i++) JudgeSign(a[i]); /* 调用 JudgeSign 判断元素 a[i]正负性 */
```

```
        system("pause");
        return 0;
    }
```

2. 数组名作为函数参数

在用数组名作函数参数时,不是把实参数组的每一个元素的值都赋予形参数组的各个元素,而是把实参数组的地址值赋给形参数组名。因为实际上形参数组并不存在,编译系统不为形参数组分配内存。所以当使用数组名作函数参数时,所进行的参数传送只是地址值的传送,也就是说把实参数组的首地址赋予形参数组名。形参数组名取得该首地址之后,也就等于有了实在的数组。实际上是形参数组和实参数组为同一数组,共同拥有一段内存空间。如图 7.4 所示。图中设 a 为实参数组,类型为整型。a 占有以 2000 为首地址的一块连续内存区。b 为形参数组名。当发生函数调用时,进行地址传送,把实参数组 a 的首地址传送给形参数组名 b,b 也取得该地址 2000。于是 a、b 两数组共同占有以 2000 为首地址的一段连续内存单元。从图中还可以看出 a 和 b 下标相同的元素实际上也占相同的 4 个内存单元(整型数组每个元素占 4 字节)。例如 a[0] 和 b[0] 都占用 2000、2001、2002、2003 四个字节,当然形参 b[0] 其实就是实参 a[0],即 a[0] 等于 b[0]。类推则有 a[i] 等于 b[i]。

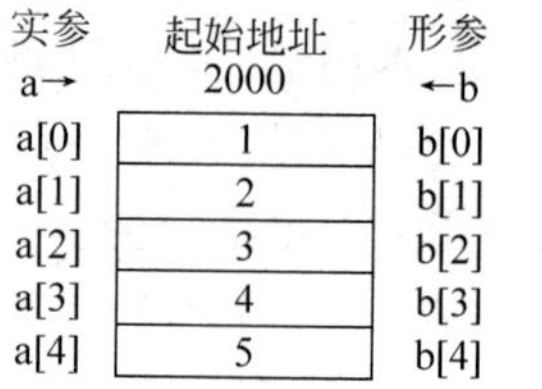

实参 a→	起始地址 2000	形参 ←b
a[0]	1	b[0]
a[1]	2	b[1]
a[2]	3	b[2]
a[3]	4	b[3]
a[4]	5	b[4]

图 7.4　形参数组与实参数组

用数组名作为函数参数时还应注意以下几点:

(1) 数组名作为函数参数时,其数组长度可以省略。

(2) 实参数组的类型必须和形参数组的类型一致。

(3) 形参值的改变有可能影响实参的值。

(4) 多维数组也可以作为函数的参数。在函数定义时对形参数组可以指定每一维的长度,也可省去第一维的长度。因此,以下写法都是合法的:

```
int maxarray(int a[3][10])
```

或

```
int maxarray(int a[ ][10])
```

【例 7.9】　定义一个一维数组求 10 个学生的平均成绩。

程序代码如下:

```
#include "stdafx.h"
#include <stdio.h>
#include <stdlib.h>
#define N 10
float aver(float b[ ])
{   int i;
    float average = 0.0;
    for(i = 0;i < N;i++) average += b[i];
    average/ = N;
    return average;
}
int main( )
```

```
{   float a[N],average;
    int i;
    printf("input % d scores:\n", N);
    for(i = 0;i < N;i++) scanf(" % f",&a[i]);
    average = aver (a);
    printf("Average score is % 6.3f\n",average);
system("pause");
return 0;
}
```

本程序首先定义了一个实型函数 aver,它有一个形参为单精度数组 b。在函数 aver 中,把形参数组 b 的各元素值相加并求出平均值,返回给主函数。主函数 main 中首先完成数组 a 的输入,然后以数组名 a 作为实参调用 aver 函数。

【例 7.10】 用冒泡法对 10 个整数进行降序排序,然后输出。

程序代码如下:

```
# include "stdafx. h"
# include < stdio. h >
# include < stdlib. h >
void sort( int b[ ], int n)
{   int i,j,t;
    for(i = 1; i < n; i++)
    {   for(j = 0; j < n - i; j++)
        {   if(b[j] < b[j + 1])
            {   t = b[j]; b[j] = b[j + 1]; b[j + 1] = t; }
        }
    }
}
int main( )
{   int i,a[10];
    printf("Input 10 numbers:");
    for(i = 0;i < 10;i++) scanf(" % d", &a[i]);
    sort(a,10);
    for(i = 0;i < 10;i++) printf(" % d ",a[i]);
    printf("\n");
system("pause");
return 0;
}
```

程序执行首先由主函数开始,在主函数中首先输入 10 个整数赋给数组 a 的相应元素保存。然后以数组名 a 和数组中的元素个数作为实参调用 sort 函数,将实参数组名 a 的值传递给 sort 函数中的形参数组名 b,将实参整数常量 10 传递给形参变量 n,sort 函数中的形参数组 b 和 main 函数中的数组 a 共享同一个内存空间段。所以在 sort 函数中对数组 b 的排序,也是对 main 函数中数组 a 的排序。

7.6　函数的递归调用

在函数体内出现直接或间接调用自身的语句,即函数在执行过程中自身调用自身的现象称为递归。递归算法是可计算性理论的重要组成部分,可以使程序较为简洁,代码非常便于阅读和理解。例如有函数 f 如下：

```
int f(int x)
{   int y;
    z = f(y);
    return z;
}
```

这个函数是一个递归函数。但是运行该函数将无休止地调用其自身，这当然是不正确的。所以用递归解决问题必须满足两个条件：

（1）递归式：问题可以逐步简化成较为简单的问题。例如：

n! = n * (n-1)!

（2）递归结束条件，即"递归出口"。

这两个条件缺一不可，是解决递归问题的着眼点。

【例 7.11】 用递归调用求 n!。

分析：求 n! 的递归过程可以描述为：

$$fact(n)=\begin{cases} 1 & （当 n=0 或 n=1 时）\\ n*fact(n-1) & （当 n>1 时）\end{cases}$$

程序代码如下：

```
# include "stdafx. h"
# include < stdio. h >
# include < stdlib. h >
long fact(int);
int main( )
{   int n;
    long f;
    printf("Please input a number:\n");
    scanf("% d", &n);
    if(n < 0) {printf("n < 0, error!\n"); return; }
    f = fact(n);
    printf("% d!= % ld\n", n,f);
system("pause");
return 0;
}
long fact(int n)
{   long s;
    if(n == 1||n == 0) s = 1;   /*递归出口*/
    else s = n * fact(n-1);   /*递归式*/
    return(s);
}
```

程序中给出的函数 fact 是一个递归函数。主函数调用 fact 后即进入函数 fact 执行，如果 n=0 或 n=1 时都将结束函数的执行，否则就递归调用 fact 函数自身。由于每次递归调用的实参为 n-1，即把 n-1 的值赋予形参 n，最后当 n-1 的值为 1 时再做递归调用，形参 n 的值也为 1，将使递归终止，然后可逐层退回。图 7.5 给出了当 n=3 时的递归调用过程。

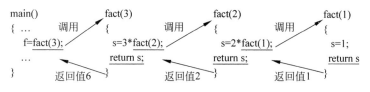

图 7.5　递归函数的递归过程

【例 7.12】　求 a、b 两数的最大公约数。

分析：求 a、b 两数的最大公约数的过程可以递归地描述为：

$$gcd(a,b)=\begin{cases} b & （当\ a\%b=0\ 时） \\ gcd(b,a\%b) & （当\ a\%b\neq0\ 时） \end{cases}$$

程序代码如下：

```
# include "stdafx.h"
# include < stdio.h >
# include < stdlib.h >
int gcd(int x, int y)
{   if (x % y == 0) return(y);
    else return (gcd(y,x % y));
}
int main( )
{   int a, b, x;
    scanf(" % d % d", &a,&b);
    x = gcd(a,b);
    printf("x = % d\n",x);
system("pause");
return 0;
}
```

7.7　变量的作用域与存储类别

　　C 程序是由一个 main 函数和多个自定义函数组成的，每个函数都可以定义自己的变量，而变量可以重名。那么这些变量之间有什么关系？ 如何起作用？ 实际上每个变量都有自己的作用域，也有自己的生存期，这些都需要编程人员有个清醒的认识。

7.7.1　局部变量和全局变量

　　在讨论函数的形参变量时曾经提到，形参变量只在被调用期间才分配内存单元，调用结束立即释放。这一点表明形参变量只有在函数内才是有效的，离开该函数就不能再使用了。这种变量有效性的范围称为变量的作用域。不仅对于形参变量，C 语言中所有的量都有自己的作用域。变量说明的方式不同，其作用域也不同。C 语言中的变量，从变量的作用域（即从空间）角度来分，可以分为全局变量和局部变量。

　　1. 局部变量

　　C 语言规定，在函数内部定义的变量称为局部变量，也称为内部变量。其作用域仅限于定义它的函数内部，在此函数外不能使用这些变量。

例如：

```
int main( )
{
    int m,n;
    …
}
float fun(int x, int y)
{
    int m,n;
    …
}
```

说明：

（1）主函数 main 中定义的变量属于局部变量，只在主函数 main 中有效。

（2）不同函数中可以使用相同的变量，它们代表不同的局部变量，互不干扰，如在 main 函数和 f1 函数中分别定义变量 m、n，它们的作用域不同，在内存中占用不同的单元。形参和实参的变量重名，是完全允许的。

（3）形式参数也是局部变量，如 f1 函数中的 x、y，它们只在 f1 中有效，其他函数无法使用。

（4）在一个函数内部，可以在复合语句中定义变量，其作用域在复合语句范围内。这种复合语句也可称为"程序块"。

【例 7.13】 局部于函数的局部变量作用域举例。

```
# include "stdafx. h"
# include < stdio. h >
# include < stdlib. h >
int main( )
{   void prt( );
    int x = 1;
    printf(" % d\n",x);
    prt( );
system("pause") ;
return 0;
}
void prt( )
{   int x = 5;
    printf(" % d\n",x);
}
```

程序运行结果如下：

1
5

本程序在 main 中定义了 x 变量，其中 x 赋初值 1。而在 prt 函数中又定义了一个变量 x，并赋初值为 5。应该注意这两个 x 不是同一个变量。在 main 定义的 x 只在 main 函数内部起作用，而在 prt 函数内定义的 x 也只能在 prt 函数内部起作用。因此程序第 3 行的 x 为 main 所定义，其值应为 1。第 4 行输出 x 值，该行在 main 函数内，由 main 内定义的 x 起作用,其初值为1,故输出值为1,第10行输出prt函数中x的值为5。

【例7.14】 局部于复合语句的局部变量应用举例。

```
# include "stdafx.h"
# include < stdio.h >
# include < stdlib.h >
int main( )
{   int a,b;
    printf("Input 2 numbers:");
    scanf("% d % d",&a,&b);
    if(a > b)
    {   int temp; temp = a; a = b; b = temp; } /* temp为局部于该复合语句的局部变量,其只在该复
合语句内有效 */
    printf("a = % d,b = % d\n",a,b);
    system("pause") ;
    return 0;
}
```

2. 全局变量

在函数外部定义的变量,称为全局变量,或者外部变量。它不属于哪一个函数,它属于一个源程序文件。其作用域是从定义变量的位置开始到源文件的结束。全局变量在其作用范围内,可以被本文件中的其他函数共同使用。

例如:

```
int a,b;
float fun1( )
{   … }
char c;
float fun2( )
{   … }
void main( )
{   … }
```

a、b、c都是全局变量,但它们的作用范围不同,在main和fun2函数中,可以使用全局变量a、b、c。而在fun1函数中只能使用全局变量a、b。

说明:

(1) 在程序中引入全局变量,增加了函数间数据传递的渠道,因为在一个函数中改变全局变量的值,就会影响其他函数的引用,所以使用时要注意全局变量值的变化。

(2) 建议在不必要时不要使用全局变量,因为:全局变量在程序的全部执行过程中都占用存储单元,而不仅是在需要时才开辟单元。全局变量会使函数的通用性降低,因为函数在执行时要依赖于其所在的外部变量,如果将一个函数移到另一个文件中,还要将有关外部变量及其值一起移过去。而且使用全局变量过多,会降低程序的清晰性,人们往往难以清楚地判断每个瞬间各个外部变量的值。

(3) 如果局部变量和全局变量重名,则局部变量优先起作用,这被称为变量屏蔽。

例如:

```
int x = 1;                 /* x作用域:从此定义处到文件的结束 */
```

```
void main( )
{   int a = 2;                      /* a 作用域：main 函数内部 */
    …
    {   int b = 3;                  /* b 作用域：该复合语句内部 */
    …
    }
    f( );
    …
}
int t = 4;                          /* t 作用域：从此定义处到文件的结束 */
void f( )
{   int x = 5,b = 6;                /* x 和 b 作用域：f 函数内部，且局部变量 x 优先 */
    …
}
```

其中 x 和 t 是全局变量，但是它们的作用范围不同，x 的作用范围比 t 的作用范围要大，也就是说，在本例中 x 变量可以被 main 函数和 f 函数引用，而 t 只能被 f 函数所引用；main 函数中包含两个局部变量 a 和 b，a 在 main 函数内部起作用，而 b 只能在复合语句内起作用；f 函数中也包含两个局部变量 x 和 b，这些局部变量只能在本函数内部起作用，即使它们重名也互不干涉；在 f 函数中的 x 局部变量和程序中的全局变量若重名，这时起作用的是 f 函数中的局部变量 x，而不是全局变量 x。

【例 7.15】 变量屏蔽。

```
# include "stdafx. h"
# include < stdio. h>
# include < stdlib. h>
int n = 1;
void f2( )
{
    printf("n in f2( ) is % d\n",n);
}
void f1( )
{   int n = 5;
    printf ("n in f1() is % d\n",n);
    f2( );
}
int main( )
{   printf ("n in main( ) is % d\n",n);
    f1( );
system("pause") ;
return 0;
}
```

程序运行结果如下：

```
n in main( ) is 1
n in f1( ) is 5
n in f2( ) is 1
```

7.7.2 变量的存储类别

在 C 语言中所有变量不仅有数据类型,而且还有存储类型。从变量值存在的作用时间(即生存期)角度来分,可以分为静态存储方式和动态存储方式。静态存储方式:是指在程序运行期间分配固定的存储空间的方式。动态存储方式:是在程序运行期间根据需要动态地分配存储空间的方式。存储类型在没有指定说明部分时,编译程序可从程序中判断它的存储类型。

1. 动态存储方式与静态存储方式

用户的存储空间可以分为三部分:程序区、静态存储区和动态存储区。

数据分别存放在静态存储区和动态存储区。全局变量存放在静态存储区中。在程序开始执行时给全局变量分配存储区,程序执行完毕就释放。在程序执行过程中它们占据固定的存储单元,而不是动态地分配和释放的。

在动态存储区中存放以下数据:

(1) 函数形参变量:在调用函数时给形参变量分配存储空间。

(2) 局部变量(未加 static 声明的局部变量,即自动变量)。

(3) 函数调用时的现场保护和返回地址等。

对以上这些数据,在函数调用开始时分配动态存储空间,函数结束时释放这些空间。在程序执行过程中,这种分配和释放是动态的。如果在一个程序中两次调用同一函数,分配给此函数中局部变量的存储空间地址可能是不同的。

2. auto 变量

函数和复合语句内部的局部变量,如不专门声明为 static 存储类别,或使用 auto 说明符来说明,则都是动态地分配存储空间的,数据存储在动态存储区中。函数中的形参和在函数中定义的变量(包括在复合语句中定义的变量),都属此类,在调用该函数时系统会给它们分配存储空间,在函数调用结束时就自动释放这些存储空间。这类局部变量称为自动变量。

自动变量说明的一般形式为:

[auto]数据类型　变量名[= 初始值];

例如:

```
void sub(float a)
{   int i;
    …
    if(i > 0)
    {   int n;
        …
        printf(" % d/n",n);
    }
    …
}
```

这里的变量 i、a 和 n 都是 auto 变量(自动变量)。但 i 和 a 的作用域是整个 sub 函数,而 n 的作用域仅限于 if 语句中的复合语句内。

说明：

（1）auto 为自动变量的存储类别说明符，可以省略。C 语言规定，函数内凡未加存储属性说明的变量均视为自动变量，以前在函数中定义的变量都是自动变量。如上面 sub 函数中变量 i 和变量 n 的定义等价于：

```
auto int i;
auto int n;
```

（2）自动变量是局部变量，其作用域在定义它的结构内部有效。若在一个复合语句中定义了自动变量，则自动变量的作用域仅在该复合语句中。

（3）未赋初值的自动变量，其值是不确定的。因为每次函数调用结束后存储单元已释放，下次调用时又重新分配存储单元，这些单元的内容是不确定的。随着函数的频繁调用，动态存储区内为自动变量分配的存储单元的位置也会随程序的运行而改变，变量中的初值也就随之改变。

（4）函数调用结束，自动变量所在的存储单元就被释放了，其值也不被保留，即该自动变量的生存期为该函数执行开始到结束。

【例 7.16】 自动变量举例。

```
# include "stdafx.h"
# include <stdio.h>
# include <stdlib.h>
int main( )
{   int x = 1;
    {   int x = 2;
        {   int x = 3;
            printf("%d\n",x);
        }
        printf("%d\n",x);
    }
    printf("%d\n",x);
system("ause");
return 0;
}
```

程序输出结果如下：

```
3
2
1
```

程序中的 main 函数由三层复合语句组成，从上往下执行最外层（即执行语句"int x＝1;"）时，给 x 变量分配一个存储单元，值为 1，进入中层时，为这一层的 x 变量分配另外一个存储单元，值为 2，进入最里层时，为这一层的 x 变量分配与前两层 x 变量不同的存储单元，值为 3，执行最里层的 printf 函数后输出 3，并释放该层 x 变量所占用的存储单元，然后执行中层的 printf 函数，输出 2，并释放这一层的 x 变量所占用的存储单元，接着执行最外层的 printf 函数，输出 1，并释放这一层的 x 变量的存储单元，执行结束。

3. 用 static 声明静态变量

有时希望函数中的局部变量的值在函数调用结束后被保留，即其占用的存储单元不释放,以便下一次调用时使用,这时就应该指定局部变量为"静态局部变量",用关键字 static 进行声明。

静态局部变量定义的一般格式为:

static 数据类型 变量名[= 初始值];

例如:

static int x = 0;

说明:

(1) static 为静态存储类型的说明符。在定义时可以使用常量或常量表达式对静态局部变量进行初始化,若未进行初始化,编译系统将其初始化为 0。

(2) 静态局部变量的存储单元在程序运行期间是固定存在的,只有程序执行结束后才被释放,即其生存期是整个程序的执行期间,因此静态局部变量的生存期要比自动变量长得多。

(3) 虽然静态局部变量的生存期是程序的运行期间,在函数调用结束后仍然存在,但其他函数不能引用它。也就是说,静态局部变量的值只能在本函数中使用,由其作用域决定。

(4) 静态局部变量在编译时赋初值,即只赋一次初值。也就是说,在函数多次被调用的过程中,静态局部变量的值具有继承性,每次调用函数时保留上次函数调用结束时的值,而不是重新赋初值。

(5) 全局变量属于静态变量,无须用 static 关键字声明。

(6) C 语言规定,只有在定义全局变量和静态局部变量时才能对数组初始化。也就是说只有对存储在静态存储区中的数组才能初始化。

【例 7.17】 打印 1 到 5 的阶乘值。

```
# include "stdafx. h"
# include < stdio. h >
# include < stdlib. h >
int fac( int n)
{    static int f = 1;
     f = f * n;
     return(f);
}
int main( )
{    int i;
     for( i = 1; i < = 5; i++)
       printf(" % d!= % d\n", i, fac(i));
system("pause");
return 0;
}
```

程序运行结果如下:

```
1! = 1
2! = 2
3! = 6
4! = 24
5! = 120
```

4. register 变量

一般情况下,变量(包括静态存储方式和动态存储方式)的值是存放在内存中的。当动态局部变量在一个函数中反复被用达到数百次以上时,为了提高效率,可将其存入寄存器中(有限个),不存入内存的动态区中,需要时直接从寄存器取出参加运算,不必再到内存中去存取。这种变量叫作"寄存器变量"。用 register 做说明。

寄存器变量说明的一般格式为:

register 数据类型　变量名[= 初始值];

例如:

register i;

说明:

(1) 只有局部自动变量和形式参数可以作为寄存器变量。寄存变量存储在寄存器,而不是内存的存储单元,函数调用结束时同样也被立即释放。

(2) 因为 register 变量的值是放在寄存器内部而不是放在内存中的,所以 register 变量没有地址,也就不能对它进行求地址运算。

(3) CPU 中寄存器的数目是有限的,因此只能说明少量的寄存器变量。在一个函数中,允许说明为寄存器变量的数目不仅取决于 CPU 的类型,也与所用的 C 编译程序有关。当没有足够的寄存器来存放指定的变量,或编译程序认为指定的变量不应放在寄存器中时,将自动按 auto 变量来处理。因此,register 说明只是对编译程序的一种建议,而不是强制性的。

【例 7.18】 使用寄存器变量。

```
# include "stdafx. h"
# include < stdio. h>
# include < stdlib. h>
int fac( int n)
{   register int i, f = 1;
    for( i = 1; i <= n; i++) f = f * i
    return( f);
}
int main( )
{   int i;
    for( i = 0; i <= 5; i++) printf(" % d!= % d\n", i, fac( i));
system("pause");
return 0;
}
```

5. 用 extern 声明外部变量

外部变量(即全局变量)是在函数的外部定义的,它的作用域为从变量定义处开始,到本程序文件的末尾。如果外部变量不在文件的开头定义,其有效的作用范围只限于定义处到文件终了。如果在定义点之前的函数想引用该外部变量,则应该在引用之前用关键字 extern 对该变量做"外部变量声明"。表示该变量是一个已经定义的外部变量。有了此声明,就可以从"声明"处起,合法地使用该外部变量了。

【例 7.19】 声明外部变量。

```
# include "stdafx. h"
# include < stdio. h>
# include < stdlib. h>
float add(float x, float y)
{   float z;
    z = x + y;
    return(z);
}
int main( )
{
    extern float a,b;          / * 声明 a 和 b 是外部变量 * /
    float c;
    c = add(a,b);
    printf("sum is % .2f" ,c);
system("pause");
return 0;
}
float a = 26.8, b = - 38.7;
```

程序运行结果如下:

```
sum is - 11.90
```

本例中 main 函数要使用全局变量 a 和 b,但是 a 和 b 这两个全局变量是在 main 函数之后定义的,所以使用了声明语句"extern float a,b;"来进行声明,就可以从"声明"处起,合法地使用该外部变量 a 和 b 了。

习　题　7

一、选择题

7.1　完整的 C 源程序必须包括的函数是(　　　　)。
　　　A. main 函数和一个以上的其他函数　　　B. main 函数
　　　C. 任意一个函数　　　　　　　　　　　　D. 库函数

7.2　在一个被调用函数中,关于 return 语句使用的描述,错误的是(　　　　)。
　　　A. 被调用函数中可以不用 return 语句
　　　B. 被调用函数中可以使用多个 return 语句
　　　C. 被调用函数中,如果有返回值,就一定要有 return 语句
　　　D. 被调用函数中,一个 return 语句可返回多个值给主调函数

7.3　对于以下给出的函数头的说明,其形式正确的是(　　　　)。
　　　A. double fun(int x, int y)　　　　　　B. double fun(int x; int y)
　　　C. double fun(int x, int y);　　　　　D. double fun(int x,y)

7.4　以下说法中正确的是(　　　　)。
　　　A. 函数的定义可以嵌套,但函数的调用不可以嵌套
　　　B. 函数的定义不可以嵌套,但函数的调用可以嵌套

C. 函数的定义和函数的调用均不可以嵌套

D. 函数的定义和函数的调用均可以嵌套

7.5 以下函数调用语句中,含有的实参个数是(　　)。

```
func((exp1,exp2),(exp3,exp4,exp5));
```

A. 1   B. 2   C. 4   D. 5

7.6 以下程序的输出结果是(　　)。

```
# include "stdafx. h"
# include < stdio. h>
# include < stdlib. h>
int func( int a, int b)
{   int c;
    c = a + b;
    return c;
}
int main( )
{   int x = 6, y = 7, z = 8, r;
    r = func((x -- , y++, x + y), z -- );
    printf(" % d\n", r);
    system("pause");
    return 0;
}
```

A. 11   B. 20   C. 21   D. 31

7.7 以下程序的输出结果是(　　)。

```
# include "stdafx. h"
# include < stdio. h>
# include < stdlib. h>
int main( )
{   int i = 2, p;
    p = f(i, i + 1);
    printf(" % d\n", p);
    system("pause");
    return 0;
}
int f( int a, int b)
{   int c;
    c = a;
    if(a > b)c = 1;
    else if(a == b)c = 0;
        else c = - 1;
    return(c);
}
```

A. -1   B. 0   C. 1   D. 2

7.8 以下的程序输出结果是(　　)。

```
# include "stdafx. h"
```

```
# include < stdio. h >
# include < stdlib. h >
double f(int n)
{   int i; double s;
    s = 1.0;
    for(i = 1; i <= n; i++) s += 1.0/i;
    return s;
}
int main( )
{   int i, n = 3; float a = 0.0;
    for(i = 0; i < n; i++) a += f(i);
    printf(" % f\n",a);
    system("pause");
    return 0;
}
```

  A. 5.500000   B. 3.000000   C. 4.000000   D. 8.25

7.9 以下程序的正确运行结果是( )。

```
# include "stdafx. h"
# include < stdio. h >
# include < stdlib. h >
void num( )
{   extern int x, y; int a = 15, b = 10;
    x = a - b;
    y = a + b;
}
int x, y;
int main( )
{   int a = 7, b = 5;
    x = a + b;
    y = a - b;
    num( );
    printf(" % d, % d\n",x, y);
    system("pause");
    return 0;
}
```

  A. 12,2   B. 不确定   C. 5,25   D. 1,12

7.10 写出以下程序的输出结果是( )。

```
# include "stdafx. h"
# include < stdio. h >
# include < stdlib. h >
fun1(int a, int b)
{   int c;
    a += a; b += b;
    c = fun2(a,b);
    return c * c;
}
fun2( int a, int b)
```

```
{   int c;
    c = a * b % 3;
    return c;
}
int main( )
{   int x = 11, y = 19;
    printf(" % d\n", fun1(x, y));
    system("pause");
    return 0;
}
```

    A. 3   B. 2   C. 4   D. 5

二、填空题

7.11　以下程序对数据组中的数据进行排序。

```
# include "stdafx. h"
# include < stdio. h >
# include < stdlib. h >
int main()
{
    int a[12] = {34,54,23,67,8,6,90, - 2,89,100,11,91}, i, j, k;
    for (k = 0; k < 11; k++)
      for (i = k + 1; i < 12; i++)
        if (a[ i]>_____)
          {
              j = a[ i];
              _____;
              _____;
          }
    for (i = 0; i < 12; i++)
      printf(" % 4d", a[ i]);
    printf("\n");
system("pause");
return 0;
}
```

7.12　以下程序的功能是计算 $s = \sum k!$，请填空。

```
# include "stdafx. h"
# include < stdio. h >
# include < stdlib. h >
long f( int n)
{   int i; long s;
    s = _____;
    for(i = 1; i < = n;i++) s = _____;
    return s;
}
int main()
{   long s; int k, n;
    scanf (" % d", &n );
    s = _____;
```

```
    for (k = 0; k <= n; k++)s = s + _____;
    printf ("%ld\n",s );
    system("pause");
    return 0;
}
```

7.13   下面函数用以求 x 的 y 次方,请填空。

```
double fun(double x, int y)
{   int i; double z = 1;
    for(i = 1; _____; i++)
    z = _____;
    return z;
}
```

三、编程题

7.14   编写一个函数,判断从键盘输入的两个字符串的长度,并将较短字符串放在较长字符串后面连接起来。

7.15   编写一个函数,实现判断一个自然数是否为素数。

7.16   编写一个函数,统计一段英文语句中单词、空格的个数。

7.17   编写一个函数,用以求表达式 x^2-5x+4 的值,x 作为参数传送给函数。

7.18   请用递归方法,求斐波那契级数。

$$f(n)=\begin{cases} 1 & （当 n=0 时） \\ 1 & （当 n=1 时） \\ f(n-1)+f(n-2) & （当 n>1 时） \end{cases}$$

第8章 指　针

8.1　指针的概述

指针是 C 语言中一个重要的概念,运用指针编程是 C 语言最主要的风格之一。利用指针变量可以表示各种数据结构;能很方便地使用数组和字符串;能处理内存地址,从而编写出精炼而高效的程序。指针极大地丰富了 C 语言的功能,学习指针是 C 语言的学习中最重要的一个环节,能否正确理解和使用指针是我们是否掌握 C 语言的一个标志。同时,指针也是 C 语言学习中最为困难的一部分,在学习中要正确理解基本概念,多编程和上机调试,从而掌握好指针的概念。

在计算机中,所有的数据都存放在存储器中,为了正确地访问这些存储单元,必须为每个存储单元分配地址。根据一个存储单元的地址即可准确地找到该存储单元,通常把这个地址称为指针。可以把计算机想象成一个旅馆,每个存储单元想象成旅馆的房间,可以通过房间号去管理每个房间。指针就像是这些房间号,可以通过指针去管理计算机内的存储单元。对于一个存储单元来说,单元的地址即为指针,其中存放的数据才是该单元的内容。

每个变量在内存中都占有一定字节的存储单元。C 编译程序在对程序编译时,根据程序中定义的变量的类型,在内存中为其分配相应的字节的内存空间。例如,整型变量在内存中占 4 个字节的存储空间,浮点型变量在内存中占 4 个字节的存储空间等。变量在内存中所占存储空间的首地址,就称为该变量的地址,而该存储单元中存放的数据,就称为变量的内容。如果变量在定义时没有初值,那么它们的内容就是不确定的。

当对变量进行操作时,实际上也就是对这个变量在内存中所占有的存储单元进行操作。通常情况下,只需通过变量名就可以直接引用该变量的内容。例如,程序中有如下变量定义语句:

```
int a ;
```

编译程序在编译时为变量分配了地址从 2000~2003 的 4B 的存储单元,如图 8.1 所示。

程序运行时变量 a 的地址为 2000。一般情况下我们只是对变量进行操作,不需要知道变量在内存中的具体地址,每个变量与其对应的地址的联系由 C 语言的编译系统来完成,在程序中我们对变量进行存取操作,实际上也就是对某个地址的存储单元进行操作。这种存取方式称为直接寻址。

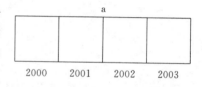

图 8.1　直接寻址存储单元分配

经过分析可知,变量 a 在内存中所占存储单元的首地址是 2000。如果将这一地址存到另一个变量 p 中,如图 8.2(a)所示。那么,为了访问变量 a,可以通过先访问变量 p 获得变量 a 的地址 2000 后,再到相应的地址中去访问变量 a,它们之间的关系可以用图 8.2(b)表示。这里专门用于存放地址型数据的变量 p 就是指针变量。这种通过指针变量来间接存取它所指向的变量的访问方式,称为间接寻址。

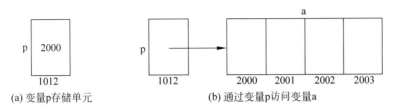

图 8.2   间接寻址存储单元分配

既然指针变量的值是一个地址,那么这个地址不仅可以是变量的地址,也可以是其他数据结构(如数组等)的地址。在一个指针变量中存放一个数组或一个函数的首地址有何意义呢?因为数组或函数都是连续存放的,所以通过访问指针变量取得数组或者函数的首地址,也就找到该数组或函数。这样一来,凡是出现数组、函数的地方都可以用一个指针变量来表示,只要指针变量中赋予数组或函数的首地址即可。这样做将会使程序更加精炼、高效。

8.2   指针变量的定义和引用

一个变量的地址称为该变量的指针,通过变量的指针能够找到该变量。存放变量地址的变量是指针变量。在 C 语言中,允许用一个变量来存放指针,这种变量称为指针变量。因此,一个指针变量的值就是某个变量的地址或者称为某变量的指针。指针与指针变量的区别,就是变量值与变量的区别。

8.2.1   指针变量的定义

指针变量定义的一般形式为:

数据类型 ∗ 指针变量名;

说明:

(1) 指针变量的命名规则与普通变量的命名规则相同。

(2) 运算符 ∗ 指明了所声明的变量不是一个普通的变量,而是一个指针。

(3) 数据类型为 C 语言的各种类型符,如 int、float 和 char 等。其含义为该指针变量中存放的是什么类型变量的地址。

例如,"int ∗ fp1;"表示 fp1 是一个指针变量,它的值是某个整型变量的地址,或者说 fp1 指向一个整型变量,至于 fp1 究竟指向哪一个整型变量,应由给 fp1 赋予的地址来决定。再如:

```
int ∗ fp2;              //fp2 是指向整型变量的指针变量
float ∗ fp3;            //fp3 是指向单精度类型变量的指针变量
char ∗ fp4;             //fp4 是指向字符型变量的指针变量
```

应该注意的是,一个指针变量只能指向同类型的变量,如 fp3 只能指向单精度类型变量,不能时而指向单精度类型变量,时而又指向一个字符型变量。

8.2.2 指针变量的引用

1. 指针变量的赋值

指针变量同普通变量一样,使用之前不仅要定义,而且必须赋予具体的值。未经赋值的指针变量不能使用,否则将造成系统混乱,甚至死机。

指针变量的赋值只能赋予地址,否则将引起错误。C 语言中提供了地址运算符 & 来表示变量的地址,其一般形式为:

&变量名

如 &a 表示变量 a 的地址,&b 表示变量 b 的地址。

变量本身必须预先声明。假设有指向整型变量的指针变量 p,如要把整型变量 a 的地址赋予 p,可以有以下两种方式。

(1) 指针变量初始化。

```
int a;
int * p = &a;
```

(2) 赋值语句。

```
int a;
int * p;
p = &a;
```

不允许把一个数值赋给指针变量。类似于下面的赋值是错误的:"int * p; p = 1000;"。被赋值的指针变量前不能再加 * 说明符,如写为"* p = &a;"也是错误的。

【例 8.1】 取地址运算符 & 和指针运算符 * 的简单使用。

```
# include "stdafx. h"
# include < stdio. h >
# include < stdlib. h >
int main( )
{
  int a = 100, * p;
  p = &a;
  printf("a = % d, * p = % d\n", a, * p);    /* 输出 a 和 p 的值 */
  a = 200;
  printf("a = % d, * p = % d\n", a, * p);
  * p = 300;
  printf("a = % d, * p = % d\n", a, * p);    /* 给 p 的对象赋值,即给 a 赋值 */
  system("pause");
  return 0;
}
```

程序运行结果如下:

a = 100, * p = 100

```
a = 200, * p = 200
a = 300, * p = 300
```

【例 8.2】 指针变量的应用实例。

```
# include "stdafx.h"
# include < stdio.h >
# include < stdlib.h >
int main()
{
  int a,b;
  int * pointer_1, * pointer_2;
  a = 100;b = 10;
  pointer_1 = &a;
  pointer_2 = &b;
  printf(" % d, % d\n",a,b);
  printf(" % d, % d\n", * pointer_1, * pointer_2);
  system("pause");
  return 0;
}
```

对程序的说明：

（1）在开头处虽然定义了两个指针变量 pointer_1
和 pointer_2，但它们并未指向任何一个整型变量。只是
提供两个指针变量，规定它们可以指向整型变量。程序
第 7 行、第 8 行的作用就是使 pointer_1 指向 a，使
pointer_2 指向 b，如图 8.3 所示。

（2）* pointer_1 和 * pointer_2 就是变量 a 和 b。
最后两个 printf 函数的作用是相同的。

（3）程序中有两处出现 * pointer_1 和 * pointer_2，
请区分它们的不同含义。

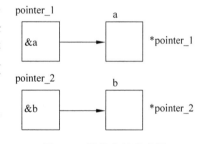

图 8.3　指针变量示意图

（4）程序第 7 行、第 8 行的"pointer_1＝&a"和"pointer_2＝&b"不能写成" * pointer_1＝
&a"和" * pointer_2＝&b"。

2. NULL 指针

在 C 语言中定义了 NULL 指针，它作为一个特殊的指针变量，表示不指向任何东西。
若一个指针变量为 NULL，应该给它赋一个零值。为了测试一个指针变量是否为 NULL，
你可以将它与零值进行比较。之所以选择零这个值是因为一种源代码的约定，就机器内部
而言，NULL 指针的实际值可能与此不同。在这种情况下，编译器将负责零值和内部值之
间的翻译转换。NULL 指针的概念是非常有用的，因为它给了一种方法，表示某个特定的
指针目前并未指向任何东西。

3. 指针的运算

指针的变量可以进行某些运算，但是其运算的种类是有限的。它只能进行赋值运算和
部分算术运算及关系运算。

（1）赋值运算。关于指针变量的赋值运算最简单的有以下几种形式：

① 指针变量初始化赋值。

② 把一个变量的地址赋予指向相同数据类型的指针变量。例如：

```
int a, * pa;
pa = &a;                          /* 把整型变量 a 的地址赋予整型指针变量 pa */
```

③ 把一个指针变量的值赋予指向相同类型变量的另一个指针变量。例如：

```
int a, * pa = &a, * pb;
pb = pa;                          /* 把 a 的地址赋予指针变量 pb */
```

由于 pa、pb 均为指向整形变量的指针变量，因此可以相互赋值。

（2）加减算术运算。对于指向数组的指针变量，可以加上或减去一个整数 n。设 pa 是指向数组 a 的指针变量，则 pa＋n、pa－n、pa＋＋、pa－－、－－pa 运算都是合法的。指针变量加或减一个整数 n 的意义是把指针指向的当前位置（指向某数组元素）向前或向后移动 n 个位置。应该注意，数组指针变量向前或向后移动一个位置和地址加 1 或减 1 在概念上是不同的，因为数组可以有不同的类型，各种类型的数组元素所占的字节长度是不同的。如指针变量加 1，即向后移动 1 个位置，表示指针变量指向下一个数据元素的首地址，而不是在原地址基础上加 1。例如：

```
int a[5], * pa;
pa = a;                           /* pa 指向数组 a,也是指向 a[0] */
pa = pa + 2;                      /* pa 指向 a[2],即 pa 的值为 &a[2] */
```

指针变量的加减运算只能对数组指针变量进行，对指向其他类型变量的指针变量做加减运算是毫无意义的。两个指针变量之间的运算，只有指向同一数组的两个指针变量之间才能进行运算。

（3）指针的关系运算。对指针执行关系运算也是有限制的。用下列关系操作符对两个指针值进行比较是可能的：

```
<   >   >=   <=   ==
```

不过前提是它们都指向同一个数组中的元素。根据你所使用的操作符，比较表达式将告诉你哪个指针指向数组中更前或更后的元素。标准并未定义如果两个任意的指针进行比较会产生什么结果。然而，你可以在两个任意的指针间执行相等或不相等测试，因为这类比较的结果和编译器选择在何处存储数据并无关系。例如：

```
p1 == p2;                         /* 表示 p1 和 p2 指向同一数组元素 */
p1 > p2;                          /* 表示 p1 处于高地址位置 */
p1 < p2;                          /* 表示 p2 处于低地址位置 */
```

指针变量还可以与 0 比较。设 p 为指针变量，则 p＝＝0 表明 p 是空指针，它不指向任何变量；p！＝0 表示 p 不是空指针。空指针是由对指针变量赋予 0 值得到的。

对指针变量赋 0 值和不赋值是不同的。指针变量未赋值时，可以是任意值，是不能使用的，否则将造成意外错误；而指针变量赋 0 值后则可以使用，只是它不指向具体的变量而已。

【例 8.3】 按从大到小的顺序输出两个整型变量的值。

```
# include "stdafx.h"
```

```
#include <stdio.h>
#include <stdlib.h>
int main( )
{
  int a = 5, b = 9;
  int p, * pa, * pb;                    /* 定义指针变量 pa、pb */
  printf("%d, %d\n", a, b);
  pa = &a;                              /* 让指针变量 pa 指向变量 a */
  pb = &b;                              /* 让指针变量 pb 指向变量 b */
  if ( * pa < * pb)                     /* a<b 成立则交换指针变量指向的值 */
  {
    p = * pa;                           /* 把指针变量 pa 的地址赋值给 p */
    * pa = * pb;                        /* 把指针变量 pb 的地址赋值给 pa */
    * pb = p;                           /* 把指针变量 p 的地址赋值给 pb */
  }
  printf("%d, %d\n", pa, pb);
  system("pause");
  return 0;
}
```

程序运行结果如下：

5, 9
9, 5

程序说明：变量 a 与变量 b 中的值并没有变，只是指针变量 pa 与指针变量 pb 的指向发生了变化，pa 原来指向 a，现在指向 b，pb 原来指向 b，现在指向 a。

【例 8.4】 分析下面程序的运行结果。

```
#include "stdafx.h"
#include <stdio.h>
#include <stdlib.h>
int main( )
{
  int a = 3, * p1;
  char ch = 'A', * p2;
  float x, y, * p3, * p4;
  p1 = &a;                    /* 把变量 a 的地址赋值给指针变量 p1 */
  p2 = &ch;                   /* 把变量 ch 的地址赋值给指针变量 p2 */
  p3 = &x;                    /* 把变量 x 的地址赋值给指针变量 p3 */
  p4 = p3 + 1;                /* 使 p3 指向下一个变量 y,并把 y 的地址赋值给指针变量 p4 */
  printf("%d, %c\n", a, ch);
  * p1 = * p1 + 6;            /* * p1 等价于 a,即相当于 a = a + 6 */
  * p2 = * p2 + 5;            /* * p2 等价于 ch,即相当于 ch = ch + 5 */
  printf("%d, %c\n", a, ch);
  if(p3 < p4)
    printf("OK!\n");
  else
    printf("NOT!\n");
  system("pause");
  return 0;
}
```

程序运行结果如下：

```
3, A
9, F
OK!
```

8.2.3　指针变量作为函数的参数

函数的参数不仅可以是整型、实型、字符型等数据，还可以是指针类型。它的作用是将一个变量的地址传送到另一个函数中。指针变量既可以作为函数的形参，也可以作为函数的实参。指针变量作实参时，与普通变量一样，也是"值传递"，即将指针变量的值（一个地址）传递给被调用函数的形参（必须是一个指针变量）。

参数间的值传递采用地址方式，其重要的特性是：在被调用的函数中，可以间接引用主调函数中的对象。被调函数不能改变实参指针变量的值，但可以改变实参指针变量所指向的变量的值。

【例 8.5】　输入 3 个整数，输出其中的最大整数和最小整数。

```c
# include "stdafx.h"
# include < stdio.h >
# include < stdlib.h >
void max_min(int * p1, int * p2, int * p3)
{
    int max, min;
    max = min = * p1;          /* 将 p1 指向的变量的值,赋值给 max、min */
    if(max < * p2)   max = * p2;
                               /* 若 max 的值小于 p2 指向的变量的值,则把 * p2 的值赋值给 max */
    if(max < * p3)   max = * p3;
                               /* 若 max 的值小于 p3 指向的变量的值,则把 * p3 的值赋值给 max */
    if(min > * p2)   min = * p2;
                               /* 若 min 的值大于 p2 指向的变量的值,则把 * p2 的值赋值给 min */
    if(min > * p3)   min = * p3;
                               /* 若 min 的值大于 p3 指向的变量的值,则把 * p3 的值赋值给 min */
    * p1 = max;                /* 把 max 的值赋给 p1 所指向的存储单元 */
    * p3 = min;                /* 把 min 的值赋给 p3 所指向的存储单元 */
}
int main( )
{
    int a,b,c;
    printf("input a,b,c = ");
    scanf("% d, % d, % d", &a, &b, &c );
    max_min(&a, &b, &c);
    printf("max = % d, min = % d\n", a, c);
    system("pause");
    return 0;
}
```

程序运行结果如下：

```
input a, b, c = 2, 9, 5 ↙
```

max = 9, min = 2

【例 8.6】 指针作为函数参数示例。

```
# include "stdafx.h"
# include < stdio.h >
# include < stdlib.h >
int main()
{ int x = 3, y = 5;
  void pointer(int * p1, int p2);
  pointer(&x, y);
  printf("x = % d, y = % d\n", x, y);
  pointer(&y, x);
  printf("x = % d, y = % d\n", x, y);
  system("pause");
  return 0;
}
void pointer(int * p1, int p2)
{ * p1 = 8;
  p2 = 10;
}
```

程序运行结果如下：

```
x = 8, y = 5
x = 8, y = 8
```

程序说明：第一次调用函数 pointer 时，将变量 x 的地址和变量 y 作为实参，依次传给形参 p1 和 p2，p1 指向 x。在函数中改变了形参 p1 所指向变量 * p1 和形参 p2 的值，由于 * p1 = x，所以返回主调函数时，x 的值就是 8，而形参 p2 的变化不会影响实参 y，y 的值仍然是 5。

为了使在函数中改变了的变量值能被 main 函数所用，不能采取把要改变值的变量作为参数的办法，而应该用指针变量作为函数参数，在函数执行过程中使指针变量所指向的变量值发生变化，函数调用结束后，这些变量值的变化依然保留下来，这样就实现了"通过调用函数使变量的值发生变化，在主调函数(如 main 函数)中可以使用这些改变了的值"的目的。

8.3 指针与数组

指针可以指向数组和数组元素，当一个指针指向数组后，对数组元素的访问，既可以使用数组下标，也可以使用指针。用指针访问数组元素，程序的效率更高。

8.3.1 指针与一维数组

1. 指向数组元素的指针变量

指向数组元素的指针变量，其类型应与数组元素相同，例如：

```
int a[10];
float b[10];
int * p;                /* 可以指向数组 a 的元素 */
```

```
float * q;                    /* 可以指向数组 b 的元素 */
```

为了让指针 p 指向数组 a,应把数组 a 的地址赋给指针变量 p。前面已介绍过:数组名 a 表示该数组在内存的起始地址,当然也可以用地址运算符 & 获得某个元素的地址,如 &a[2]即可获得元素 a[2]的地址。

因此,下面的语句均使指针 p 指向数组 a:

```
p = &a[0];
p = a;                        /* 把数组 a 的起始地址赋给 p,不是把数组的全部元素赋给 p */
```

【例 8.7】 通过指针变量输出 a 数组的 10 个元素。

```
# include "stdafx. h"
# include < stdio. h >
# include < stdlib. h >
int main( )
{
  int * p,i,a[10];
  p = a;
  for(i = 0;i < 10;i++)
  scanf(" % d",p++);
  printf("\n");
  p = a;
  for(i = 0;i < 10;i++,p++)
  printf(" % d ", * p);
  printf("\n");
  system("pause");
  return 0;
}
```

程序运行结果如下:

```
输入:1 2 3 4 5 6 7 8 9 10↙
输出:1 2 3 4 5 6 7 8 9 10
```

【例 8.8】 输出数组元素的地址及数组元素的值。

```
# include "stdafx. h"
# include < stdio. h >
# include < stdlib. h >
int main( )
{
  int i,a[5] = {1,3,5,7,9};
  for(i = 0;i < 5;i++)
  printf(" % d - % d,address: % x\n",i + 1, * (a + i),a + i); /* 输出数组的各个元素值 */
  system("pause");
  return 0;
}
```

程序运行结果如下:

```
1 - > 1,address:22ff40
2 - > 3,address:22ff44
```

```
3 - > 5,address:22ff48
4 - > 7,address:22ff4c
5 - > 9,address:22ff50
```

程序说明：程序运行时将数组 a 中元素的值和地址分别用十进制和十六进制的格式输出。a 的首地址为 22ff40，因为 int 型每个元素占 4 个字节，所以 a[0]～a[4]的地址分别为 22ff40、22ff44、22ff48、22ff4c、22ff50。

2. 通过指针引用数组元素

C 语言规定：如果指针变量 p 已指向数组中的一个元素，则 p+1 指向同一数组中的下一个元素。引入指针变量后，就可以用下标法和指针法两种方法来访问数组元素了。使用下标法，直观；而使用指针法，能使目标程序占用内存少、运行速度快。

如果有"int array[5]，* p＝a;"，则：

(1) p+i 和 array+i 都是数组元素 array[i]的地址。

(2) * (p+i)和 * (array+i)就是数组元素 array[i]。

(3) 指向数组的指针变量，也可将其看作是数组名，因而可按下标法来使用。例如，p[i]等价于 * (p+i)。

【例 8.9】 用下标法输出数组 a 中的全部元素。

```
# include "stdafx. h"
# include < stdio. h >
# include < stdlib. h >
int main()
{
  int a[5],i;
  printf("请输入 5 个数字: \n");
  for(i = 0;i < 5;i++)
    scanf(" % d",&a[i]);
for(i = 0;i < 5;i++)
    printf("\na[ % d] = % d   ",i,a[i]);
  system("pause");
  return 0;
}
```

程序运行结果如下：

```
请输入 5 个数字:
1 3 5 7 9

a[0] = 1
a[1] = 3
a[2] = 5
a[3] = 7
a[4] = 9
```

【例 8.10】 输入一组数据存放在数组中，找出其中的最小值。

```
# include "stdafx. h"
# include < stdio. h >
# include < stdlib. h >
```

```
int main()
{
  int a[5],i;
  int * p1, * p2;
  printf("请输入 5 个数字：\n");
  for(i = 0;i < 5;i++)
    scanf(" % d",&a[i]);
  p2 = a;                          /* 使 p2 指向数组 a 的首地址 */
  for(p1 = a + 1,i = 0;i < 5;i++)
    {
      if( * p2 > * p1)   p2 = p1;     /* 定位最小元素 */
      p1++;
    }
  for(i = 0;i < 5;i++)
    printf(" a[ % d] = % d ",i,a[i]);      /* 输出数组 a 中各个元素值 */
    printf("\n 数组 a 中的最小值为：% d", * p2); /* 输出数组 a 中最小元素值 */
  system("pause");
  return 0;
}
```

程序运行结果如下：

请输入 5 个数字：
9 5 3 1 7
a[0] = 9 a[1] = 5 a[2] = 3 a[3] = 1 a[4] = 7
数组 a 中的最小值为：1

程序说明：在程序中设置了指针变量 p2，用来存放最小元素的地址，初试时让它指向第一个元素的地址，然后利用指针 p1 将后面的元素分别和 p2 指向的元素进行比较。在每次比较之后，使 p2 指向数值较小元素的地址。全部元素比较完之后，p2 所指向的元素就是数组中最小的元素。

注意：

(1) 就数组而言，数组名是数组区域的首地址，它是一个地址常量，不能更改。因为数组一旦建立后，就由系统分配了确定的存储区域，其地址不能改变。若改变数组名，就相当于改变数组存储区域的地址，属于非法操作。

(2) 如果指针变量 pr 指向的是数组元素，则 * pr++ 与 (* pr)++ 的作用不同。根据运算符的右结合性，* pr++ 中的++是作用在变量 pr 上的，等价于 * (pr++)，表示对指针变量 pr 加 1，使指针指向后一个元素，如果是(* pr)++则是指针 pr 所指向的对象加 1。

(3) 指针变量可以实现本身的值的改变。如 p++是合法的，而 a++是错误的。因为 a 是数组名，它是数组的首地址，是常量。

(4) * (p++)与 * (++p)作用不同。如果 p 当前指向 a 数组中的第 i 个元素，则
* (p——)相当于 a[i——];
* (++p)相当于 a[++i];
* (——p)相当于 a[——i]。

3. 数组名作函数参数

一维数组元素指针作为函数的参数，即将数组中某个元素的地址作为函数的参数，其实

质就是指针作为函数的参数,函数调用时的值传递采用地址传递方式。在函数章节中,已讨论过数组名可以作为函数的实参,实际就是将数组第一个元素的地址传给被调函数。数组名作形参时,接收实参数组的起始地址;作实参时,将数组的起始地址传递给形参数组。

【例 8.11】 计算数组 a 中的前 n 个元素的和。

```
# include "stdafx. h"
# include <stdio. h>
# include <stdlib. h>
int main()
{
  int a[5],i,j;
  long sum;
long fsum(int *p,int n);
  printf("请输入一个数值(大于 0,小于 6): \n");
  scanf("%d",&j);
  for(i=0;i<5;i++)
    scanf("%d",&a[i]);
    sum=fsum(a,j);
    printf("\n 数组 a 前%d 个元素的和为: %d",j,sum);
  system("pause");
  return 0;
}
long fsum(int *p,int n)
{
  int i;
  long sum;
  for(i=0,sum=0;i<n;i++)
  sum+=p[i];
  return sum;
}
```

程序运行结果如下:

请输入一个数值(大于 0,小于 6):
3↙
5 4 3 2 1↙
数组 a 前%d 个元素的和为: 12

程序说明:函数调用时,数组名 a 作为实参,它的值被传给形参指针 p,p 就指向了数组的首个元素,在函数中,用 p[i]访问实参数组元素 a[i]所代表的存储单元。形参 n 的含义是函数可以处理从 p 开始连续的 n 个单元,但这些单元不能超出实参数组的有效范围。

【例 8.12】 完成对数组 a 元素的排序。

```
# include "stdafx. h"
# include <stdio. h>
# include <stdlib. h>
void sort(int *pa,int n)
{
  int i,j,k;
  float t;
```

```
    for(i = 0;i < n - 1;i++)
    {
      k = i;
      for(j = i + 1;j < n;j++)
      if( * (pa + j)> * (pa + k)) k = j;
      t = * (pa + i);
       * (pa + i) = * (pa + k);
       * (pa + k) = t;
    }
}
int main()
{
  int a[5] = {2,4,6,8,10};
  int i;
  sort(a,5);
  for(i = 0;i < 5;i++)
  printf(" % 4d",a[i]);
  system("pause");
  return 0;
}
```

程序运行结果如下:

```
10 8 6 4 2
```

程序说明:main 函数调用 sort 函数时,即将数组第一个元素的地址传给 sort 函数的形参 pa,使指针变量 pa 指向数组 a 的第一个元素,"a+i"即为数组元素 a[i]的地址,"* (a+i)"间接引用主函数中数组 a 的元素 a[i]。当返回 main 时,数组 a 中的数据是已经完成排序之后的数据。

归纳起来,如果有一个实参数组,想在函数中改变此数组的元素的值,实参与形参的对应关系有以下 4 种:

(1) 形参和实参都是数组名。

```
main()
{
  int a[10];
  …
  f(a,10)
  …
}
f(int x[ ],int n)
{
  …
}
```

a 和 x 指的是同一个数组。

(2) 实参用数组,形参用指针变量。

```
main()
{
```

```
    int a[10];
    …
    f(a,10)
    …
}
f(int * x,int n)
{
    …
}
```

（3）实参、形参都用指针变量。

```
main()                          void f(int * x,int n)
{                                   {
    int a[10], * p = a;                 …
    …                               }
    f(p,10)
    …
}
```

实参 p 和形参 x 都是指针变量。先使实参指针变量 p 指向数组 a,p 的值是 &a[0]。然后将 p 的值传给形参指针变量 x,x 的初始值也是 &a[0]。通过 x 值的改变可以使 x 指向数组 a 的任意元素。

（4）实参为指针变量,形参为数组名。

```
main()                          void f(int x[ ],int n)
{                                   {
    int a[10], * p = a;                 …
    …                               }
    f(p,10)
    …
}
```

实参 p 为指针变量,它指向 a[0]。形参为数组名 x,编译系统把 x 作为指针变量来处理,今将 a[0]的地址传给形参 x,使指针变量 x 指向 a[0]。也可以理解为形参数组 x 和 a 数组共用同一段内存单元。在函数执行过程中可以使 x[i]的值发生变化,而 x[i]就是 a[i]。这样,主函数可以使用变化了的数组元素值。

【例 8.13】 用选择法对 10 个整数按由大到小的顺序排序。

```
# include "stdafx. h"
# include < stdio. h>
# include < stdlib. h>
int main()
{
    void sort(int x[ ],int n);
    int * p,i,a[10];
    p = a;
    for(i = 0;i < 10;i++)
        scanf(" % d",p++);
    p = a;
```

```
        sort(p,10);
        for(p = a,i = 0;i < 10;i++)
          {printf(" % 2d", * p);
          p++;
          }
        system("pause");
        return 0;
      }
    void sort(int x[ ],int n)
    {
      int i,j,k,t;
      for(i = 0;i < n - 1;i++)
      {   k = i;
        for(j = i + 1;j < n;j++)
          if(x[j]> x[k])
          k = j;
          t = x[k];x[k] = x[i];x[i] = t;
        }
      }
```

程序运行结果如下：

```
8 4 5 2 1 3 0 9 6 7 ↙
9 8 7 6 5 4 3 2 1 0
```

为了便于理解，函数 sort 中用数组名作为形参，用下标法引用形参数组元素，这样的程序很容易看懂。

8.3.2　指向多维数组的指针和指针变量

下面以二维数组为例介绍多维数组的指针变量。在前面章节中，已经学习了如何定义和使用二维数组。设有整型二维数组 a[3][4]如下：

```
0    1    2    3
4    5    6    7
8    9    10   11
```

它的定义为：

int a[3][4]={{0,1,2,3},{4,5,6,7},{8,9,10,11}}。图 8.4(a)表示数组 a 的逻辑示意图，图 8.4(b)表示 a 在内存中排列的示意图，元素都是按顺序排放的。一维数组和二维数组的地址表示和指针使用有很大的不同，不能简单地用一维数组中的指针概念和结论来理解二维数组。

前面介绍过，C 语言允许把一个二维数组分解为多个一维数组来处理。因此数组 a 可分解为三个一维数组，即 a[0]，a[1]，a[2]。每一个一维数组又含有 4 个元素。

例如 a[1]数组，包含 a[1][0]、a[1][1]、a[1][2]、a[1][3]四个元素。

1. 二维数组的两种指针

二维数组中的地址有两种：表示数组真实元素的地址，称为"列地址"；表示数组的地址，称为"行地址"。

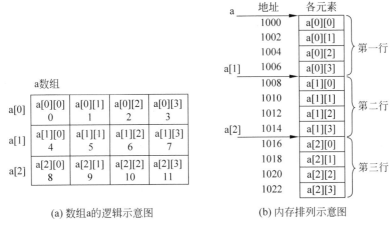

(a) 数组a的逻辑示意图　　　　(b) 内存排列示意图

图 8.4　数组 a 的逻辑和内存示意图

（1）列指针。二维数组中每个元素的地址即为列指针（或元素指针）。例如 a[2][2] 列指针可用 &a[2][2] 或者 a[2]+2 来表示。后面的表示方法是将数组中的每一行看作一个一维数组，a[2] 就表示多维数组 a 的第 3 行元素的首地址，也就是 a[2][0] 元素的地址。因为元素在内存中是按行排列的，所以 a[2]+2 就表示第 3 行第 3 个元素的地址。

（2）行指针。行指针变量是指向由 n 个元素组成的一维数组的指针变量，也就是多维数组当中的每一行的首地址，其对象是这个一维数组。

列指针和行指针的区别在于它们所指向的对象类型不同。列指针的对象是一个元素；行指针的对象是多维数组的一行，也就是一个一维数组，包含若干个元素。

二维数组行指针变量说明的一般形式为：

类型说明符　　（ ＊指针变量名）[长度]

其中"类型说明符"为所指数组的数据类型。"＊"表示其后的变量是指针变量。"长度"表示二维数组中每一行含有多少个元素，也就是二维数组的列数。例如：

```
int ( * p1)[3],( * p2)[4],a[3][4],b[4][3];
p1 = b;                /＊将数组 b 的地址赋给 p1 ＊/
p2 = a;                /＊将数组 a 的地址赋给 p2 ＊/
```

p1 和 p2 虽然都是行指针变量，但类型各不相同。p1 指向的行有 3 个 int 元素，而 p2 指向的行却有 4 个 int 型元素。

注意："＊指针变量"外的括号不能缺少，缺少则会成了指针数组——数组的每个元素都是一个指针，意义就完全不同了。

2. 二维数组元素的表示

（1）二维数组列指针的表示方法。

① &a[i][j]。使用取地址运算符 & 来获得 a[i][j] 元素的指针。

② a[i]+j。这种表示方法是把第 i 行看作一个一维数组，通过数组名 a[i]，计算出 a[i][j] 的地址 a[i]+j。例如：a[0]+2、a[1]+1 分别表示 a[0][2]、a[1][1] 元素指针。

③ ＊(a+i)+j。这种形式和②的基本道理都是相同的，只是将该行的地址用 ＊(a+i) 来取代 a[i]。

（2）二维数组元素的表示方法。

① a[i][j]。就是常用的下标法。

② *(a[i]+j)。

③ *(*(a+i)+j)。

后面两种形式是在元素指针前用间接操作符"*"来表示指针指向的元素的。

例如：*(a[0]+2)就表示 a[0][2]数组元素的值；*(*(a+0)+2)就表示 a[0][2]数组元素的值。

【例 8.14】 输入一个 3×4 矩阵的二维数组，并输出该矩阵各元素的值，并且输出各行元素的和。

```c
#include "stdafx.h"
#include <stdio.h>
#include <stdlib.h>
int main()
{
    int a[3][4],i,j,sum;
    int (*pr)[4];
    pr = a;
    printf("请输入 12 个整数: \n");
    for(i = 0;i < 3;i++)
    for(j = 0;j < 4;j++)
    scanf("%d", *(pr + i) + j);
    printf("数组 a 的元素值为: ");
    for(i = 0;i < 3;i++)
        for(j = 0;j < 4;j++)
        printf("%4d", *(*(pr + i) + j));
    for(i = 0;i < 3;i++)
    {
    sum = 0;
        for(j = 0;j < 4;j++)
    {
        sum = sum + *(a[i] + j);
    }
    printf("\n第%d行元素的和为: %d\n",i + 1,sum);
    }
    system("pause");
    return 0;
}
```

程序运行结果如下：

请输入 12 个整数：
0 1 2 3 4 5 6 7 8 9 10 11
数组 a 的元素值为：0 1 2 3 4 5 6 7 8 9 10 11
第一行元素的和为：6
第二行元素的和为：22
第三行元素的和为：38

在声明各变量之后，将数组 a 的地址赋给行指针 pr。然后在输入数组值的时候采用了列指针的第三种表示方法,即 *(a+i)+j;在输出数组 a 的元素值的时候采用了 *(*(a+i)+j) 的表示方法;最后在计算各行元素和的时候元素采用 *(a[i]+j)的表示方法。

3. 二维数组的行指针作函数参数

在前面章节的学习中,我们已经知道二维数组的数组名可以作为函数的参数,即行指针可以作为函数的参数。

【例 8.15】 编写函数,计算一个 4×4 矩阵两个对角线元素的和。

```
# include "stdafx.h"
# include < stdio.h>
# include < stdlib.h>
int diagonal (int ( * pr)[4],int n)
{
  int i,j,sum = 0;
  for(i = 0;i < n;i++)
    for(j = 0;j < n;j++)
      if((i == j)||(i + j == n - 1))
        sum += * ( * (pr + i) + j);
        return sum;
}
int main()
{
  int a[4][4],i,j,sum_djx;
  printf("4×4 矩阵为: \n");
  for(i = 0;i < 4;i++)
  {
    for(j = 0;j < 4;j++)
    {
      a[i][j] = 1 + i + j;
      printf(" % 3d ",a[i][j]);
    }
  printf("\n");
  }
  sum_djx = diagonal(a,4);
  printf("两条对角线元素的和为: % d",sum_djx);
  system("pause");
  return 0;
}
```

程序运行结果如下:

```
4×4 矩阵为:
  1 2 3 4
  2 3 4 5
  3 4 5 6
  4 5 6 7
两条对角线元素的和为: 32
```

程序说明:形参 pr 是指向 4 个 int 型元素的指针变量,在调用函数 diagonal(a,4)时,实参 a 是指向数组第一行的指针,将行指针传给形参指针变量 pr,使 pr 指向 a 的第一行,所以 *(*(pr+i)+j)就是数组中 a[i][j]的值,而形参是数组 a 的行数。上例函数 int diagonal (int（＊pr）[4]，int n)，其中 int（＊pr）[4]也可以写成 int pr[][4]，也就是 int diagonal(int pr[][4]，int n)。虽然两种写法不同，但两个 pr 的类型都是指针变量，是完全相同的。

用数组行指针作参数比数组名作参数具有更大的灵活性。可以指定函数中对二维数组从任一行开始的若干连续行进行操作。

8.4　指向指针的指针

如果一个指针变量存放的是另一个指针变量的地址，则称这个指针变量为指向指针的指针变量。

前面已经介绍过，通过指针访问变量称为间接访问。由于指针变量直接指向变量，所以称为"单级间接地址"。而如果通过指向指针的指针变量来访问变量则构成"二级间接地址"。

指向指针的指针的定义形式为：

数据类型 ＊＊p;

其中的"＊＊"表示其为指向指针的指针。

例如：

int a, ＊p = &a, ＊＊pp = &p;

前面学习的指向二维数组的指针就是一个指向指针的指针。例如：

char name[4][8];
char ＊＊p;
p = name;

name 是一个指针数组，它的每一个元素都是一个指针型数据，其值为地址。数组名name 代表该指针数组的首地址。name＋i 是 name[i]的地址。p 前面有两个"＊"号，相当于＊(＊p)。显然＊p 是指针变量的定义形式，如果没有前面的"＊"，那就是定义了一个指向字符数据的指针变量。现在它前面又有一个"＊"号，表示指针变量 p 是指向一个字符指针型变量的。＊p 就是 p 所指向的另一个指针变量。

【例 8.16】　通过指针变量输出指针数组中数组元素的地址和数组元素所指向的数组。

```c
# include "stdafx. h"
# include < stdio. h >
# include < stdlib. h >
int main( )
{
    char * p[4] = {"BASIC","DBASE","C","FORTRAN"};
                                        /* 定义字符指针数组 p,并赋初值 */
    char ** q;                          /* 定义指向指针的指针变量 q */
    int i;
    for(i = 0;i < 4;i++)
    {
        q = p + i;
        printf("% o", * q);             /* 依次输出 4 个字符串的地址 */
```

```
        printf("%s\n", *q);              /* 依次输出 4 个字符串 */
    }
    printf("\n");
    system("pause");
    return 0;
}
```

程序运行结果如下：

```
20420100   BASIC
20420070   DBASE
20420060   C
20420050   FORTRAN
```

程序中首先定义说明了指针数组 p 并进行了初始化赋值。又说明了 q 是一个指向指针的指针变量。在 4 次循环中，q 分别取得了 p[0]、p[1]、p[2]、p[3]的地址，再通过这些地址即可找到该字符并进行输出。

8.5 指针与函数

1. 指向函数的指针

在 C 语言中，一个函数总是占用一段连续的内存区的，而函数名就是该函数所占内存区的首地址，称为指向函数的地址。调用函数就是找到这组命令的首地址，并由此执行命令。所以可以用函数名调用函数，也可以用指向函数的指针来调用函数。我们把这种指向函数的指针变量称为"函数指针变量"。下面介绍函数指针变量的定义与赋值方法。

函数指针变量定义的一般形式为：

数据类型   (* 指针变量名)(函数形参类型列表)；

其中"数据类型"表示被指函数的返回值的类型。"(* 指针变量名)"表示" * "后面的变量是定义的指针变量。函数形参列表表示指针变量所指的函数所具有的参数及类型。例如：

```
int (*p1)(int);
char (*p2)(float,float);
```

上述语句定义了两个函数指针变量 p1、p2。其中 p1 指向函数的返回值必须是 int 类型，p2 指向函数的返回值必须是 char 类型，形参分别是 int 型、float 型。

每个函数在编译时被分配给一个入口地址，这个地址就是函数指针，将函数的入口地址赋值到同类型的函数指针变量中，就可以通过指针变量调用函数。例如：

```
int (*p)(int,int);
p = fun;
```

以后就可以使用指针变量 p 调用 fun，p(2,2)与 fun(2,2)的作用是相同的。

【例 8.17】 任意输入两个整数，求它们的和、差。

```
#include"stdafx.h"
#include < stdio.h >
```

```
#include<stdlib.h>
int add(int x, int y)
{   return(x+y);
}
int sub(int x, int y)
{   return(x-y);
}
int fun(int (*p)(int,int),int x, int y)
{   int z;
    z=(*p)(x, y);
    return(z);
}
int main( )
{
    int a,b;
    printf("input a,b=");
    scanf("%d, %d",&a,&b);
    printf("%d+ %d= %d\n",a,b,fun(add,a,b));
    printf("%d- %d= %d\n",a,b,fun(sub,a,b));
    system("pause");
    return 0;
}
```

程序运行结果如下：

```
input a,b=12,4 ↙
12+4=16
12-4=8
```

程序中 add()、sub()是已经定义的函数，分别用来求两个数的和、差。函数 fun()中的形参 p 是指向函数的指针变量，main()函数调用 fun()函数：

```
fun(add,a,b)
```

将 add()函数的入口地址传递给了指向函数的指针变量 p，即 p 指向函数 add()。a、b 的值分别传递给 x、y。函数 fun 中 z=(*p)(x,y)实质上相当于 z=add(x,y)语句。从而求出了 a 与 b 的和。其他的语句执行过程相似。

2. 返回指针的函数

前面已经介绍过，所谓函数类型是指函数返回值的类型。一个函数可以返回一个 int 型、float 型、char 型的数据，在 C 语言中也可以返回一个指针类型的数据，这种返回指针值的函数称为指针型函数。

定义指针型函数的一般形式为：

数据类型 ＊函数名(数据类型 形参,数据类型 形参,…)
{
 函数体
}

其中函数名之前加了"＊"号表明这是一个指针型函数，即返回值是一个指针。
数据类型表示了返回的指针值所指向的数据类型。

例如：

```
int * pr(int x,int y)
{
    函数体
}
```

即表示 pr 是一个指针型函数，pr 的返回值是指向 int 类型变量的指针。

【例 8.18】 用户输入一个月份号（如 11），程序输出对应月份的英文名（November）。

```
# include "stdafx.h"
# include <stdio.h>
# include <stdlib.h>
char * month_name(int n);
int main()
{
    int n;
    char * p;
    printf("Input a number of a month\n");
    scanf(" %d",&n);
    p = month_name(n);
    printf("It is %s\n",p);
    system("pause");
    return 0;
}
char * month_name(int n)
{
    static char * name[] = {"Ilegal month","January","February","March","April",
"May","June","July","August","September","October","November","December"};
    if (n<1||n>12)
    return(name[0]);
    else
    return(name[n]);
}
```

程序运行结果如下：

```
Input a number of a month
4 ↙
It is April
```

本例中定义了一个指针函数 month_name，它的返回值指向一个字符串。该函数中定义了一个静态指针数组 name。name 数组初始化赋值为 13 个字符串，分别表示出错信息和各个月的英文名称。形参 n 表示与月名所对应的整数。在主函数中，把输入的整数 n 作为实参，调用 month_name 函数并把实参 n 值传送给形参 n。month_name 函数中的 return 语句包含一个条件表达式，n 值若大于 12 小于 1 则把 name[0]指针返回主函数输出出错提示字符串"Ilegal month"。否则返回主函数输出对应的月名。

【例 8.19】 有若干个学生的成绩（每个学生有 4 门课程），要求在用户输入学生序号以后，能输出该学生的全部成绩。用指针函数来实现。

```
#include "stdafx.h"
#include <stdio.h>
#include <stdlib.h>
int main()
{
  float score[][4] = {{60,70,80,90},{56,89,67,88},{34,78,90,66}};
  float * search(float( * pointer)[4],int n);
  float * p;
  int i,m;
  printf("Enter the number of student:");
  scanf("%d",&m);
  printf("The scores of No.%d are:\n",m);
  p = search(score,m);
  for(i = 0;i < 4;i++)
    printf("%5.2f\t", * (p + i));
    printf("\n");
  system("pause");
  return 0;
}
float * search(float( * pointer)[4],int n)
{
  float * pt;
  pt = * (pointer + n);
  return(pt);
}
```

程序运行结果如下：

```
Enter the number of student:2 ↙
The scores of No.%d are:
34.00    78.00    90.00    66.00
```

注意：学生序号是从 0 号算起的。函数 search 被定义为指针型函数，它的形参 pointer 是指向包含 4 个元素的一维数组的指针变量。pointer＋1 指向 score 数组序号为 1 的行。 * (pointer＋1)指向 1 行 0 列元素，加了" * "号后，指针从行控制转化为列控制了。search 函数中的 pt 是指针变量，它指向实型变量。main 函数调用 search 函数，将 score 数组首行地址传给形参 pointer。m 是要查找的学生序号。调用 search 函数后，得到一个地址(指向第 m 个学生第 0 门课程)，赋给 p。然后将此学生的 4 门课程的成绩输出。注意 p 是指向列元素的指针变量， * (p＋i)表示该学生第 i 门课程的成绩。

8.6　字符串与指针

　　字符串是由若干字符组成的字符序列，与基本类型变量的存储相似，它在内存按字符串中字符的排列顺序依次存放，每个字符占一个字节，并在末尾添加'\0'作为结束标记。由于字符串是一串字符，通常被看作一个特殊的一维字符数组。因此只要知道字符串在内存中的起始地址，也就是第一个字符的地址，就可以对字符串进行处理。利用指针的特点，若用指针变量指向字符串，就可以非常方便地对字符串进行处理。

1. 字符串的表示与引用

（1）字符串的表示。在 C 语言中，既可以用字符数组表示字符串，也可以用字符指针变量来表示字符串；引用时，既可以逐个字符引用，也可以整体引用。

【例 8.20】 用字符数组表示字符串。

```
# include "stdafx.h"
# include <stdio.h>
# include <stdlib.h>
int main()
{
  char a[ ] = "Program!";
  printf(" % s\n",a);
  system("pause");
  return 0;
}
```

程序运行结果如下：

Program!

字符串指针就是字符串第一个字符的地址。对于一个字符串常量，其值就是一个字符串指针，表示它在内存中第一个字符的地址。字符串指针的定义方法和别的变量指针的定义方法相同，例如：

```
char * a = "Program!";
```

定义并初始化字符指针变量 a，用串常量"Program!"的地址给 a 赋初值。该语句也可分成如下所示的两条语句：

```
char * a;
a = "Program!";
```

（2）字符指针变量与字符数组的比较。虽然用字符指针变量和字符数组都能实现字符串的存储和处理，但二者是有区别的，不能混为一谈。首先，字符指针变量中存储的是字符串的首地址，而字符数组中存储的是字符串本身；其次，赋值方式不同；最后，指针变量的值是可以改变的，字符指针变量也不例外，数组名代表数组的起始地址，是一个常量，而常量是不能改变的。

（3）字符串的引用。字符串一般放在字符串数组中或用指针变量指向一个字符串，所以引用时通过字符数组名或者指向字符串的指针来引用字符串。

【例 8.21】 在字符串中查找有无某字符。

```
# include "stdafx.h"
# include <stdio.h>
# include <stdlib.h>
int main( )
{
  char st[50], * ps;
  int i;
  printf("input a string:");
```

```
    ps = st;
    scanf("% s",ps);
    for(i = 0; ps[i]! = '\0'; i++)
        if(ps[i] == 'k')                          /*  在输入的字符串中查找有无'k'字符  */
        break;
    if(ps[i] == '\0')
        printf("there is no'k'in the string.\n");
    else
        printf("there is a'k'in the string.\n");
    system("pause");
    return 0;
}
```

程序运行结果如下：

```
input a string : sdfghjkl ↙
there is a 'k' in the string.
input a string : abcemn ↙
there is no 'k' in the string
```

2. 字符串指针作函数参数

将一个字符串从一个函数传递到另一个函数，可以用地址传递的办法，即用字符数组名作参数，也可以用指向字符的指针变量作参数。在被调用的函数中可以改变字符串的内容，在主调函数中可以得到改变了的字符串。

【例 8.22】 计算字符串的长度。

```
# include "stdafx. h"
# include < stdio. h >
# include < stdlib. h >
int len(char * p)
{
    int i = 0;
    while( * p!= '\0')
    {
        i++;
        p++;
    }
    return i;
}
int main()
{
    char a[ ] = {"Hello world"};
    printf("字符串长度为: % d",len(a));
    system("pause");
    return 0;
}
```

程序运行结果如下：

字符串长度为: 11

程序说明：在调用 len 函数时,参数 a 是一个字符串指针。将 a 赋给 p 后,p 和 a 都指向同一个字符串。

8.7 指针与数组

指针数组用以存放一组同类型的地址值,通常用于字符串数组的操作。

1. 指针数组的概念和初始化

指针数组的每个元素都是一个指针数据。指针数组是一组有序的指针的集合。指针数组的所有元素都必须是具有相同存储类型和指向相同数据类型的指针变量。指针数组比较适合用于指向多个字符串,使字符串处理更加方便、灵活。

指针数组定义的一般格式如下:

类型说明符 * 数组名[常量表达式]

其中类型说明符为指针值所指向的变量的类型。

例如:

float * pr[3];

表示 pr 是一个指针数组,它有三个数组元素,每个元素值都是一个指针,指向浮点型变量。下面的语句定义了指针数组并同时给元素初始化:

float * p[3] = {2.1,3.2,4.9};

指针数组 p 中的每个元素都是一个浮点型指针。

【例 8.23】 利用指针数组输出另一个一维数组中各元素的值。

```
# include "stdafx. h"
# include < stdio. h>
# include < stdlib. h>
int main( )
{
  int i;
  int a[5] = {2, 4, 6, 8, 10};
  int * p[5];
  for(i = 0; i < 5; i++)
    p[ i] = a + i;
  for(i = 0; i < 5; i++)
    printf(" % d  ", * p[ i]);
  system("pause");
  return 0;
}
```

程序运行结果如下:

2 4 6 8 10

2. 指针数组的应用举例

一般情况下,指针数组的应用多数是用字符指针数组来处理多个字符串。尤其是当这些字符串长短不等时,使用指针数组比使用字符数组处理更方便、灵活,而且节省存储空间。

【例 8.24】 用 0～6 分别代表星期日至星期六,当输入其中的任意一个数字时,请输出对应的星期名。

```
# include "stdafx.h"
# include <stdio.h>
# include <stdlib.h>
int main( )
{
    char * weekname[7] = {"Sunday","Monday","Tuesday","Wednesday","Thursday",
"Friday","Saturday"};
    int week;
    printf("input week No:");
    scanf("%d",&week);
    if(week>=0&&week<7)
        printf("week No:%d-->%s\n",week,weekname[week]);
    else
        printf("input error!!\n");
    system("pause");
    return 0;
}
```

程序运行结果如下:

```
input week No:6 ↙
week Mo: --> saturday
```

8.8 带参数的主函数 main

前面介绍的所有 main 函数都是不带参数的,因此读者看到的 main 函数的括号都是空括号。实际上 main 函数是可以带参数的,C 语言规定 main 函数的参数只能有两个,习惯上这两个参数写成 argc 和 argv。因带此参数的 main 函数的形式如下:

void main(int argc,char * argv[])

C 语言还规定第一个形参 argc 必须是整型变量,它用来存放程序执行时参数的个数,至少是 1 个,也就是该程序的可执行文件名;第二个形参 argv 为指针数组,存放实参的指针。其中 argv[0]指向第一个实参即该程序的可执行文件名,argv[1]指向第二个实参……。由于 main 函数不能被其他函数调用,因此不可能在程序内部取得实际值。那么,在何处把实参值赋予 main 函数的形参呢?

实际上,main 函数的参数值是从操作系统命令行上获得的。当我们要运行一个可执行文件时,在 DOS 提示符下输入文件名,再输入实际参数即可把这些实参传送到 main 的形参中去。下面用简单的程序,说明给 main 函数传递实参的方法。

【例 8.25】 为 main 传递实参,保存为 a.c 到 C 盘根目录下。

```
# include "stdafx.h"
# include <stdio.h>
# include <stdlib.h>
int main(int argc,char * argv[])
```

```
{
  int i = 0;
  printf("参数的个数为: %d\n",argc);
  while(i < argc)
  {
    printf("第%d个参数: %s",i + 1,argv[i]);
    i++;
  }
  system("pause");
  return 0;
}
```

将上面的程序编译、链接之后得到 a. exe,在 DOS 环境下输入:

C:\> a hello world
参数的个数为: 3
第 1 个参数: a 第 2 个参数: hello 第 3 个参数: world

在 DOS 环境下,当输入"a hello world"时,系统就会根据参数个数自动为两个形参赋值。

由上面的程序可以看出,当运行带形参的主函数时,必须在操作系统状态下,输入主函数所在的可执行文件名以及所需的实参,然后按 Enter 键即可。

习 题 8

一、选择题

8.1 以下选项中,对基本类型相同的指针变量不能进行运算的运算符是( )。

  A. +   B. −   C. =   D. ==

8.2 若有定义"int a[3][4];",不能表示数组元素 a[1][1] 的是( )。

  A. *(a[1]+1)   B. *(&a[1][1])   C. (*(a+1)[1])   D. *(a+5)

8.3 下面程序的输出结果是( )。

```
main()
{
    int a[ ] = {1,2,3,4,5,6,7,8,9,10}, *p;
    p = a;
    printf("%d\n", *p + 9);
}
```

  A. 0   B. 1   C. 10   D. 9

8.4 若有定义"int a[4][3],b[3][4],(*p)[3];"及 0<i<3,则下面正确的赋值语句是( )。

  A. p=a;   B. p=b;   C. p=b[i];   D. p=a[i];

8.5 以下程序的功能是调用 Finkmax 函数返回数组中的最大值。

```
Findmax(int  *a, int  n)
{
  int  *p, *s;
```

```
    for(p = a, s = a; p - a < n; p++)
        if (_____)
        s = p;
    return( * s);
}
main( )
{
    int   x[5] = {12,21,13,6,18};
    printf(" % d\n",Findmax(x,5));
}
```

在画线处应填入的是(   )。

      A. p＞s   B. ＊p＞＊s   C. a[p]＞a[s]   D. p-a＞p-s

8.6   有以下程序：

```
main()
{
  char * s[ ] = { "one","two","three"}, * p;
  p = s[1];
  printf("%c, % s\n", * (p + 1),s[0]);
}
```

执行后的输出结果是(   )

      A. n,two   B. t,one   C. w,one   D. o,two

8.7   若有以下说明,且 0≤i＜10,则对数组元素的错误引用是(   )。

```
int a[ ] = {1,2,3,4,5,6,7,8,9,10}, * p = a,i;
```

      A. ＊(a＋i)   B. a[p－a＋i]   C. p＋i   D. ＊(&a[i])

8.8   下列程序的输出结果是(   )。

```
# include < string. h>
main()
{
    char * p = "abcde\0fghjik\0 ";
    printf(" % d ",strlen(p));
}
```

      A. 12   B. 15   C. 6   D. 5

8.9   对于下列程序,正确的是(   )。

```
# include < stdio. h>
void f( int * p)
{
  * p = 10;
}
main()
{
  int * p;
  f(p);
  printf(" % d ",( * p)++);
}
```

A. 输出的值是随机值　　　　　　B. 因输出语句错误而不能执行

C. 输出值为 10　　　　　　　　D. 输出值为 11

8.10　以下程序的输出结果是(　　)。

```
#include <stdio.h>
void fun(int * s, int n1, int n2)
{   int i,j,t;
    i = n1;j = n2;
    while(i<j)
    {   t = * (s + i); * (s + i) = * (s + j); * (s + j) = t;
        i++;j-- ;
    }
}
main( )
{   int a[10] = {1,2,3,4,5,6,7,8,9,0},i, * p = a;
    fun(p,0,3);fun(p,4,9);fun(p,0,9);
    for(i = 0;i<10;i++)printf( % d", * (a + i))
}
```

A. 0987654321　　　B. 4321098765　　　C. 5678901234　　　D. 0987651234

二、填空题

8.11　以下程序段的输出结果是_____。

```
main( )
{
    char    * p = "abcdefgh", * r;
    long    * q;
    q = (long * )p;
    q++;
    r = (char * )q;
    printf(" % s\n",r);
}
```

8.12　以下程序的输出结果是_____。

```
#include <stdio.h>
int fun(int x, int y, int * cp, int * dp)
{   * cp =  x + y;
    * dp = x - y;
}
main( )
    {   int a,b,c,d;
    a = 4;b = 3 ;
    fun(a,b,&c,&d);
    printf(" % d, % d\n", c,d);
}
```

8.13　若有定义"char ch;"

(1) 使指针 p 可以指向变量 ch 的定义语句是_____。

(2) 使指针 p 指向变量 ch 的赋值语句是_____。

（3）通过指针 p 给变量 ch 读入字符的 scanf 函数调用语句是_____。

（4）通过指针 p 给变量 ch 赋字符的语句是_____。

（5）通过指针 p 输出 ch 中字符的语句是_____。

8.14　下面程序的运行结果为_____。

```c
# include < stdio. h>
main( )
{
  int a[ ] = {1,2,3,4,5,6};
  int * p;
  p = a;
  printf(" % d, % d\n", * p, * (p + 3));
}
```

8.15　以下程序的运行结果为_____。

```c
# include < stdio. h>
main( )
{
  int a[5] = {1,2,3,4,5};
  int y, * p = &a[2];
  y = ( * -- p)++;
  printf(" % d, % d\n",y,a[1]);
}
```

三、编程题

8.16　编写程序，判定一个子串在一个字符串中出现的次数，如果该子串不出现则返回 0。

8.17　任意从键盘输入 10 个整数，用函数编程实现将其中最大的数和最小的数的位置对换后，再输出调整后的数组。

8.18　编写程序，输入月份号，输出该月的英文月名。例如输入 3，则输出 March，要求用指针数组处理。

8.19　用指针编程实现从键盘输入 10 名学生成绩，显示其中的最低分、最高分及平均分。

8.20　编写一个交换变量值的函数，利用该函数交换数组 a 和数组 b 中的对应元素值。

8.21　编写一个函数，将一个 3×3 的整型矩阵转置。

第9章 结构体、共用体和枚举类型

经过前面的学习,我们掌握了基本的数据类型及其定义和使用方式,这使得编程变得简单易读,随后又学习了数组,它对数据的描述更加方便。但是仅仅使用我们学过的这几种数据类型来处理数据是不够的。基本的数据类型只能处理单个的数据,而数组在处理数据时,必须要求数据是同种类型的,但是在实际的使用中,有很多不同类型的数据需要集中起来定义和使用。例如,要建立一个单位职工的档案管理系统,每个职工都要有姓名、年龄、职称、工资等一系列的信息,这些信息的数据类型是不相同的,所以用我们以前学过的数据类型没有办法去描述,本章将学习 C 语言中的复杂的数据类型——结构体、共用体和枚举类型,它们具有更强的表现能力。

9.1 结构体类型

结构体是一种复合的数据类型,它允许使用其他数据类型构成一个结构体类型,而一个结构体类型变量内的所有数据可以作为一个整体进行处理。同数组类似,一个结构体也是若干相关数据项的集合。与数组不同,数组中的所有元素都只能是同一类型的,而结构体中的数据项可以是不同的类型的。

9.1.1 结构体类型的定义

定义结构体类型的一般格式是:

```
struct 结构体类型名
{   类型 1   成员变量名 1;
    类型 2   成员变量名 2;
      ⋮         ⋮
    类型 n   成员变量名 n;
};
```

其中,struct 为关键字,是结构体的标识符;结构体名是所定义的结构体的类型标识,由用户自己定义;{}中包围的是组成该结构体的成员项;每个成员的数据类型既可以是简单的数据类型,也可以是复杂的数据类型。整个定义是一个完整的语句,用分号结束。

例如,定义一个名为 Student 的具有姓名和年龄的结构体:

```
struct Student
{
    char name[10];
    int age;
};
```

又如,为了描述日期可以定义如下结构体:

```
struct Date
{
    int year;
    int month;
    int day;
};
```

上面定义了一个叫 Date 的结构体类型,在 Date 结构体中,有三个成员 year,month 和 day,三个成员的数据类型都是整型。

注意:

(1) 结构体类型名为"struct Date",其中 struct 是定义结构体类型的关键字,它和系统提供的基本类型,如 int 类型等具有同样的地位和作用,可以在类型的基础上定义变量。

(2) 在{}中定义的变量叫做数据成员,定义数据成员的方法和前面变量定义的方法一样,注意不能忽略最后的分号。

(3) 在 C 语言中,可以在一个函数的内部定义结构体,也可以在所有函数的外部定义结构体。只是在函数内部定义的结构体,仅在该函数内部有效,而定义在外部的结构体,在所有函数中都可以使用。

9.1.2 结构体类型变量和数组的定义

1. 结构体变量的定义

定义结构体变量,有以下三种方法。

(1) 先定义结构体类型再说明结构体变量。格式如下:

struct 结构体类型名称　结构体变量名;

例如:

```
struct Date
{
    int year;
    int month;
    int day;
};
struct Date birthday;
```

结构体变量所占存储空间的大小,是成员列表中所有成员所占内存之和。例如:Date 类型的变量 birthday 包含了 3 个整型数据成员 year,month 和 day。其中,数据成员 year 占用 4 个字节的内存空间,month 和 day 因为也是整型的数据成员,所以各自也占用 4 个字节的内存空间,总共占用的字节数是 12 个,即 birthday 占内存空间 12 个字节。

(2) 在定义结构体类型的同时定义结构体变量。

struct 结构体名
{
**　成员列表**
}变量名列表;

下面是该方法的具体应用,它在定义结构体类型后直接定义两个结构体变量:

```
struct student
{
    int num;
    char name[20];
    char sex;
    char department[25];
    int year;
    float score;
} student1,student2;
```

（3）直接定义结构类型变量,此时不出现结构体名。其一般形式为:

struct
{
    成员列表
}变量名列表;

下面的例子定义了描述日期的结构体类型变量:

```
struct
{
    int month;
    int day;
    int year;
} data1,data2;
```

2. 结构体数组的定义

描述学生信息的一个结构体变量一次只能描述一个学生的信息,如果需要同时描述和处理一批学生的信息,就需要使用结构体数组。即结构体数组中的每一个数据元素本身是一个结构体类型的数据,如图 9.1 所示。

	num	name	sex	department	year	score
stu[0]	1	Li	M	computer	2	88.6
stu[1]	2	Wang	F	phisics	2	89
stu[2]	3	Zhang	F	mechanics	2	92

图 9.1　结构体数组示意图

定义结构体数组与定义结构体变量相似。下面是一个具体的结构体数组的定义:

```
struct student
{ int num;
    char name[20];
    char sex;
    char department[25];
    int year;
    float score;
};
struct student stu[5];
```

结构体、共用体和枚举类型

9.1.3 结构体变量和数组的初始化

1. 结构体变量的初始化

在定义结构体变量时,可以用大括号括起来的初值表对变量进行初始化(即为其成员变量赋初值)。

例如,定义学生情况的结构体变量并为其赋初值。

```
struct student
{ long int num;
  char name[10];
  char sex;
  int age;
  float score;
} student1 = {20110101,"Yao Ming",'M',19,90.5};
```

或

```
struct student
{ long int num;
  char name[10];
  char sex;
  int age;
  float score;
};
main()
{
  struct student student1 = {20110101,"Yao Ming",'M',19,90.5};
  …
}
```

说明:对结构体变量初始化时,初始化表中初值的个数可以少于结构体成员变量的个数,此时初始化表中初值按顺序给结构体成员变量赋初值,没有值的成员将被初始化为 0。

2. 结构体数组的初始化

由于结构体数组中的每个数组元素都是结构体类型的数据,因此每个数组元素各成员的初值可以用一对大括号括起来。例如:

```
struct student student1[2] = {{1, "Li Wei",'F',"computer",3,88.7},
                {2, "Wang Le",'M',"computer",3,98}};
```

或

```
struct student
{ long int num;
  char name[10];
  char sex;
  int age;
  float score;
} student1[2] = {{1, "Li Wei",'F',"computer",3,88.7},
         {2, "Wang Le",'M',"computer",3,98}};
```

其中,第1对大括号内的数据赋给结构体数组的第1个数组元素,第2对大括号内的数据赋给结构体数组的第2个数组元素。

9.1.4 结构体变量和数组的引用

1. 结构体变量的引用

结构体变量的引用是通过引用结构体变量的成员实现的。其引用方式如下:

结构体变量名.成员名

其中,"."是结构体成员的操作符,它把两个操作数当作整体看待,例如,student1.num 表示 student1 结构体变量的 num 成员。即 student1.num 作为整体可看作是代表了 num 这个成员变量。

【例9.1】 结构体变量的引用。

```c
# include "stdafx.h"
# include < stdio.h>
# include < stdlib.h>
int main( )
{
    struct stu                              /* 定义结构体 stu */
    {   int num;
        char * name;
        char sex;
        float score;
    }  boy1, boy2;                          /* 定义 stu 类型的变量 boy1、boy2 */
    boy1.num = 102;
    boy1.name = "Zhang ping";
    printf("input sex and score:\n");
    scanf(" % c % f", &boy1.sex, &boy1.score);   /* 给 boy1 的成员 sex 和 score 赋值 */
    boy2 = boy1;                            /* 把 boy1 整体赋给 boy2 */
    printf("number = % d\name = % s\n", boy2.num, boy2.name);
    printf("sex = % c\nscore = % 6.2f\n", boy2.sex, boy2.score);
    system("pause");
    return 0;
}
```

程序运行结果如下:

```
input sex and score:
M 96 ↙
number = 102
name = Zhang ping
sex = M
score = 96.00
```

本程序中用赋值语句给 num 和 name 两个成员赋值,name 是一个字符串指针变量。用 scanf()函数动态地输入 sex 和 score 成员值,然后把 boy1 的所有成员的值整体赋予 boy2。最后分别输出 boy2 的各个成员值。

2. 结构体数组的引用

结构体数组的引用方式如下：

结构体数组名[下标].成员名

【例 9.2】 计算学生的平均成绩和不及格的人数。

```
#include "stdafx.h"
#include <stdio.h>
#include <stdlib.h>
struct stu
{
    int num;
    char * name;
    char sex;
    float score;
}boy[5] = {{101,"Li ping", 'M', 45},{102,"Zhang ping",'M',62.5},
{103,"He fang",'F',92.5},{104,"Cheng ling",'F',87},{105,
"Wang ming",'M',58}};
int main()
{
    int i,c = 0;
    float ave,s = 0;
    for(i = 0;i < 5;i++)
    {
        s += boy[i].score;
        if(boy[i].score < 60)
            c += 1;
    }
    printf("s = %6.2f\n",s);
    ave = s/5;                              /* 计算平均成绩 */
    printf("average = %6.2f\ncount = %d\n",ave,c);
    system("pause");
    return 0;
}
```

程序运行结果如下：

```
s = 345.00
average = 69.00
count = 2
```

本例程序中定义了一个外部结构体数组 boy，共 5 个元素，并进行了初始化赋值。在 main() 函数中用 for 语句逐个累加各元素的 score 成员值存于 s 之中，如 score 的值小于 60（不及格），即计数器 c 加 1，循环完毕后计算平均成绩，并输出全班总分、平均分及不及格人数。

3. 指向结构体的指针及对结构体变量和结构体数组的引用

如果指针变量存储的是结构体变量的起始地址，就可以说指针变量指向该结构体类型数据。结构体变量的起始地址称为该结构体变量的指针。

定义一个指向结构体类型的指针变量，也有三种方法，与结构体变量的定义相同。设已

定义了一个结构体类型 struct student,那么定义一个指向该结构体类型的指针的方法为:

struct student * pt;

pt 是指向 struct student 结构体数据类型的指针变量。此时 pt 并没有指向一个固定的内存单元,而是被分配了一个随机值。为了使 pt 指向一个内存区域,需要对该结构体指针初始化,例如,一个 struct student 类型的变量 student1 已经被赋了初值,则完成下面操作:

pt = &student1;

指针 pt 指向结构体变量 student1 的首地址。

(1) 指向结构体的指针与结构体变量的引用。利用指向结构体的指针变量,可以访问结构体变量的各个成员。若 p 是指向结构体的指针变量,则 p 引用成员的形式为:

(* p).成员名

或

P->成员名

其中,指向运算符"->"把两个操作符当作整体来看待,例如,p->num 表示 p 所指向的结构体变量的 num 成员。p->num 作为整体代表了 num 这个成员变量。

【例 9.3】 利用指向结构体的指针变量引用各结构体成员。

```
# include "stdafx. h"
# include < stdio. h>
# include < stdlib. h>
struct date
{
  int month;
  int day;
  int year;
}data1, * p;
int main()
{
  p = &data1;
  printf("input year,month,day:");
  scanf(" % d, % d, % d",&p -> year, &p -> month, &p -> day);
  printf("\n");
  printf("year = % d,month = % d,day = % d\n",p -> year, p -> month, p -> day);
  system("pause");
  return 0;
}
```

程序运行结果如下:

input year,month,day:2011,4,14 ↙
year = 2011,month = 4,day = 14

(2) 指向结构体数组的指针与结构体数组的引用。若指针变量 p 指向结构体数组的第一个元素,则 p+1 指向结构体数组的下一个元素的起始地址,这样就可以用指针变量 p 访问结构体数组的每一个元素。

结构体、共用体和枚举类型

【例 9.4】 指向结构体数组的指针的应用。

```c
#include "stdafx.h"
#include<stdio.h>
#include<stdlib.h>
struct student
{
    int num;
    char name[20];
    char sex;
    char department[25];
    int year;
    float score;
};
int main()
{
    struct student stu[2] = {{1, "Li Wei",'F',"computer",3,88.7},
                    {2, "Wang Le",'M',"computer",3,98}};
    struct student * p;
    for(p = stu;p<= stu + 1;p++)
        printf("%d,%s,%c,%s,%d,%5.2f\n", p->num, p->name, p->sex,
        p->department, p->year,p->score);
    system("pause");
    return 0;
}
```

程序运行结果如下：

```
1,Li Wei,F,computer,3,88.70
2,Wang Le,M,computer,3,98.00
```

4. 结构体变量引用的注意事项

（1）经过引用的结构体成员和普通的基本型变量一样使用，例如：

```c
printf("%d",student1.num);
student1.num = student1.num + 10;
```

（2）一个结构体变量不可以作为整体进行输入和输出，只能通过成员引用的方式对各个成员逐个进行输入和输出。例如，对于结构体变量 student1，下面的使用方式是错误的：

```c
printf("%d",student1);
```

其中一个正确的使用方式如下：

```c
printf("%d",student1.num);
```

（3）可以引用成员的地址，也可以引用结构体变量的地址，例如：

```c
scanf("%d".&student1.num);
printf("%o",&student1);
```

（4）相同类型的结构体变量可以作为整体互相赋值，例如：

```c
struct date
```

```
{ int month;
  int day;
  int year;
}data1,data2;
```

下面的使用是合法的：

```
data1 = data2;
```

它等价于下面的使用方式：

```
data1.month = data2.month;
data1.day = data2.day;
data1.year = data2.year;
```

（5）两个结构体变量不可以直接进行算术的四则运算，只能通过成员引用的方式来进行运算。

9.1.5　结构体类型的嵌套

前面定义的 struct student 结构体类型，其成员类型都是基本类型。但在实际应用中，结构体成员的类型本身也可以是一个结构体类型。

下面的例子显示 struct student 的成员 birthday 是结构体类型 struct date：

```
struct date
{int month;
  int day;
  int year;
};
struct student
{ int num;
  char name[20];
  char sex;
  char department[25];
  int year;
  float score;
  struct date birthday;
};
```

对于成员也是结构体类型的结构体变量，其初始化方式是用一对大括号括起具有结构体类型的成员的初值，如下：

```
struct date
{int month;
  int day;
  int year;
};
struct student
{ int num;
  char name[20];
  char sex;
  char department[25];
```

```
    int year;
    float score;
    struct date birthday;
}student1 = {1, "Li Wei",'F',"computer",3,88.7,{2,18,1990}};
```

若一个结构体类型的成员是另外一个结构体类型,则只能对最低级的成员进行赋值、存取及运算。例如,对 birthday 这个成员的引用形式为:

```
student1.birthday.year = 1990;
student1.birthday.month = 2;
student1.birthday.day = 18;
```

9.2 共用体类型

C 语言中使用关键字 union 把不同类型的数据组合在一起,但在同一时刻,只有一种类型的数据在内存中,每次使用共用体中的数据,都从内存中同一个位置分配存储空间,也就是说共用体中的成员互相覆盖,占用同一段内存空间,共用体所占的最大存储空间由它的成员中最长的成员长度决定。

9.2.1 共用体类型的定义

共用体类型的定义一般形式为:

union 共用体标识名
{   类型名 1   共用体成员名 1;
类型名 2   共用体成员名 2;
⋮
类型名 n   共用体成员名 n;
};

例如:

```
union type
{ int    x;
  char   y;
  float  z;
};
```

它有三个成员,分别为整型 x、字符型 y 和浮点型 z。

9.2.2 共用体变量和数组的定义

与结构体变量和数组的定义类似,要定义共用体变量和数组也有三种方法。
(1) 先定义共用体类型,然后再定义共用体变量和数组。例如:

```
union type
    { int   x;
      char  y;
      float  z;
    };
```

```
union type a;
union type b[10];
```

（2）定义共用体类型的同时，定义共用体变量和数组。例如：

```
union type
    {   int   x;
        char  y;
        float  z;
    }a,b[10];
```

（3）利用无名共用体类型直接定义共用体变量和数组。例如：

```
union
{   int   x;
    char  y;
    float  z;
}s,b[10];
```

上述定义的共用体变量 a 所占的存储空间大小是成员 z 所对应的存储空间大小，即 4B。共用体变量的所有成员共享同一段内存空间。共用体变量 a 有三个成员，但在任一成员被引用的时刻，才为被引用的成员分配存储单元。给每一个成员分配存储空间时，都从同一个起始地址开始分配空间。

9.2.3 共用体变量和数组的引用

共用体变量和数组的引用方式与结构体变量和数组的引用方式类似，即只能通过引用成员的方式使用共用体类型的变量和数组。主要方式为：

（1）利用"."运算符引用其成员。

例如，当定义了 type 共用体类型的共用体变量 a 和共用体数组 b[10]后，其引用方式是：

```
a. x = 10;
b[2]. x = 20;
```

（2）利用指向共用体变量的指针引用它的成员。

例如：

```
union type
    {   int   x;
        char  y;
        float  z;
    }a,b[10], * p, * q;
    p = &a;
    q = b;
    p -> x = 20;                /* 对 a 的成员 x 赋值 */
    q -> x = 30;                /* 对 b[0]元素的成员 x 赋值 */
    q++;                        /* q 指向 b[1]元素 */
    q -> x = 40;                /* 对 b[1]元素的成员 x 赋值 */
```

结构体、共用体和枚举类型

（3）共用体变量的初始化。

由于共用体变量在任意时刻，在分配给共用体变量的内存中最多只能是共用体变量成员中的一个成员有完整值，因此共用体变量的初始化也只能对成员表中的第 1 个成员进行。例如：

```
union type
    {   int   x;
        char   y;
        float   z;
    }a = {20};
```

共用体变量所有成员共用一段内存，所以共用体变量的地址和它的所有成员的地址相同；最后一次存入共用体内存中的成员会使原来的成员失去作用；不能用共用体变量作函数的参数，也不能使函数返回共用体变量。

9.2.4　共用体类型的嵌套

与结构体嵌套类似，共用体类型也可以嵌套。即共用体变量可以出现在结构体类型中，结构体变量也可以出现在共用体类型中。

【例 9.5】　一个共用体和结构体类型互相嵌套定义的程序。

```
# include "stdafx. h"
# include < stdio. h >
# include < stdlib. h >
int main()
{
union
  {
    int i;
    struct{
    char ch1;
    char ch2;
  }ch;
}num;
num. i = 0x4241;
printf(" % c % c\n",num. ch. ch1,num. ch. ch2);
num. ch. ch1 = 'a';
num. ch. ch2 = 'b';
printf(" % x\n",num. i);
system("pause");
return 0;
}
```

程序运行结果如下：

```
AB
6261
```

9.3　枚举类型数据

枚举类型用关键字 enum 定义，该类型变量的取值范围在类型定义中明确列出来了，枚举类型的定义形式如下：

enum 枚举名{枚举常量列表};

例如,定义枚举类型 color:

enum color{red,yellow,blue,white,black};

由 enum color 类型定义的变量形式如下:

enum color a,b,c;

也可以在定义类型时定义变量:

enum color{red,yellow,blue,white,black}a,b,c;

说明:

(1) 在定义枚举类型时,大括号内的枚举元素是常量而不是变量,所以又叫枚举常量。枚举常量有确定值时,按顺序内定为 $0,1,2,\cdots$。如 red 的值为 0,yellow 的值为 1,以此类推。当然,也可以人为设定枚举元素的值,例如:

```
int num;
num = red;                                /* 若 red 取内定值 0,则 num = 0 */
```

(2) 枚举变量不可直接用在输出和输入语句中,也不可由整型变量来赋值。

(3) 枚举变量的取值范围限制在枚举常量表中的标识符。例如:

```
a = red;
a = blue;
```

【例 9.6】 编制一个程序,根据一周中的星期几(整数值),输出其英文名称。

```
#include "stdafx.h"
#include <stdio.h>
#include <stdlib.h>
int main( )
{
    enum weekday {sun, mon, tue, wed, thu, fri, sat};   /* 定义枚举变量 */
    int day;
      for(day = sun; day <= sat; day++)
      {
        switch(day)                          /* 用 switch 语句来判断是星期几 */
        {
          case sun: printf("Sunday\n"); break;
          case mon: printf("Monday\n"); break;
          case tue: printf("Tuesday\n"); break;
          case wed: printf("Wednesday\n"); break;
          case thu: printf("Thursday\n"); break;
          case fri: printf("Friday\n"); break;
          case sat: printf("Saturday\n"); break;
          default:
          break;
        }
      }
    system("pause");
```

```
        return 0;
    }
```

程序运行结果如下：

Sunday

Monday

Tuesday

Wednesday

Thursday

Friday

Saturday

9.4 自定义类型标识符 typedef

C 语言中除了系统定义的标准类型（如 int、char、long、double 等）和用户自己定义的结构体、共用体和枚举等类型之外，还可以用类型说明语句 typedef 定义新的类型来代替已有的类型。typedef 语句的一般形式是：

typedef 已定义的类型　新的类型

例如：

```
typedef int INTE;
typedef float REAL;
```

指定用 INTE 代表 int 类型，用 REAL 代表 float，这里可以将 INTE 看作是与 int 具有同样意义的类型说明符，将 REAL 看作与 float 具有同样意义的类型说明符。在具有上述 tppedef 语句的程序中，下列语句就是等价的：

```
int i,j; float p;
```

等价于

```
INTE i,j; REAL p;
```

自定义类型标识符有以下作用：

（1）提高程序的可读性和维护性。例如在调试程序时发现 INTE 或 REAL 定义的变量产生了溢出，表明用 int 或 float 的值域范围太小，解决的方法很简单：

只要把"typedef int INTE;"改为"typedef long INTE;"

或将"typedef float REAL;"改为"typedef double REAL;"即可。

（2）方便用户编程。对于复杂的类型，用一个简单的标识符来代表可以大大简化对象的说明，避免了时间的浪费。例如通常在定义一个结构体时要先定义类型再定义变量，即：

```
struct student
{
    char no[5];
    char name[10];
    char sex;
```

```
        int age;
};
struct student stu1,stu2;                        /*定义结构体变量*/
```

如果用自定义类型标识符 typedef：

```
typedef student
{
    char no[5];
    char name[10];
    char sex;
    int age;
}STU;
STU stu1,stu2;                                   /*定义结构体变量*/
```

则用 STU 代替了 struct student 这个结构体类型。

习　题　9

一、填空题

9.1　设已有定义：

```
struct test
{
    int m1;char m2;float m3;
    union uu{char u1[5];int u2[2];}ua;
}myaa;
```

则 sizeof(struct test)的值是_____。

9.2　若有以下定义

```
struct sk
{   int a;float b;}data;
int    *p;
```

要使 p 指向 data 中的 a 域,则赋值语句应是_____。

9.3　以下程序段的输出结果是_____。

```
main( )
{
    union {
            unsigned int n;
            unsigned char c;
         }u1;
    u1.c = 'A';
    printf("%c\n",u1.n);
}
```

9.4　若已经定义了

```
typedef struct stu
{   int num;
```

```
    int age;
    float score;
}student;
```

则结构体类型是_____,结构体变量是_____。

9.5 以下程序的运行结果为_____。

```
# include < stdio. h >
struct mon
{    int x;
     char c;
};
func( struct mon b )
{    b. x = 20;
     b. c = 'y';
}
void main( )
{    struct mon a = {5, 'x'};
     func(a);
     printf(" % d, % c\n",a. x,a. c);
}
```

9.6 如有以下定义,则值为 3 的表达式是_____。

```
struct student
{    int x;
     int y;
}a[ ] = {1,2,3,4};
```

9.7 以下程序的运行结果是_____。

```
struct HAR
{    int x, y ; struct HAR * p
}h[2];
main( )
{
    h[0] . x = 1;h[0].y = 2;h[1]. x = 3;h[1]. y = 4;
    h[0]. p = &h[1]. p = h;
    printf(" % d   % d \n",(h[0],p) - > x,(h[1]. p) - > y);
}
```

9.8 以下程序的运行结果是_____。

```
# include < stdio. h >
void main( )
{    struct student
     {    struct
        {  int x;
           int y;
        }m;
        int a;
        int b;
     }n;
```

```
    n.a = 1;n.b = 2;
    n.m.x = n.a + n.b;
    n.m.y = n.a - n.b;
    printf("%d,%d",n.m.x,n.m.y);
}
```

二、程序填空

9.9 若有如下结构体说明：

```
struct STRU
{
    int a,b;char c;double d;
    struct STRU p1,p2;
};
_____ t[20];
```

请填空，以完成对 t 数组的定义，t 数组的每个元素为该结构体类型。

9.10 从键盘输入一学生信息（包括学号、姓名、两门课的成绩）赋给变量 stu1 并输出 stu1；通过指针 p 来输出 stu2。填写程序中的空缺，使其完整。

```
#include<stdio.h>
struct student                     /*学生信息结构体类型定义*/
{   int num;                       /*学号*/
    char name[16];                 /*姓名*/
    int English,Math;              /*英语成绩、数学成绩*/
};
void main( )
{   struct student stu1,stu2,*p;
    scanf(_____);
    printf(_____);
    printf(_____);
}
```

9.11 函数 OutputInfo 的作用是输出一学生信息。其输出格式如下：

```
num:2
name:LiMing
birthday: 5/23/1992
```

将函数中的空缺位置，补充完整。

函数 InputInfo 的作用是输入一学生信息，赋给 p 所指向的结构体变量。将函数中的空缺位置，补充完整。请采用指向运算符"->"实现结构体成员的引用。

```
#include<stdio.h>
typedef char NameType[16];
typedef struct
{   int month;
    int day;
    int year;
} DateType;
typedef sturct
{   int num;
```

```
        NameType name;
        DateType birthday;
    } StuType;
    void OutputInfo(StuType stu)
    {   printf("num:"); printf(_____);
    printf("name:"); printf(_____);
    printf("birthday:"); printf(_____);
    }
    void InputInfo(StuType  * p)
    {   printf("num:"); scanf(_____);
    printf("name:"); scanf(_____);
    printf("birthday(Month/Day/Year):");
    scanf(_____);
    }
    void main( )
    {   StuType   stu;
        InputInfo(&stu);              /* 输入学生信息给 stu */
        Outputinfo(stu);             /* 将 stu 表示的学生信息输出 */
    }
```

三、编程题

9.12   给定类型定义"typedef struct {int year;int month;int day;}DATE;",编写一个输入日期的函数。

9.13   利用嵌套结构的结构体类型数组编制一个程序,实现对全班同学的自然情况信息表(学号、姓名、性别、出生日期、家庭地址等)的输入与输出。其中出生日期为结构类型(年、月、日),家庭地址为结构体类型(省、市)。

9.14   利用结构体的指针及函数编制一个程序,实现输入三个学生的学号、姓名、数学成绩,然后对这三个同学的信息进行输出。

第 10 章　　编译预处理

ANSI C 标准规定可以在 C 源程序中加入以"♯"号开头的"编译预处理"命令行,以改进程序设计环境,提高编程效率。它是 C 语言的一个重要特点,也是区别于其他高级语言的显著特征之一。在前面章节中用到的 ♯include 和 ♯define 就属于预处理命令。使用预处理命令能够改善程序设计环境,便于程序的移植和调试。

所谓编译预处理,是指在源程序文件中,加入编译预处理命令,使 C 编译程序对源程序进行编译前,先对这些特殊的命令行进行预处理,再将预处理的结果和源程序一起进行编译,以生成目标代码(.obj 文件)。预处理是 C 语言的一个重要功能,由预处理程序负责完成。当对一个源文件进行编译时,系统将自动引用预处理程序对源程序中的预处理部分进行处理,处理完毕自动进入源程序的编译阶段。

编译预处理命令不属于 C 语句,与语句区分开,预处理命令均以符号"♯"开始,末尾不加分号,且每个预处理命令必须单独占一行。

编译预处理的主要功能有以下三种:

(1) 宏定义

(2) 文件包含

(3) 条件编译

本章将对这三种编译预处理命令的格式和使用方法进行介绍。

10.1　宏　定　义

在 C 语言源程序中允许用一个标识符来表示一个字符串,称为"宏",此标识符称为"宏名"。在编译预处理时,对源程序中所有出现的"宏名",都用宏定义中的字符串去代换,这个过程称为"宏代换"或"宏展开"。

宏定义就是通过 ♯define 预处理命令指定的预处理,包括不带参数的宏定义和带参数的宏定义。

10.1.1　不带参数的宏

不带参数的宏定义就是用一个指定的标识符(即宏名)来代表一个字符串,它的一般形式为:

　　♯define　宏名　字符串

在宏定义命令中,♯define、宏名与后面的字符串之间用空格(可以多个)分隔。实际

上,前面已经介绍过的符号常量定义就是宏定义的一种应用。例如,用宏定义命令定义一个符号常量:

```
#define  PI  3.1415926
```

它的作用就是在程序中用宏名 PI 来替换 3.1415926 字符串,就像定义变量一样,为常量也另起一个名字。在编译预处理时,以 3.1415926 代替源程序中出现的符号 PI(宏展开)。如程序中的 s＝PI＊r＊r 等效于 s＝3.1415926＊r＊r。

说明:

(1) 宏名的命名需遵守 C 语言标识符的命名规则。为了与变量名相区别,宏名通常用大写字母表示。

(2) 在宏定义命令中,后面的字符串不能加引号,否则在宏展开时引号也将作为替换内容。

(3) 宏定义允许嵌套,在宏定义的字符串中可以引用前面已定义的宏名,在进行宏展开时可以层层转换。

【例 10.1】 输入一个圆的半径,求出圆的面积。

```c
# include "stdafx. h"
# include < stdio. h >
# include < stdlib. h >
# define PI 3.1415926
# define S PI * r * r
int main( )
{
  double r;
  printf("Please input the radius of the circle:\n");
  scanf(" % lf", &r);
  printf("The area of the circle is: % lf\n", S);
  system("pause");
}
```

上面的程序在编译预处理时,printf 语句经过宏展开后变为:

```c
printf("The area of the circle is: % lf\n", 3.1415926 * r * r);
```

(4) 源程序中用双引号内的字符串,即使与宏名相同,在预处理时不会作为宏名来处理,即对其不进行宏展开。

【例 10.2】 求两个整型常量的差值。

```c
# include "stdafx. h"
# include < stdio. h >
# include < stdlib. h >
#define  MAX  5000
#define  MIN  1000
void main( )
{
  printf("MAX = % d   MIN = % d\n",MAX,MIN);
  printf("MAX - MIN = % d\n",MAX - MIN);
  system("pause");
```

```
    return 0;
    }
```

程序运行后,输出结果如下:

```
MAX = 5000 MIN = 1000
MAX - MIN = 4000
```

该程序中用两个♯define命令定义了两个宏名MAX与MIN,且每个命令单独为一行。编译预处理时,将对两个printf函数调用语句中的宏进行宏展开。宏展开后的两个printf语句分别为:

```
printf("MAX = % d MIN = % d\n",5000,1000);
printf("MAX - MIN = % d\n",5000 - 1000);
```

注意:printf函数中用双引号括起来的字符串里的MAX与MIN并未进行宏替换,因为它们不是宏名,而是字符串的一部分符号。

(5) 宏展开时仅是将宏名用后面指定的字符串做简单置换,并不做语法检查,也不分配内存空间。只有源程序经过宏展开后,进行编译时才会检查语法。例如宏定义如果写成:

```
♯define PI = 3.1415926
```

进行预处理时,不管含义是否正确,一样会用"= 3.1415926"替换源程序中所出现的PI,在编译时就会产生语法和逻辑错误。

(6) 一个♯define命令只能定义一个宏,若需定义多个宏就要有多个♯define命令。

(7) 宏定义必须写在函数之外,通常写在文件的开头、函数之前,宏名的有效范围为定义命令之后到该源文件结束,也可以使用♯undef命令来提前终止宏名的作用域。例如:

```
♯define MAX 5000
…
♯undef MAX                        /* 此命令取消了 MAX 的定义 */
```

使用不带参数的宏定义的主要目的就是简化程序,避免在程序中多次使用过长的字符串,否则可能会因为漏写字符串中的某个字符而导致结果出错。如果这个字符串在程序中只出现一次,可以选择不使用宏定义,因为使用它的意义也不大,但如果程序中会多次应用到,建议使用宏定义,它可以提高程序的可读性和可移植性,而且方便记忆和修改。

10.1.2 带参数的宏

在宏定义时允许宏带有参数。类似于函数,在进行宏定义时的参数称为形式参数,而在宏调用中的参数称为实际参数。

带参数的宏的一般定义形式为:

♯define 宏名(形式参数表) 字符串

带参数宏调用的一般定义形式为:

宏名(实际参数表);

对于带参数的宏,在调用中,不仅要展开宏,而且要用实参去替换字符串中的形参。宏展开转换时,按♯define命令行中指定的字符串,用实参从左到右替换字符串中对应的形参,对字符串中非形参字符,则原样保留。例如:

```
♯define MAX(x,y)   x>y?x:y
```

在程序中的宏调用为:

```
z = MAX(15,6);
```

语句中的实际参数 15 和 6 分别对应宏定义中的形参 x 和 y,而"?"和":"为非形参字符,所以该语句的宏展开为:

```
z = 15>6?15:6;
```

运行结果是把 15 赋值给 z 变量。

对带参数的宏的定义的几点说明:

(1) 带参数的宏定义时,宏名与左括号之间不能有空格,否则将空格以后的所有字符都作为替代字符串。

如在上述宏定义时写成"♯define MAX (x,y) x>y? x:y",则在宏展开时会认为 MAX 为宏名,而字符串是"(x,y) x>y? x:y",产生错误。

(2) 调用带参数的宏名时,一对圆括号必不可少,圆括号中实参的个数应该与形参个数相同,若有多个参数,它们之间用逗号隔开。

(3) 对带参数的宏定义时,应对后面的"字符串"中的形参及表达式等适当地加上括号,以符合设计原意。

【例 10.3】 用带参数的宏求一个数的平方值。

```
♯include "stdafx.h"
♯include <stdio.h>
♯define  SQUR(n)   n*n
int main( )
{
  printf("%f\n", SQUR(3.0));
system("pause");
return 0;
}
```

程序运行结果如下:

```
9.000000
```

在预处理进行宏展开时,此程序中的宏调用 SQUR(3.0)将用后面指定的字符串 n*n 进行替换,并将字符串中的形参 n 用实参 3.0 代替。因此经宏展开后的 printf 语句为:

```
printf("%f\n",3.0*3.0);
```

如在上例中,通过带参数的宏求得了 3.0 的平方、宏的定义及运行结果,没有发生什么问题,但是,如果想利用该例题中给定的宏定义方式,用如下语句来求表达式"1.0+2.0"的平方值:

```
x = SQUR(1.0+2.0);
```

则在宏展开时,此语句将被展成为:

x = 1.0 + 2.0 * 1.0 + 2.0;

很显然,x 的值为 5.0,而不是 9.0,结果与原意不符。而原意希望得到的语句是:

x = (1.0 + 2.0) * (1.0 + 2.0);

为了得到这个结果,在定义时应当在字符串中的形式参数外面加上括号,即:

♯define SQUR(n) (n) * (n)

则再对 SQUR(1.0+2.0)展开时,就可以得到与原意相符的表达式。

再如,现在我们想求表达式 $27.0/((1.0+2.0) * (1.0+2.0))$ 的值,若宏定义命令仍为:

♯define SQUR(n) (n) * (n)

使用赋值语句:

x = 27.0/SQUR(1.0 + 2.0);

则对此语句进行宏展开得到:

x = 27.0/(1.0 + 2.0) * (1.0 + 2.0);

很显然,x 的值为 27.0,而原表达式的值应为 3.0,结果又不符合。为了得到正确结果,在进行宏定义时,在字符串表示的表达式外面再加上必要的括号即可。即用如下定义:

♯define SQUR(n) ((n) * (n))

为了使读者更好地掌握带参数宏的定义及使用方法,下面再给出一个例子。

【例 10.4】 用带参数的宏定义来实现例 10.1 中的程序功能。

```
♯include "stdafx.h"
♯include <stdio.h>
♯include <stdlib.h>
♯define PI 3.1415926
♯define S(r)   PI * r * r
int main()
{
  double area, r;
  printf("Please input the radius of the circle:\n");
  scanf("%lf", &r);
  area = S(ra);
  printf("The area of the circle is:%lf\n", area);
  system("pause");
  return 0;
}
```

本例中的宏调用语句会展开成:

area = 3.1415926 * ra * ra;

程序运行结果如图 10.1 所示。

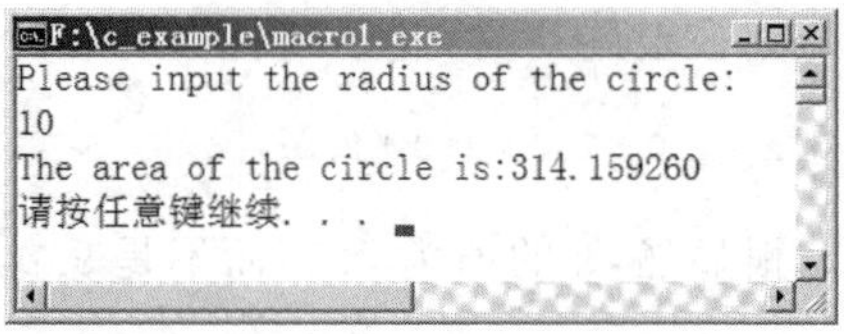

【例 10.5】 定义一个带参数的宏,根据长方形的长和宽,求其周长与面积。

```
# include "stdafx. h"
# include < stdio. h>
# include < stdlib. h>
# define   RECTANGLE(L,W,G,S)   {G = 2 * ((L) + (W)); S = (L) * (W);}
int main( )
{   float l,w,g,s;
    scanf(" % f % f",&l,&w);
    RECTANGLE(l,w,g,s);   /* 注释 A */
    printf("g = % 4.2f,s = % 4.2f ",g,s);
    system("pause");
    return 0;
}
```

图 10.1 例 10.4 的运行结果

程序运行结果如下:

2.8 3.7 ⏎
g = 13.00,s = 10.36

本程序中定义了一个带有 4 个参数的宏 RECTANGLE,其指定的欲替换成的字符串为一个复合语句。在进行宏展开时,/*注释 A*/处的宏调用将被给定的复合语句替代。程序运行时实际是运行展开后的复合语句,所对应的宏调用中的实参 g 被赋值为长方形的周长,实参 s 被赋值为长方形的面积。

通过上述例子可以看到,带参数的宏定义与不带参数的宏定义相比,不仅完成了简单的字符串的替换,更重要的是它可以进行参数替换。带参数的宏和第 7 章所讲的函数在定义形式上很相似,宏的调用与函数的调用,都要求宏名或函数名后的括号内给出实参,且实参与形参的数目要一致。但是宏与函数两者之间还有本质的区别,归纳如表 10.1 所示。

表 10.1 带参数宏与函数区别表

区 别 项 目	函　　　　数	带 参 数 宏
参数传递	实参的值或地址传送给形参	用实参的字符串替换形参
处理时刻及内存分配情况	程序运行时处理,分配临时存储单元	在预编译时处理,不存在内存分配问题
参数类型	实参和形参均需定义类型,类型应一致,如不一致,编译器进行类型转换	只进行字符串替换,不存在参数类型问题
占用时间段	占用运行时间	占用编译时间
返回值	通常得到一个返回值	通过字符串的多个语句替换,可以得到多个值
源程序长度	长度不变	宏展开使源程序变长

(1)函数调用时,先计算实参表达式的值,然后再传给形参。而使用带参数的宏只是完成简单的字符串替换。如在前面给出的"SQUR(1.0 + 2.0)",在宏展开时并不是先求"1.0 + 2.0"的值,而只是将字符串"1.0 + 2.0"代入,替换形参字符 n。

（2）函数调用是在程序运行时处理的，分配一个临时的内存单元。而宏展开则是在编译预处理时进行的，且不分配内存单元，不进行值的传递，无须保存现场，也无"返回值"的概念。

（3）对函数中的实参和形参在定义时都要定义其所属类型，且两者类型要求一致，如不一致，应该进行类型转换。而宏不存在类型问题，定义时宏名及其参数均无类型，在宏展开时，只是用指定的字符串（其中的形参用相应的实参代替）来替换相应的宏。

（4）宏展开占编译时间，不占运行时间。而函数调用需要进行值的传递、内存单元的分配、保存现场等操作，故占用运行时间。

（5）函数调用只可通过 return 语句得到一个返回值，但是宏定义可以通过在字符串中写入多个语句而设法得到多个结果。如在例 10.5 中通过一个带参数的宏 RECTANGLE，给程序得到两个值（长方形的周长与面积）。当然利用函数也可以得到多个值，此时则需要利用指针变量作为函数的参数实现，而用宏实现则相对简单。实际上，在 C 语言提供的函数库中有很多"函数"并不是真正的函数，而是定义的宏。

（6）程序中若使用宏的次数多时，经宏展开后源程序会变长，因为每展开一次宏都将使源程序变长，而使用函数调用程序长度不变。

10.1.3　终止宏

宏名一旦定义以后，如不再加特殊说明，其作用域将一直持续到程序尾。若想终止宏（取消该宏的定义），可以使用终止宏定义命令 ♯undef 来实现，提前终止宏定义的作用域。

♯undef 命令的使用形式为：

♯**undef　宏名**

【**例 10.6**】　♯undef 命令的运用。

```
# include "stdafx. h"
# include < stdio. h>
# include < stdlib. h>
#define   MAX   1000
void f1( );
int main( )
{  printf("MAX is ﹪d in main( ).\n",MAX);
   f1( );
   system("pause");
   return 0;
}
# undef   MAX
void f1( )
{  printf("MAX is ﹪d in f1( ).\n", MAX);
}
```

在此程序中宏名 MAX 的作用域为从宏定义命令 ♯define MAX 1000 后开始，到命令 ♯undef MAX 所在行结束；从 ♯undef MAX 命令以后，MAX 变成无定义，将不再代表 1000 了。如果在 f1 函数中再使用宏名 MAX，程序将会出现语法错误。如图 10.2 所示。

当然，也可以在 ♯undef MAX 后，用 ♯define 命令对 MAX 进行重新定义。

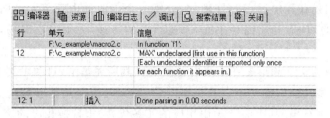

图 10.2　例 10.6 编译器输出标签页

例如,在本程序的 ♯undef MAX 命令行后再增加一宏定义语句:

♯define MAX 10000

并将 f1 函数体内的 printf 语句改为:

printf("MAX is %d in f1().\n",MAX);

则修改后程序的运行结果如下:

MAX is 1000 in main().
MAX is 10000 in f1().

10.2　文　件　包　含

C 语言程序是由一个或多个函数段组成的,可把一个大型程序分布在多个文件上,这样很适用于程序的模块化设计,还便于多人分别编写。在程序设计中,有的符号常量、外部变量、通用函数及宏的定义等要被多个文件使用,能不能避免在多个文件中都写上这些命令行呢? C 预处理程序提供了"文件包含"的功能,为编写程序提供了很大的方便。

文件包含,是指在一个文件中,去包含另一个文件的全部内容。C 语言用 ♯include 命令来实现这一功能,♯include 命令行的一般形式为:

♯include <文件名>

或

♯include "文件名"

其作用为:在预编译时,预编译程序将用指定文件中的内容来替换此命令行。

如果包含文件的文件名使用双引号括起来,编译系统会先在源程序所在的目录中查找指定的文件,如果找不到,再按照系统指定的标准方式到有关目录中去查找。如果文件名用尖括号括起来,编译系统会直接按系统指定的标准方式到有关目录中去查找此文件。通常情况下,用户定义的包含文件存放在源程序所在目录下,用双引号,而 C 集成开发环境中提供的标准库函数的包含文件则通常用尖括号括起来。

图 10.3 给出了"文件包含"的含义。在源程序文件 file1.c 中,第一行为文件包含命令 ♯include <file2.h>,其后为其他程序代码 C1。在编译预处理时,首先找到欲包括的文件 file2.h,然后将 file2.h 文件中的内容 C2 复制到 file1.c 中 ♯include <file2.h>所在命令行位置,并替换该命令行。这样,file1.c 中除了自身的内容 C1 之外,还可以使用 C2 中的内

容,因为 C2 已经作为源程序文件 file1.c 的一部分代码了。在编译时,则对经过编译预处理后的 file1.c 作为一个源文件进行编译。

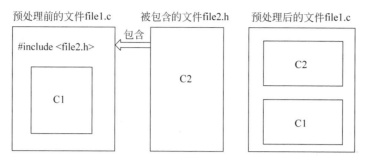

图 10.3　编译预处理程序对"文件包含"命令的处理过程

实际上在前面各章节中已经使用过文件包含命令。当在源程序文件中需要引用系统提供的系统函数时,则必须使用♯include 将该函数所在的文件(库文件)包括到当前文件中来。例如,当源程序文件需要使用标准 I/O 函数库中的函数时,必须在源文件开始写上:

　♯include < stdio.h >

此时,在预编译过程,预处理程序将会自动搜索标准 I/O 库中各文件,从而用文件 stdio.h 的内容来替换♯include ＜stdio.h＞命令行。

再如当欲使用相关的数学函数时,则需在源程序文件中给出:

　♯include < math.h >

而文件 math.h 则是 C 系统提供的数学函数库文件。

关于文件包括命令再做如下说明:

(1) 一个♯include 命令只能指定一个被包含的文件。如果要包含多个文件,则要使用多个♯include 命令完成。

(2) ♯include 命令通常写在所在文件的开头,故有时称被包含文件为"头文件"。头文件一般用".h"作为后缀。在 C 集成开发系统中提供了一些常用的函数库文件,如标准 I/O 函数库文件 stdio.h、数学函数库文件 math.h 及字符串处理函数库文件 string.h 等。当然为了方便需要,用户也可以自己编写头文件,其后缀也不一定用".h",例如用".c"也可以。

(3) 文件包含可以嵌套,即在一个被包含文件中又可以包含另一个文件。如在源文件 file1.c 中包含了源文件 file2.h,而在 file2.h 中又包含了头文件 file3.h,这样就形成了文件包含的嵌套。

(4) 当被包含文件修改后,对包含该文件的源程序必须重新进行编译链接。

(5) 被包含文件与其所在文件,在预编译后成为同一文件。因此在被包含文件中定义的全局静态变量,在其所在文件中亦有效,不必加 extern 另行说明。

【例 10.7】　文件包含应用示例。

设文件 circle.h 中的内容如下:

```
♯define PI 3.1415926
float CircleArea(float r)              /∗ 求半径为 r 的圆的面积 ∗/
{   return PI ∗ r ∗ r;   }
```

```
float CircleCircum(float r)          /* 求半径为 r 的圆的周长 */
{   return 2 * PI * r; }
```

C 程序文件 example10_7.c 用于根据输入的半径求圆的周长与面积:

```
# include "stdafx. h"
# include < stdio. h>
# include "circle. h"
int main( )
{   float r,s,c;
    printf("Input radius of a circle:");
    scanf(" % f",&r);
    s = CircleArea(r);
    c = CircleCircum(r);
    printf("r = % f,s = % f,c = % f\n",s,c);
    system("pause");
    return 0;
}
```

程序运行结果如下:

```
Input radius of a circle:3.0 ↙
r = 3.000000,s = 28.274333,c = 18.849556
```

本例中,在文件 circle.h 中定义了符号常量 PI 及求圆的面积与周长函数。在文件 example10_7.c 中,因为要使用 scanf 与 printf 标识的输入输出函数,故在程序的第一行使用文件包含命令包含了标准 I/O 库文件 stdio.h;而为了避免重复工作,又使用文件包含命令将 circle.h 中的内容包含在本程序文件中,从而可以调用相应的函数求圆的面积与周长。

10.3　条　件　编　译

条件编译可以使编译器根据一定的条件有选择地编译用户源程序的不同部分,因而产生不同的目标代码文件。这对于程序的移植和调试是很有用的,使用条件编译可以减少目标代码的长度,方便程序调试,同时,使程序能够适应不同的系统和不同的硬件,增强了程序的可移植性。

C 系统提供的条件编译命令主要有 #if、#ifdef 及 #ifndef 等。

10.3.1　#if 命令

#if 命令的一般形式为:

```
#if 表达式 1
    程序段 1
[#elif 表达式 2
    程序段 2 ]
[#elif 表达式 3
    程序段 3 ]
    ⋮
[#else
```

　　　　程序段 n]
#endif

　　其作用为：当指定的"表达式 1"值为真时,就编译程序段 1,否则,如果"表达式 2"的值为真则编译程序段 2,如果所有的表达式值都为假,则编译程序段 n,其中,用[ ]括起来的内容为可选内容。可以根据事先已给定的条件,使程序在不同条件下完成不同的功能。

　　【例 10.8】　根据宏 VOL 的定义,来决定是计算球的体积还是计算球的表面积。

```
# include "stdafx. h"
# include < stdio. h >
# include < stdlib. h >
#define   PI   3. 1415926
#define   VOL   1
int main( )
{  double   r, v, s;
   printf("Enter the radius\n");
   scanf(" % lf", &r);
   #if   VOL
     v = 4. 0/3 * PI * r * r * r;
     printf("The Volume is % lf\n", v);
   #else
     s = 4 * PI * r * r;
   printf("The Area is % lf\n", s);
   #endif
   system("pause");
   return 0;
}
```

　　程序运行结果如图 10.4 所示。

　　此程序中如果把条件编译命令去掉,换成只用 if 语句也一样能实现,但是区别就在于使用条件编译命令可以减少目标代码的长度,进而可以缩短编译的时间。

　　使用条件编译命令需注意,在 #if 后面的表达式不能加括号,同样在其后的程序段也不能加大括号。

图 10.4　例 10.8 的运行结果

10.3.2　#ifdef 命令

　　#ifdef 命令的一般形式为:

```
#ifdef 标识符
      程序段 1
[ #else
      程序段 2]
#endif
```

　　其作用为:如果标识符已由 #define 命令定义过,则编译程序段 1,否则编译程序段 2,其余部分的具体应用基本与 #if 相同。

　　【例 10.9】　用 #ifdef 改写例 10.8 的程序。

```
# include "stdafx. h"
```

```
# include < stdio. h >
# include < stdlib. h >
# define  PI   3.1415926
# define  VOL(r)   4.0/3 * PI * r * r * r
int main( )
{   double r, v, s;
    printf("Enter the radius\n");
    scanf(" % lf", &r);
    # ifdef   VOL
      v = VOL(r);
      printf("The Volume is % lf\n", v);
    # else
      s = 4 * PI * r * r;
    printf("The Area is % lf\n", s);
    # endif
    system("pause");
    return 0;
}
```

10.3.3　♯ifndef 命令

♯ifndef 命令的一般形式为：

♯ifndef 标识符
　　　程序段 1
[♯else
　　　程序段 2]
♯endif

这种定义形式只是把 ♯ifdef 改为 ♯ifndef,其他部分与前一种形式相同。它的作用正好与前一种形式相反,若标识符未被定义过,则编译程序段 1,否则编译程序段 2。

下面通过一个程序实例,进一步说明条件编译的应用。

【例 10.10】　输入一行字母字符,根据需要设置条件编译,使之能将字母全改为大写输出,或全改为小写输出。

```
# include "stdafx. h"
# include < stdio. h >
# include < stdlib. h >
# define LETTER 1
int main()
{
  char c, str[20] = "C Language";
  int i = 0;
  while ((c = str[i])!= '\0')
  {
    i++;
    # if LETTER
      if (c >= 'a' && c <= 'z')
          c -= 32;
    # else
```

```
        if (c > = 'A' && c < = 'Z')
            c += 32;
    ♯ endif
    printf(" % c\n ",c);
}
    system("pause");
    return 0;
}
```

习　题　10

一、选择题

10.1　程序中调用库函数 strcmp( ),必须包含的头文件是(　　　)。

　　　A. math. h　　　　　B. ctype. h　　　　　C. string. h　　　　　D. stdlib. h

10.2　以下关于编译预处理的叙述中错误的是(　　　)。

　　　A. C 程序中凡以 ♯ 开始的控制行都是预处理命令行

　　　B. 预处理命令是在正式编译之前先被处理的

　　　C. 一条有效的预处理命令必须独占一行

　　　D. 预处理命令行必须位于源程序的开始处

10.3　以下叙述正确的是(　　　)。

　　　A. 使用带参数宏时,参数的类型应与宏定义时一致

　　　B. 宏替换不占用运行时间,只占用编译时间

　　　C. 宏定义不能出现在函数内部

　　　D. 在程序的一行中可以出现多个有效的预处理命令行

10.4　宏定义的宏展开是在(　　　)阶段完成的。

　　　A. 预编译　　　　　B. 程序编辑　　　　　C. 程序编译　　　　　D. 程序执行

10.5　下面程序的运行结果是(　　　)。

```
♯ include < stdio. h >
♯ define   MAX(x,y)   (x)>(y)?(x):(y)
main( )
{   int i = 3,j = 7,k;
    k = 4 * MAX(i,j);
    printf("k = % d",k);
}
```

　　　A. 12　　　　　　　B. 28　　　　　　　C. 4　　　　　　　D. 3

10.6　若有以下宏定义:

```
♯ define PRT " % c, % d"
♯ define M 65
```

已知字符'A'的 ASCII 值是 65,则语句"printf(PRT,M+3,M);"的输出结果是(　　　)。

　　　A. A,65　　　　　　B. B,65　　　　　　C. C,65　　　　　　D. D,65

10.7　若有宏定义：

＃define E(a,b) {int t = a,a = b,b = t;}

在程序中有语句：

int x = 5,y = 6;

则当调用语句"E(x,y);"后,x 和 y 的值分别为(　　)。
  A. 5,6   B. 6,5   C. 5,5   D. 6,6

10.8　下面程序运行后的结果是(　　)。

```
＃define B(x) x * (x - 1)
main( )
{   int m = 1,n = 2;
    printf(" % d",B(1 + m + n));
}
```

  A. 6   B. 8   C. 10   D. 12

二、简答题

10.9　有参数的宏调用和带参数的函数调用有何区别？

10.10　宏定义有几种？它们的区别是什么？

10.11　文件包含命令中文件名用尖括号和双引号括起来,含义有什么不同？

10.12　有人说条件编译完全可以使用选择控制语句来实现,因此没有必要使用条件编译,举例说明条件编译和条件控制语句的区别。

三、编程题

10.13　编写一个宏定义 MYLETTER(c),用以判定 c 是否是字母字符,若是则得 1,否则得 0。

10.14　输入两个整数,用定义带参数的宏和函数两种方法求两个整数相除的结果。

10.15　定义带参数的宏,求 1＋2＋3＋…＋n 之和。

10.16　定义带参数宏实现两个整数之间的交换,并利用它实现两个整型数组各元素值的交换。

10.17　定义一个宏 COMPA(x,y),如果 x＜y,就生成 1,如果 x＝y,就生成 0,如果 x＞y,就生成－1。编写程序,验证宏是否能正常运行。

第11章　　　　　文　件

大多数人都接触过或者使用过文件,例如:写好一个文档将它放在硬盘上以文件形式保存;用数码相机照相,每一张相片就是一个文件。迄今为止,本书中的所有例题,在程序执行时由用户输入的数据,包括存储在变量和数组中的数据,在程序结束运行时都会丢失,若想永久的保存这些数据,只有用文件来实现。计算机将文件存储在外部设备上,在程序需要时,可以按照不同的方式访问文件中的数据。

本章主要介绍文件的概念与分类以及在C语言中如何创建、更新和处理文件中的数据等。

11.1　文　件　概　述

文件通常是用于人机之间、计算机之间或程序之间的数据通信。文件是程序设计中的一个重要概念,是实现程序和数据分离的重要方式。

11.1.1　文件的概念及文件分类

文件(FILE)是程序设计中一个重要的概念,所谓文件是指存储在外部介质上的一组相关数据的集合。一批数据是以文件的形式存放在外部介质(常用的外部介质是磁盘)上的,并用文件名来标识。操作系统是以文件为单位对数据进行管理的,也就是说,操作系统具有按文件名进行存取的功能。要想把数据保存在外部介质上,必须先建立一个文件,并为其指定文件名,才能向它写数据。同样,要想从外部介质上查找数据,也必须按照指定的文件名才能找到文件,然后从文件中读取数据。实际上在前面章节中已多次使用了文件,如源文件、头文件(库文件)、目标文件等。

C语言中的文件源于流的概念,流是C语言的数据表达形式,通常将数据作为流看待,即将数据的输入和输出看作是数据的流入和流出。流表示了信息从源到目的地的流动。在输入操作时,数据从文件流向计算机内存,在输出操作时,数据从计算机流向文件(如打印机、磁盘文件)。

C语言中的文件本质上是一个字节序列,即由一个一个的字节数据顺序组成,它的结构如图11.1所示。

文件具有开头和结尾两端,它的当前位置通常被定义为距离开头多少个字节。当前位置即指文件读或写操作发生的位置,可以把当前位置移到文件中的任何位置,新的当前位置可以用距离文件开头的偏移量来指定。

文件通常是存储在外部介质上,在使用时再调入内存中。从不同的角度可以对文件进行不同的分类。

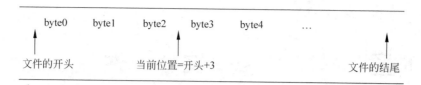

图 11.1　文件的结构

（1）从用户的角度，文件可分为普通文件和设备文件。

普通文件是我们通常所使用的文件，即存储在磁盘或其他介质上的数据的集合，可以是源文件（＊.c）、头文件（＊.h）、可执行文件（＊.exe）等。

C 语言所指的文件范围很广泛，它把所有能够实现输入和输出的外部设备也看作是文件，被称为设备文件。在前面的很多程序中，我们都需要使用 scanf 函数从键盘输入数据，运行结果使用 printf 函数输出在显示屏上，键盘被指定为标准输入文件，而显示器就是标准输出文件。如果程序需要大量数据的输入和运行结果的长期保存，还可选择用磁盘文件。

（2）从文件数据的组织方式角度，可分为文本文件和二进制文件。

文本文件又称为 ASCII 文件，以一个字节为单位，其中的每一个字节代表一个字符，按其 ASCII 码存放。文本文件的内容与字符是一一对应的，便于输出显示，也可对字符逐个地进行处理。一般情况下，文本文件的扩展名为".txt"、".c"、".cpp"及".h"等。文本文件的特点是存储量大、便于对字符操作，文件易于移植，并且文件内容易于读懂，但速度较慢。如将 short 型数据 2248 输出到一个文本文件中进行存储时，系统将把它转换成由"2"、"2"、"4"、"8"这 4 个字符对应的 ASCII 码存放在文本文件中，其存储方式如表 11.1 所示，占 4 个字节。

表 11.1　整数 2248 存储方式

字　　符	'2'	'2'	'4'	'8'
ASCII 码	00110010	00110010	00110100	00111000

二进制文件是按二进制的编码方式来存放的文件。它以二进制位（bit）为单位，数据的每一个字节是按照它在内存中的存储形式原样输出到文件中的。一般情况下，扩展名为".dat"、".exe"、".com"和".lib"等的文件是二进制文件。它的特点是节省外存空间、便于存放中间结果、速度快，但文件内容只有机器能阅读，人工无法读懂，不能打印。表 11.2 给出了 short 型整数 2248 在二进制文件中的存储形式，其仅占用两个字节，这也是 short 型整数 2248 在内存中的表示形式。

表 11.2　内存中存储形式

整　　数	2248	
二进制形式	00001000	11001000

11.1.2　文件系统

目前 C 语言所使用的磁盘文件系统有两大类：缓冲文件系统和非缓冲文件系统。

缓冲文件系统又称为高级磁盘输入输出系统，是指系统自动在内存中为每一个正在使用的文件划定一块区域即开辟一个缓冲区,而具体缓冲区的大小由具体的 C 版本来确定,一般为 512 个字节。在分配缓冲之后,从内存向磁盘输出数据必须先送到缓冲区,待缓冲区装满之后再一起送到磁盘中。如果要从磁盘向内存中输入数据,则先一次将一批数据输入到缓冲区,然后再逐个将数据从缓冲区送到程序数据区,下次再读入数据时,先判断缓冲区是否有数据,然后赋给应用程序中对应的变量,具体过程如图 11.2 所示。这样做的目的是减少对磁盘的实际读写次数,因为每次对磁盘的读写都要移动磁头并寻找磁道扇区,这个过程是需要花费时间的,如果每次用读写函数时都要对应于一次实际的磁盘访问,就要花费较多的读写时间。使用缓冲区就可以一次输入或输出一批数据,即若干次读写函数对应一次实际的磁盘访问。

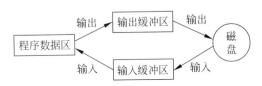

图 11.2　缓冲文件系统输入输出数据过程

非缓冲文件系统又称为低级磁盘输入输出系统,是指系统不会自动为文件开辟确定大小的缓冲区,而是由用户程序根据需要来设定缓冲区。

在传统的 UNIX 标准中,用缓冲文件系统来处理文本文件,用非缓冲文件系统来处理二进制文件。1983 年 ANSI C 标准不采用非缓冲文件系统,而只采用缓冲文件系统来实现文件的读写。缓冲文件系统提供的输入输出称为标准输入输出,本章将介绍采用缓冲文件系统对文件的处理方法。在 C 语言中,没有专门的输入输出语句,对文件的读写操作只能使用 stdio.h 文件中的库函数。

11.1.3　文件指针

缓冲文件系统中一个重要的概念就是"文件指针",对文件的操作实际上都是通过文件指针进行的。所谓文件指针,是指系统定义的一个特殊指针,该指针可以指向被调用的文件,并通过这个指针对文件进行"读"、"写"等操作。

文件指针用 FILE 类型定义,它被定义在标准输入输出头文件 stdio.h 里,FILE 类型实际是一个结构体类型模板,该结构体中包含如缓冲区地址、缓冲区当前存取字符的位置、对文件是读还是写、是否出错、是否已经遇到文件结束等信息。

我们可以不必关心 FILE 结构体的具体成员,而只需要关心该类型的指针变量的使用,定义文件类型的一般表达形式为:

FILE ∗ 文件结构体指针变量名;

其中,FILE 应该大写,是系统定义的专门用于定义文件指针的数据结构,该结构中含有文件名、文件状态和文件当前位置等信息。指针变量名是用户自定义的标识符,遵守用户自定义标识符的命名规则。

例如:

FILE ∗ fp;

变量 fp 即一个指向 FILE 结构体类型的指针变量,称为文件指针。通过该文件指针所指向的结构体变量的信息,即可实现对文件的访问。一般来说,一个文件指针只可访问一个文件,若同时使用多个文件,每个文件都要有自己专用的指针变量。

在 C 语言中,程序在开始运行时,系统会自动打开两个标准文件:标准输入文件与标准输出文件,这两个文件都与终端相联。因此,前面程序中所提到的从终端输入或输出数据,都不需要打开终端文件。系统自动定义了两个文件指针 stdin 和 stdout,分别指向终端输入和终端输出。如果程序使用 scanf 函数输入数据,实际上就是指定使用 stdin 指针所指向的终端键盘来输入数据;同样,使用 printf 函数输出数据,实际上就是指定使用 stdout 指针所指向的终端显示器来输出数据。

11.2 文件的打开与关闭

程序在对文件进行操作时,必须遵循"打开—读写—关闭"的流程。不打开文件就无法读写文件中的数据,不关闭文件就会占用系统资源无法释放。所以,对文件读写前必须先"打开",读写结束后必须"关闭"。

11.2.1 文件的打开

在对文件进行读操作或写操作之前应首先打开文件,目的是通知系统将要使用的文件名、文件类型以及对文件的使用方式。打开文件要使用标准库函数 fopen 实现,它可以把一个外部文件和一个内部文件指针变量相关联,通知编译系统当前需要打开的文件名,使用文件的方式,并返回文件在内存中的起始地址,把它赋给一个 FILE 类型的指针变量,若不能打开文件,则返回值为 NULL。它的调用方式如下:

```
FILE * fp;
fp = fopen(filename,mode);
```

其中,filename 代表要打开的文件名,可以是字符型指针、字符型数组或一个字符串常量,可以包含文件所在路径。mode 代表文件的打开模式,表 11.3 给出了常用的文件打开模式及其作用。

表 11.3 文件的打开模式

打 开 模 式	说　　明
"r"	只读,打开一个文本文件
"w"	只写,建立一个文本文件
"a"	追加,向文本文件末尾添加数据
"rb"	只读,打开一个二进制文件
"wb"	只写,建立一个二进制文件
"ab"	追加,向二进制文件末尾添加数据
"r+"	读写,打开一个文本文件,可读/写
"w+"	读写,打开一个文本文件,先写后读
"a+"	读写,打开一个文本文件,可读、追加写
"rb+"	读写,打开一个二进制文件,可读/写
"wb+"	读写,打开一个二进制文件,先写后读
"ab+"	读写,打开一个二进制文件,可读、追加写

224

例如,想对一个在当前目录下已存在的文件 file1.txt 进行写操作,可使用如下语句:

```
FILE * fp;
fp = fopen("file1.txt", "w");
```

第一条语句先声明一个文件指针 fp,第二条语句打开文件名为 file1.txt 的文件,并使用指针 fp 与该文件相关联,使用文件的模式为"只写",所以不能从文件读数据,只能向文件写数据。如果当前目录下没有名为 file1.txt 的文件,fopen 函数会自动创建。

说明:

(1) 文件打开模式由"r"、"w"、"a"、"b"及"+"5 个字符组成。其中 r 是 read 的缩写,表示读;w 是 write 的缩写,表示写;a 是 append 的缩写,表示追加;b 是 banary 的缩写,表示二进制;+表示既可读又可写。

(2) r 模式:只能用于从文本文件中读取数据,不可写入数据,且要求指定的文件必须存在,否则会给出错误信息。文件打开时,文件读写位置指针指向文件开头。

(3) w 模式:只能用于向文本文件中写入数据,不可读取数据。若指定的文件已存在,则先将文件内容清空后再写入数据;若指定的文件不存在,则创建一个以该文件名命名的新文件。注意,如果第一个参数中除了给出文件名还指定了其所在路径,但这个文件路径所指定的文件目录如不存在,fopen 函数不会创建该文件,此时会返回一个出错信息。

(4) a 模式:用于向文本文件末尾追加数据。若指定的文件已存在,则打开该文件,文件读写位置指针指向文件末尾,在其后添加要追加的内容;若指定文件不存在,则先创建新文件,再向文件中写入数据。

(5) r+、w+ 及 a+ 模式:打开的文本文件既可读也可写,在读和写操作之间不必关闭文件。其中,r+ 模式要求指定的文件必须存在,在写新的数据时,只覆盖新数据所占的空间,其后的老数据并不丢失。使用 w+ 模式时,新建文件或清空原有文件内容后先写数据,随后才可以从头开始读;a+ 模式表示文件内容保留,写时从文件末尾追加内容,读时从文件开头读。对以读写方式打开的文件进行读写操作时,读操作后不能直接进行写操作,需要先通过 fseek 函数或 rewind 函数(在 11.4 节中介绍)重新设置文件读写位置,然后才能进行相应的写操作;同样,写操作后,只有先重新设置文件读写位置后才能进行读操作。

(6) 用上述方式加上字母 b 后就表示打开二进制文件,其他功能与对应的文本文件的模式相同。

(7) 当打开文件失败时,fopen 函数会返回一个空指针 NULL。为确保程序能正常运行,一般在使用 fopen 函数打开文件时,使用 if 语句判断文件是否被正确打开,其常用方法为:

```
if((fp = fopen("file2.txt", "r")) == NULL)
{
  printf("open file2 is failed");
  exit(0);            /* 终止程序 */
}
```

(8) 从一个文本文件中读入数据时,需要将 ASCII 码转换成二进制码,把数据写入文本文件中时,也要将二进制码转换成 ASCII 码。因此,对文本文件的读写要花费转换时间,而对二进制文件的读写不需要这种转换。

11.2.2　文件的关闭

一个文件在使用完毕之后,应该通知操作系统关闭文件,释放该文件指针,避免文件再次被使用造成数据的丢失。文件关闭意味着文件指针变量不再指向该文件,不可对该文件进行任何操作。

关闭一个文件要使用 fclose 函数来完成,fclose 函数调用的形式如下:

fclose(文件指针变量);

例如:

```
fclose(fp);
```

该语句表示关闭文件,使得指针 fp 与原来它所指向的文件名不再关联。

在编写程序时,要养成一个好的习惯,只要打开的文件使用完毕一定要关闭该文件,即 fopen 函数与 fclose 函数是一一对应的,这样可以防止数据的丢失。一般来说,我们使用的是缓冲文件系统,所以在向文件中写数据时,是先将数据输出到缓冲区中,待缓冲区装满后才输出给磁盘文件,但是如果程序结束时,缓冲区仍未装满,其中的数据还未传到磁盘上,就只有使用 fclose 函数关闭文件,才能强制清空缓冲区中的内容,将其数据送到磁盘文件中,并释放文件指针变量。

函数 fclose 与其他函数一样,也有一个返回值,如果文件顺利被关闭,返回值为 0,否则返回值为 EOF(其值为 -1)。

11.3　文件的读写

打开文件的主要目的是要对文件进行操作,最常用的操作就是读和写。在 C 系统的头文件 stdio.h 中,提供了很多与文件相关的读写操作函数,下面介绍一些常用的读写函数。

11.3.1　字符读写函数

1. 写字符函数 fputc

fputc 函数可以完成最简单的向文件中写入数据的操作,它的功能是向一个打开的文件写入一个字符,其一般调用形式为:

```
fputc(ch,fp);
```

其中,ch 是要写入的字符,它可以是一个字符常量或字符变量,fp 为文件指针变量,它的值从 fopen 函数得到,指向一个具体的文件。该函数有一个返回值,如果写入成功,则返回这个被写入的字符;如果写入失败,返回值为 EOF。EOF 是一个特殊常量,称为文件结束符,它是在 stdio.h 头文件中定义的符号常量,值为 -1。

【例 11.1】　从键盘输入一些字符(以♯结束),将其逐个写到磁盘文件 myfile1.txt 中保存。

程序代码如下:

```
♯include "stdafx.h"
```

```
# include < stdlib. h >
# include < stdio. h >
    int main( )
    {   char ch;
        FILE * fp;                          / * 定义文件指针 * /
        if((fp = fopen("myfile1.txt", "w + ")) == NULL)
        / * 以读写方式建立新文本文件 * /
        {
            printf("cannot open file\n");
            exit(0);
        }
        printf("Please input the string: ");
        ch = getchar();
        while(ch!= '♯')
        {
            fputc(ch,fp);                   / * 将字符变量 ch 的值输出到文件中 * /
            ch = getchar();
        }
        fclose(fp);                         / * 关闭文件 * /
    }
```

当程序运行时输入如下字符串:

Don't put off till tomorrow what should be done today. ♯↙

即可将所输入的字符串保存在当前路径下的文件 myfile1. txt 中。可以用相应的文本编辑软件将其打开显示,图 11.3 即给出了用"记事本"打开的 myfile1. txt 文件内容。

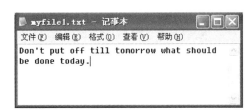

图 11.3 用"记事本"打开的"myfile1. txt"文件

2. 读字符函数 fgetc

fgetc 函数与 fputc 函数是互补的,它的功能是从一个指定文件中读取一个字符,该文件必须是以读或读写方式打开的,其一般调用形式为:

ch = fgetc(fp);

其中,fp 是文件指针变量,它指向的文件必须是以读或读写的模式打开的,ch 是字符变量。利用 fgetc 函数从 fp 所指向的文件中一次读取一个字符作为函数的返回值,并将其赋给变量 ch。如果读取字符失败,或是遇到文件结束符,则该函数返回值为 EOF。

【例 11.2】 在 D 盘目录下新建文本文件 helloall. txt,并使用 fgetc 函数读取硬盘中的文本文件,使用 putchar 函数输出文本内读取出的字符。

说明:在执行程序前,先在 D 盘下新建文件 helloall. txt,然后在文件中输入字符串"hello all,welcome to study C_language!",并保存。

程序代码如下：

```
# include "stdafx. h"
# include < stdio. h>
# include < stdlib. h>
# define INFO(a) printf("信息: ");printf(a);printf("\n");
# define ERROR(a) printf("错误: ");printf(a);printf("\n");
void main()
{ int i = 1;
char c;
FILE * fp = NULL;
fp = fopen("D:\\helloall.txt","rt");
if(fp == NULL)
{ERROR("文件 thelloall.txt 打开失败!");
return;}
else
{INFO("成功,文件 thelloall.txt 打开完成!");}
c = fgetc(fp);
while(c!= EOF)
{putchar(c);
c = fgetc(fp);}
putchar('\n');
i = fclose(fp);
if(i == 0)
{INFO("文件关闭成功!");}
else
{ERROR("文件关闭失败!");}
}
```

程序运行结果如图 11.4 所示。

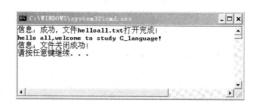

图 11.4　例 11.2 的运行结果

11.3.2　字符串读写函数

1. 写字符串函数 fputs

fputs 函数以字符串为处理单位,其功能是将一个字符串写到指定的文件中,一般调用形式如下：

fputs(str,fp);

其中,str 是待写入的字符串,可以是字符型指针、字符型数组或字符串常量,fp 是文件指针。fputs 函数将字符串 str 写到 fp 指向的文件中,但字符串结束符'\0'不能被写入文件,也不自动加'\n'。函数若执行正常,则返回一个大于等于 0 的值,否则返回 EOF。

需要注意的是,根据 fputs 函数的操作特点,连续多次调用函数输出多个字符串时,文件中的各字符串将首尾相接,它们之间将不存在任何间隔符。为了便于将输出的字符串以字符串的形式读入,在输出字符串时,应在每次调用 fputs 后,再向文件写入一个字符 '\n' 作为字符串的分隔符。

2. 读字符串函数 fgets

fgets 函数与 fputs 函数也是相对的,是从指定文件中读取一个字符串,其一般调用形式为:

```
fgets(str,n,fp);
```

其中,str 可以是字符型数组或字符型指针,参数 n 指定最多可读取的字符个数为 n−1(字符串结束符 '\0' 要占一个字符),fp 是文件指针变量。fgets 函数的功能是从 fp 所指向的文件中读入 n−1 个字符,放入以 str 为起始地址的空间内;如果在未读满 n−1 个字符之时,已读到一个换行符或 EOF,则结束本次读操作。读入结束后,系统将自动在字符串的最后加 '\0',并以 str 存放字符串的首地址作为函数值返回;否则,返回值为 NULL。

【例 11.3】 将字符串 "Heilongjiang","Haerbin","heikeji" 写入磁盘文件 myfile3.txt 中,最后读取并显示文件中的内容。

程序代码如下:

```
# include "stdafx.h"
# include < stdio.h >
# include < stdlib.h >
int main( )
{     char str[3][20] = {"Heilongjiang","Haerbin","heikeji"},temps[20];
  int i;
  FILE * fp;
  if((fp = fopen("myfile3.txt", "w")) == NULL)
  {         printf("cannot open file\n");
    exit(0);
  }
  for(i = 0;i < 3;i++)
  {
    fputs(str[i],fp);                    /* 写入字符串 */
    fputc('\n',fp);                      /* 写入一分隔符 */
  }
  fclose(fp);
  if((fp = fopen("myfile3.txt", "r")) == NULL)
  {
    printf("cannot open file\n");
    exit(0);
  }
  printf("The file content is:\n");
  while(fgets(temps,20,fp)!= NULL)         /* 读入字符串 */
    printf(" % s",temps);
  fclose(fp);
  system("pause");
  return 0;
}
```

程序运行后可以用相应的文本编辑软件将其打开显示,图 11.5 即给出了程序运行结果。

图 11.5　例 11.3 的运行结果

11.3.3　格式化读写函数

在前面章节中,本书介绍了格式化输入函数 scanf 和格式化输出函数 printf,它们的读写对象是终端——键盘和显示器(默认的标准输入文件、标准输出文件)。C 系统还提供了读写对象为文本文件的两个格式化读写函数 fscanf 函数和 fprintf 函数。

1. 格式化写函数 fprintf

函数 fprintf 的功能是按格式将内存中的数据转换成对应的字符,并以 ASCII 代码形式输出到“文件指针”所指定的文本文件中。fprintf 函数的调用形式为:

fprintf(文件指针,格式控制字符串,输出列表);

fprintf 函数和 printf 函数功能相似,只是输出的内容既可以显示在终端(一般为显示器)上,也可以存放在磁盘的文本文件中。该函数返回写入数据的字节数,否则返回 EOF(-1)。

例如,若文件指针 fp 已指向一个已打开的文本文件(该文件以写或读写方式打开),n 为整型变量,x 为浮点型变量,且 n＝15,x＝25.5463。则用以下语句即可将 n 和 x 的值输出到 fp 所指向的文件中:

```
fprintf(fp,"%d  %6.2f",n,x);
```

语句执行后,则在 fp 所指向文件中的内容为如下的字符串:

```
15   25.55
```

注意:为了以后便于读入,使用 fprintf 函数向文件中输出多个数值数据时,数据之间应适当用空格或换行符等进行分隔,否则输出后的数据之间将无任何符号分隔。

如将上面的 fprintf 函数调用语句更改为:

```
fprintf(fp,"%d%6.2f", n,x);
```

则此时输出到文件中的字符串为:

```
1525.55
```

因此,在以后的读出数据时,可能造成数据错误。

利用 fprintf 函数还可以向终端(显示器)输出数据。例如:

```
fprintf (stdout,"n = %d,x = %5.2f\n",n,x);
```

其中,stdout 即为指向标准输出终端(显示器)的文件指针,该语句等价于:

```
printf ("n = % d,x = % 5.2f\n",n,x);
```

2. 格式化读函数 fscanf

函数 fscanf 用于从以读或读写方式打开的文本文件中按指定格式输入数据。fscanf 函数与 scanf 函数功能相似,只是读操作的对象还可以是磁盘上的文本文件。若 fscanf 函数调用成功,则函数返回读入的数据个数,否则返回 EOF(−1)。fscanf 函数的调用形式如下:

fscanf (文件指针,格式控制字符串,输入项表)

例如,从文件指针 fp 所指向的文本文件(以读或读写方式打开的)中读取一个整型数据和一个浮点型数据分别赋给整型变量 n 和浮点型变量 x,可用如下语句实现:

```
fscanf (fp,"% d% f",&n,&x);
```

注意:在 fp 所指向的文本文件中,两个数值数据之间应有空格或换行车符等符号分隔。当然利用 fscanf 函数还可以从标准输入终端(键盘)输入数据。

例如:

```
fscanf(stdin,"% d% f",&n,&x);
```

其中,stdin 即为指向标准输入终端(键盘)的文件指针,该语句等价于:

```
scanf("% d% f",&n,&x);
```

【例 11.4】 从键盘输入多个学生的学号和某门课程成绩,将其保存于一个文本文件中,然后从该文本件读取学生的学号与成绩并显示,求出平均成绩。

程序代码如下:

```
# include "stdafx. h"
# include <stdio. h>
# include <stdlib. h>
    int main( )
{
  int stuid,score,stunum,i;
  float average;
  FILE * fp;
  printf("输入学生数: ");
  scanf("% d",&stunum);
  if((fp = fopen("stuscore. txt", "w")) == NULL)
  {
     printf("cannot open file\n");
     exit(0);
  }
  printf("输入 % d 个学生信息(学号 成绩): \n",stunum);
  for(i = 1;i <= stunum;i++)
  {
     scanf("% d % d",&stuid,&score);
     fprintf(fp,"% d %d\n",stuid,score);
  }
  fclose(fp);
```

```
        if((fp = fopen("stuscore.txt", "r")) == NULL)
        {
            printf("cannot open file\n");
            exit(0);
        }
        stunum = 0; average = 0.0;
        printf("%6s%6s\n","学号","成绩");
        while(fscanf(fp, "%d%d", &stuid, &score)!= EOF)
        /* 读入成功时,即未到文件尾 */
        {
            stunum++;
            average += score;
            printf("%6d%6d\n",stuid,score);
        }
        fclose(fp);
        average/ = stunum;
        printf("平均成绩:%6.2f\n",average);
        system("pause"); /* 利用软件 DEV - C++运行此语句/
        return 0;
    }
```

程序运行结果如图 11.6 所示。

图 11.6　例 11.4 的运行结果

用 fprintf 和 fscanf 函数对磁盘文件读写,虽然使用方便、容易理解,但由于在输入时要将 ASCII 码转换成二进制形式,在输出时又要将二进制形式转换成字符,而这种转换是要花时间的。因此在内存与磁盘频繁交换数据的情况下,最好不用 fprintf 函数和 fscanf 函数,而是使用接下来要介绍的数据块的读写方式从二进制文件中读写数据。

11.3.4　数据块读写函数

为了提高数据的读写速度,C 语言系统允许从二进制文件中以数据块形式读写数据,此功能可以通过系统函数 fwrite 和 fread 来实现。与格式化读写函数 fscanf 和 fprintf 不同的是,以数据块方式进行读写操作时,读写的数据都是二进制数据,并不存在数据转换问题。

1. 数据块写函数 fwrite

数据块写函数 fwrite 的功能是以数据块的方式向二进制文件写入数据,该函数的调用形式为:

```
fwrite(buffer,size,count,fp);
```

其中,buffer 为要写入文件中的数据的首地址;size 为每个数据块的大小(字节数);count 为指定要向文件中写入的数据块个数,它是一个整型值;fp 为文件指针,其指向文件必须是以写或读写方式打开的二进制文件。如果调用成功,该函数返回写入数据块的个数,否则将输出出错信息。

例如,表示学生信息的结构体类型及数组定义如下:

```
struct StuType
{
    int id;
    char name[15];
    int age;
    int score;
}StuInfo[30];
```

StuInfo 数组的每个元素用来存储一个学生的数据信息(包括学号、姓名、年龄及成绩),并假设 StuInfo 数组中已存储了 30 名学生的信息。利用以下 for 循环语句即可将 StuInfo 数组中保存的 30 名学生的数据信息输出到 fp 所指向的二进制文件中。

```
for(i = 0;i < 30;i++)
    fwrite(&StuInfo[i],sizeof(struct StuType),1,fp);
```

以上 for 循环中,每执行一次 fwrite 函数调用,就将从 &StaInfo[i]地址开始的一个数据块(函数中的第三个参数)内容输出到 fp 所指向的二进制文件中,而每个数据块大小为 sizeof(struct StuType)个字节,也就是一次向文件输出一个结构体变量中的值。

2. 数据块读函数 fread

数据块读函数 fread 的功能是以数据块的方式从指定二进制文件中读取数据,其调用的一般形式为:

fread(buffer,size,count,fp);

其中,buffer 为从文件中读入数据的存储地址;size 为每个数据块的大小(字节数);count 为从文件中读出的数据块个数;fp 为以读或读写方式打开的二进制文件的指针。函数 fread 的含义是:从 fp 所指向的二进制文件中读取 count 个数据块(每个数据块大小为 size 个字节),并将其存放到以 buffer 为首地址的内存空间中。如果调用成功,该函数返回写入数据块的个数,否则将输出出错信息。

例如通过以下 for 循环语句即可将前面用 fwrite 函数写入到文件中的 30 个学生信息读入到已定义的结构体数组 StuInfo 中:

```
for(i = 0;i < 30;i++)
    fread(&StuInfo[i],sizeof(struct StuType),1,fp);
```

下面给出一个完整例子。

【例 11.5】 设计实现一个简单的学生信息管理系统,包括学生信息的输入与显示功能。

分析:本例要求实现学生相关信息的输入和显示两大功能模块。信息输入功能模块应实现学生信息的终端输入及以文件的形式存储的功能;信息显示模块应实现学生信息的输入及显示的功能。程序的整体功能模块结构如图 11.7 所示。为了便于数据的输入与输出可以定义一个结构体数组,并利用块读写函数 fread 和 fwrite 实现数据从文件中的输入与输出功能。用于存储学生信息的二进制文件中,首先存储学生数,然后存储相应的学生信息。因此在从文件中读取学生信息时,可以先读取学生数,即可确定文件中存储的学生信息的个数。

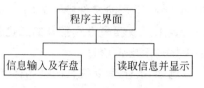

图 11.7 例 11.5 程序的模块功能结构图

程序代码如下:

```c
# include "stdafx.h"
# include <stdio.h>
# include <stdlib.h>
struct StuType                              /*学生信息类型*/
{
  int id;
  char name[15];
  int age;
  int score;
}StuInfo[100];                              /*全局变量,用于存储学生信息*/
int StuNum;                                 /*全局变量,用于存储学生个数*/
void Menu( );
void InputInfo( );
void DisplayInfo();
void WriteInfo( );
void ReadInfo( );
int main( )                                 /*主函数*/
{
  int select;
  while(1)
  {
    Menu( );
    scanf("%d",&select);
    switch(select)
    {
      case 1: InputInfo(); WriteInfo(); break;
      /*输入信息并存盘*/
      case 2: ReadInfo(); DisplayInfo(); break;
      /*读取信息并显示*/
      case 0: return(0);                    /*退出*/
    }
  }
  system("pause");                          /*利用软件 DEV-C++运行此语句/
  return 0;
}
void Menu( )   /*主界面*/
{
  printf("******************************\n");
  printf("    Student Information System  \n");
  printf("******************************\n");
  printf("          Main Menu             \n");
  printf("     1-- Input information       \n");
```

```
      printf("        2 -- Display information           \n");
      printf("        0 -- Exit                          \n");
      printf("        Select:");
}
void InputInfo( )                              /* 学生信息输入 */
{   int i;
    printf("\nInput the number of Students:");
    scanf("%d",&StuNum);
    printf("Please input info(Id Name Age Score):\n");
      for(i = 0;i < StuNum;i++)
        scanf("%d%s%d%d",&StuInfo[i].id,StuInfo[i].name, &StuInfo[i].age,&StuInfo[i].
score);
}
void DisplayInfo( )                            /* 学生信息显示 */
{
    int i;
    printf("\n------ * Student Information * ------ \n\n");
    printf("%4s %14s %4s %5s\n","Id","Name","Age","Score");
    for(i = 0;i < StuNum;i++)
        printf("%4d%14s  %4d  %5d\n", StuInfo[i].id, StuInfo[i].name, StuInfo[i].age,
StuInfo[i].score );
    printf("\n");
}
void WriteInfo( )                              /* 将学生信息输出至文件 */
{
    FILE * fp;
    int i;
    if((fp = fopen("student.dat", "wb")) == NULL)
    /* 以只写方式打开二进制文件 */
    {
        printf("cannot open file\n");
        return;
    }
    if(fwrite(&StuNum,sizeof(int),1,fp)!= 1)    /* 向文件写入学生数 */
    {
        printf("Write error!\n");
        fclose(fp);
        return;
    }
    for(i = 0;i < StuNum;i++)                    /* 利用循环向文件中写入学生信息 */
        if(fwrite(&StuInfo[i],sizeof(struct StuType),1,fp)!= 1)
    {
        printf("Write error!\n");
        break;
    }
    fclose(fp);
}
void ReadInfo( )                               /* 从文件中读取学生信息 */
{ FILE * fp;
    int i;
    if((fp = fopen("student.dat", "rb")) == NULL)
    /* 以只读方式打开二进制文件 */
    {
        printf("Cannot open file\n");
```

```
        return;
      }
      if(fread(&StuNum,sizeof(int),1,fp)!= 1)      /*读入学生数*/
      {
        printf("Read error!\n");
        fclose(fp);
        return;
      }
      for(i = 0;i < StuNum;i++)                    /*利用循环从文件中读入学生信息*/
        if(fread(&StuInfo[i],sizeof(struct StuType),1,fp)!= 1)
      {
        printf("Read error!\n");
        break;
      }
      fclose(fp);
}
```

例 11.5 程序运行后出现程序主界面,键盘输入 1 时即可进行数据的输入,其运行界面如图 11.8 所示。

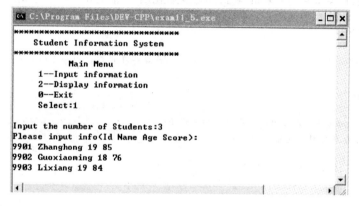

图 11.8　运行例 11.5 程序并输入学生信息

输入数据(或重新运行该程序)后,在主界面中输入 2 即可显示在文件中存储的学生信息,运行结果如图 11.9 所示,当在主界面中输入 0 时,退出程序。

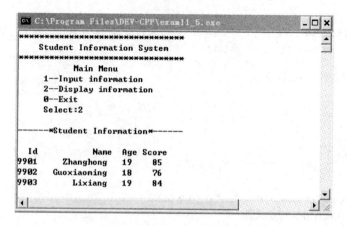

图 11.9　运行例 11.5 程序并显示学生信息

11.4 文件读写指针的定位及文件检测

前面介绍的对文件的读写操作都是以顺序读写方式进行的,即当从文件中读取数据时,是按照数据在文件中的存储顺序,从头开始一个一个地读取数据的;而向文件写入数据时,数据是按照写入顺序一个一个地存储在文件中的。但是在一些实际问题中,有时需要从存储在文件中的众多数据中读取某个或某些数据,或者是修改某个或某些数据。为了解决这个问题,可通过将文件内部的读写位置指针设置到需要进行数据读写的位置,然后再进行读写,这种读写称为随机读写。实现随机读写的关键是按需要移动文件的位置指针,称为文件读写位置指针的定位。

另外,在文件读写过程中,常常由于各种原因导致读写操作失败,为了能够正确地进行文件的读写,C标准库中提供了检测文件读写操作是否正常的函数。

本节将介绍文件读写位置指针的概念、文件读写位置指针定位以及与文件检测相关的一些函数。

11.4.1 文件读写位置指针的概念

文件读写位置指针又称为文件位置指针或文件读写指针,它表示当前读或写的数据在文件中的位置。当利用 fopen 函数打开文件时,可以认为文件位置指针总是指向文件的开头即第一个数据之前。当文件位置指针指向文件末尾时,表示文件结束。当进行读操作时,总是从文件位置指针所指位置开始,去读取其后的数据,然后位置指针移到尚未读的数据之前,以备指示下一次的读(或写)操作。当进行写操作时,总是从文件位置指针所指位置开始去写,然后移到刚写入的数据之后,以备指示下一次输出的起始位置。

文件读写位置指针与前面介绍的文件指针是两个完全不同的概念。文件指针(即文件类型指针)是指在程序中用 FILE * 类型定义的指针变量,并通过 fopen 函数调用给文件指针赋值,使其和某个文件建立联系来实现对文件的各种操作。文件读写位置指针则是用来指示文件的当前读写位置的,使用 fopen 函数打开每个文件后,系统都会自动提供一个文件读写位置指针。

11.4.2 文件读写位置指针的定位

文件读写位置指针的定位功能是由 C 语言提供的文件定位函数来实现的。在头文件 stdio.h 中提供的实现文件读写指针定位的函数主要有 fseek 函数、ftell 函数和 rewind 函数。

1. 改变文件位置指针位置函数 fseek

fseek 函数用来移动文件位置指针到指定的位置,接着的读或写操作将从此位置开始。fseek 函数一般用于二进制文件,其调用形式如下:

```
fseek(fp,offset,origin)
```

其中,fp 为指向当前文件的指针;offset 是文件读写位置指针以字节为单位的位移量,为长整型数;origin 是起始位置,即位移量的基准点,其既可以用整数表示,也可以用系统预定义符号常量来表示(如表 11.4 所示)。当 offset 为正整数时,表示从起始位置 origin 向文件尾部方向的位移量;当 offset 为负整数时,表示从起始点 origin 向文件首部方向的位移量。fseek 函数调用形式的含义为:将 fp 所指向文件的文件读写位置指针从当前位置移动到以 origin 为基准点、位移量为 offset 个字节的位置。如果该函数调用成功,则返回 0 值,否则返回非 0 值。

表 11.4   使用 fseek 时起始点的表示及含义

符 号 常 量	数 字	代表的起始点
SEEK_SET	0	文件开始
SEEK_END	2	文件末尾
SEEK_CUR	1	文件当前位置

下面是 fseek 函数调用的几个例子:

```
fseek(fp,150L,0);
/* 将文件位置指针移到以文件头开始的 150 个字节后的位置 */
fseek(fp, 50L, SEEK_CUR);
/* 将文件位置指针从当前位置向后移动 50 个字节 */
fseek(fp, -150L,2);
/* 将文件位置指针移到文件尾前的 150 个字节处 */
fseek (fp,0L,SEEK_SET);                        /* 将文件位置指针移至文件头 */
fseek (fp,0L,SEEK_END);                        /* 将文件位置指针移至文件尾 */
```

【例 11.6】 设在磁盘文件 stu.dat 中已有 10 个学生的信息,要求将第 1、第 3、第 5、第 7、第 9 个学生的信息输入计算机,并在屏幕上显示出来。

程序代码如下:

```
# include "stdafx.h"
# include < stdio.h>
# include < stdlib.h>
struct student_type
{ int id;
  char name[15];
  int age;
  int score;
}stud[10];

int main()
{int i;
FILE  * fp;
if((fp = fopen("stud_dat","rb")) == NULL)
{printf("can not open file\n");
exit(0);
}
for(i = 0;i < 10;i++)
{fseek(fp,i * sizeof(struct student_type),0);
fread(&student[i],sizeof(struct student_type),1,fp);
printf(" % d  % s  % d  % d\n", student[i]. id, student[i]. name, student[i]. age, student[i].
score);}
```

```
    fclose(fp);
    return 0;
}
```

程序运行结果如图 11.10 所示。

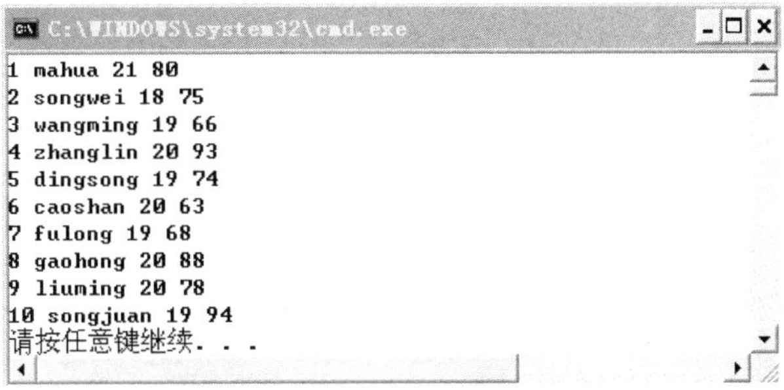

图 11.10　例 11.6 的运行结果

2. 取得文件位置指针当前位置函数 ftell

由于文件中的位置指针经常移动,往往不容易辨清其当前位置,用 ftell 函数可以返回文件读写位置指针的当前位置,其调用形式为:

```
ftell(fp);
```

其中,fp 为文件指针。ftell 函数正常情况下的返回值为长整数,表示相对于文件开始位置的位移量(字节数);若出错,则函数返回值为 −1L。

例如,当打开一个文件时,通常并不知道该文件的大小,通过以下方式可以求出文件的大小(字节数),其中变量 filesize 为 long 类型:

```
long filesize;
fseek(fp,0L,SEEK_END);
filesize = ftell(fp);
```

再如,在例题 11.5 中为获得在文件中存储了多少个学生的数据信息,我们先向文件中写入的是学生个数。若文件中不存储学生个数的信息,只存储所有学生的数据信息,则可用如下代码求得文件中存储的学生信息个数:

```
fseek(fp,0L,SEEK_END);
filesize = ftell(fp);
StuNum = filesize/sizeof(struct StuType);
```

3. 置文件位置指针于文件开头函数 rewind

rewind 函数又称"反绕"函数,其功能是使文件读写位置指针回到文件开头,其调用形式如下:

```
rewind(fp);
```

其中 fp 为指向由 fopen 函数打开的文件指针,此函数没有返回值。

【例 11.7】 设二进制文件 student.dat 中已保存有多名学生的数据信息,现要求在文件原有内容后增加几名学生的数据信息,然后显示文件中的所有学生的信息。

程序代码如下：

```c
# include "stdafx. h"
# include < stdio. h >
# include < stdlib. h >>
struct StuType
{
  int id;
  char name[15];
  int age;
  int score;
};
void PrintStu(struct StuType Stu)          /* 输出一个学生信息 */
{
  printf(" % 4d  % 14s  % 4d  % 5d\n", Stu. id, Stu. name, Stu. age, Stu. score);
}
int main( )
{
  struct StuType Stu;
  FILE  * fp;
  int StuNum, i, InfoSize;
  if((fp = fopen("student. dat", "ab + ")) == NULL)
  {
      printf("cannot open file\n");
      exit(0);
  }
  InfoSize = sizeof(struct StuType);
  printf("\n **** Append information **** \n");
  printf("Input the number of students:");
  scanf(" % d", &StuNum);
  printf("Please input info(Id Name Age Score):\n");
  for(i = 0; i < StuNum; i++)                /* 输入学生信息，并追加至文件中 */
  {
    scanf(" % d % s % d % d", &Stu. id, Stu. name, &Stu. age, &Stu. score);
    fwrite(&Stu, InfoSize, 1, fp);
  }
  printf("\n **** Display information **** \n");
  printf(" % 4s  % 14s  % 4s  % 5s\n", "Id", "Name", "Age", "Score");
  fseek(fp, 0L, SEEK_END);                   /* 将文件读写指针移至文件尾 */
  StuNum = ftell(fp)/InfoSize;               /* 求文件中存储的学生信息个数 */
  rewind(fp);                                /* 将文件读写指针置于文件头 */
  for(i = 0; i < StuNum; i++)                /* 读入学生信息并显示 */
  {
    fread(&Stu, InfoSize, 1, fp);
    PrintStu(Stu);
  }
  fclose(fp);
  system("pause");                           /* 利用软件 DEV - C++运行此语句/
  return 0;
}
```

程序运行时,在二进制文件 student.dat 中原有数据后增加了 5 名学生的信息,程序运行结果如图 11.11 所示。

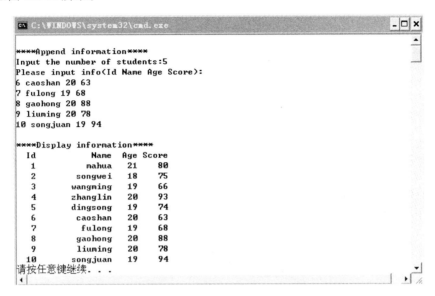

图 11.11　例 11.7 的运行结果

11.4.3　文件的检测

在读写文件时,一般需要判断文件读写指针是否已到文件尾,以及是否能正常打开文件等。常用的文件检测函数有 feof 函数、ferror 函数和 clearerr 函数。

1. feof 函数

前面在读写文本文件时,一般使用 EOF 作为文件结束符,它的值定义为 −1。由于任何字符的 ASCII 码值都不可能为 −1,因此这样定义是合理的。但是在读写二进制文件时,一个二进制数据的值可能是 −1,若还使用 EOF 就会产生冲突。为解决这一问题,C 系统专门提供了一个用来判断文件是否结束的函数——feof 函数。feof 函数的调用形式为:

```
feof(fp);
```

其中,fp 表示文件指针。当 fp 所指向的文件已结束,则函数返回 1,否则返回 0。

另外,feof 函数也可以替代 EOF,用来判断文本文件是否结束。

【例 11.8】　将文本文件 myfile4.txt 中文本信息读出并显示。

程序代码如下:

```
# include "stdafx.h"
# include < stdio.h >
# include < stdlib.h >
    int main( )
    {
        char ch;
        FILE * fp;
        if((fp = fopen("myfile4.txt", "r")) == NULL)
        {
```

```
                printf("cannot open file\n");
                exit(0);
            }
        ch = fgetc(fp);
        while(feof(fp))                    /* 当文件未结束时 */
        {
            putchar(ch);
            ch = fgetc(fp);
        }
        fclose(fp);
        system("pause");                   /* 利用软件 DEV-C++ 运行此语句 */
        return 0;
    }
```

2. ferror 函数

在调用各种读写函数(如 fputs、fgets、fprintf、fscanf、fread 及 fwrite 等)对文件进行读写操作时,可能会发生错误,此时可以通过函数的返回值判断读写是否出错,除此之外,还可以使用 ferror 函数来检测文件是否有读写错误。其一般调用形式为:

ferror(fp);

若读写正常,则 ferror 返回值为 0;否则,返回一个非零值,表示出错。在执行 fopen 函数打开一个文件时,ferror 函数的初始值自动置为 0。对同一个文件调用输入输出函数时,每一次调用读写函数产生一个新的 ferror 函数值。因此,应在调用一个输入输出函数之后立即检查 ferror 的函数值,否则,信息会丢失。

3. clearerr 函数

clearerr 函数功能是将文件出错标志和文件结束标志置为 0,其一般调用形式为:

clearerr(fp);

当调用读写函数时,一旦出现错误,ferror 函数的返回值非 0,并一直保留,直到在调用 clearerr 函数或 rewind 函数或其他读写函数后,可更改其值为 0。

【例 11.9】 从当前目录下读取文件 file1.c,但是该文件不存在,用 ferror 函数检测是否出错,并使用 clearerr 函数清除错误标志。

程序代码如下:

```
# include "stdafx.h"
# include < stdio.h>
# include < stdlib.h>
int main( )
{
  FILE * fp;
  char ch;
  fp = fopen("file1.c","w");            /* 以只写方式打开文件 */
  ch = fgetc(fp);                       /* 从文件读取一个字符,读操作出错 */
  if(ferror(fp))                        /* 当具有读写错误时 */
  {
     printf("File error.\n");
     clearerr(fp);                      /* 清除读写错误 */
```

```
        }
    if(!ferror(fp))
    printf("Error cleared.\n");
    fclose(fp);
    system("pause");                        /* 利用软件 DEV - C++运行此语句/
    return 0;
}
```

当前文件夹不存在文件 file1.c 时,程序运行结果如图 11.12 所示。

图 11.12 例 11.9 的运行结果

习 题 11

一、选择题

11.1 关于文件理解不正确的是(   )。

    A. C 语言把文件看作是字节的序列,即由一个个字节的数据顺序组成

    B. 所谓文件一般指存储在外部介质上数据的集合

    C. 系统自动地在内存区为每一个正在使用的文件开辟一个缓冲区

    D. 每个打开文件都和文件结构体变量相关联,程序通过该变量访问该文件

11.2 关于二进制文件和文本文件描述正确的是(   )。

    A. 文本文件把每一个字节放成一个 ASCII 代码的形式,只能存放字符或字符串数据

    B. 二进制文件把内存中的数据按其在内存中的存储形式原样输出到磁盘上存放

    C. 二进制文件可以节省外存空间和转换时间,不能存放字符形式的数据

    D. 一般中间结果数据需要暂时保存在外存上,以后又需要输入内存的,常用文本文件保存

11.3 系统的标准输入文件操作的数据流向为(   )。

    A. 从键盘到内存   B. 从显示器到磁盘文件

    C. 从硬盘到内存   D. 从内存到 U 盘

11.4 利用 fopen (fname, mode)函数实现的操作不正确的是(   )。

    A. 正常返回被打开文件的文件指针,若执行 fopen 函数时发生错误则函数返回 NULL

    B. 若找不到由 pname 指定的相应文件,则按指定的名字建立一个新文件

    C. 若找不到由 pname 指定的相应文件,且 mode 规定按读方式打开文件则产生错误

      D. 为 pname 指定的相应文件开辟一个缓冲区,调用操作系统提供的打开或建立新文件功能

11.5 若要用 fopen 函数打开一个新的二进制文件,该文件要既能读也能写,则文件方式的字符串应是(　　)。

    A. "ab+"   B. "wb+"   C. "rb+"   D. "ab"

11.6 fscanf 函数的正确调用形式是(　　)。

    A. fscanf(fp,格式字符串,输出列表)

    B. fscanf(格式字符串,输出列表,fp);

    C. fscanf(格式字符串,文件指针,输出列表);

    D. fscanf(文件指针,格式字符串,输入列表);

11.7 fgetc 函数的作用是从指定文件读入一个字符,该文件的打开方式必须是(　　)。

    A. 只写   B. 追加

    C. 读或读写   D. 答案 B 和 C 都正确

11.8 利用 fwrite(buffer,sizeof(Student),3,fp)函数描述不正确的是(　　)。

    A. 将 3 个学生的数据块按二进制形式写入文件

    B. 将由 buffer 指定的数据缓冲区内的 3 * sizeof(Student)个字节的数据写入指定文件

    C. 返回实际输出数据块的个数,若返回 0 值则表示输出结束或发生了错误

    D. 若由 fp 指定的文件不存在,则返回 0 值

11.9 利用 fread(buffer,size,count,fp)函数可实现的操作是(　　)。

    A. 从 fp 指向的文件中,将 count 个字节的数据读到由 buffer 指出的数据区中

    B. 从 fp 指向的文件中,将 size * count 个字节的数据读到由 buffer 指出的数据区中

    C. 以二进制形式读取文件中的数据,返回值是实际从文件读取数据块的个数 count

    D. 若文件操作出现异常,则返回实际从文件读取数据块的个数

11.10 检查由 fp 指定的文件在读写时是否出错的函数是(　　)。

    A. feof()   B. ferror()   C. clearerr(fp)   D. ferror(fp)

二、编程题

11.11 一条学生的记录包括学号、姓名和成绩等信息。

(1) 格式化输入多个学生记录;

(2) 利用 fwrite 将学生信息按二进制方式写到文件中;

(3) 利用 fread 从文件中读出成绩并求平均值;

(4) 在文件中按成绩排序,将成绩单写入文本文件中。

11.12 编写程序统计某文本文件中包含句子的个数。

11.13 编写函数实现单词的查找,对于已打开的文本文件,统计其中包含某单词的个数。

第 12 章　　　　　　位 运 算

以前章节讲过的各种运算都是以字节为基本单位进行的,但在很多系统程序中常常需要在位(bit)一级进行运算或处理。C 语言提供了位运算的功能,这使得 C 语言是一种具有低级语言特性的高级语言,能像汇编语言一样用来编写系统程序。本章将介绍位运算符和位段结构及其使用等内容。

12.1　位 运 算 符

12.1.1　位运算符简介

C 提供的位运算符如表 12.1 所示。

表 12.1　位运算符表

位运算符	含义	示例	运 算 功 能	优先级
～	按位取反	～a	若 a 的相应位为 1(0),则该位结果为 0(1)	5(高)
<<	左移	a<<2	将 a 的二进制数左移 2 位,右补 0	4
>>	右移	a>>2	将 a 的二进制数右移 2 位,左补 0 或 1	4
&	按位与	a&b	若 a 与 b 相应位都为 1,则该位结果为 1	3
^	按位异或	a^b	若 a 与 b 相应位相同,则该位结果为 0	2
|	按位或	a|b	若 a 与 b 相应位都为 0,则该位结果为 0	1(低)

说明:

(1) 位运算符除"～"以外,均为二目运算符,即要求两侧各有一个操作数。

(2) 位运算符中,"～"的优先级最高,"|"的优先级最低。除"～"的结合性为自右至左外,其余运算符的结合性均为从左至右。

(3) 位运算符的操作数只能是整型(包括 int、short int、unsigned int 和 long int)或字符型的数据,不能为实型数据。

12.1.2　位运算举例

下面对各种位运算符分别进行介绍。除特殊说明外,在此设进行位运算的操作数的存储单元为一个字节(8 个二进制位)。

1. "取反"运算符(～)

格式:　～操作数

功能：将参加运算的数据的各二进制位按位取反，即～0＝1、～1＝0。

【例 12.1】 若 x＝0x23，y＝～x，求 y。

计算结果如下：

～ 00100011 （x）

　11011100

即 y＝～x＝0xdc。

说明：

(1) "按位取反"运算符(～)与"取负数"(－)运算符的作用完全不同，请加以区别。

(2) "～"运算符的优先级高于算术运算符、关系运算符、逻辑运算符和其他位运算符。

【例 12.2】 分析取反运算的结果。

```
# include "stdafx. h"
# include < stdio. h>
# include < stdlib. h>

int main()
{
    int i = 42;
    char c = 'a';
    printf("i = % d,c = % c\n",i,c);
    printf("～i = % d,～c = % c\n",～i,～c);
    system("pause");
    return 0;
}
```

程序运行结果如下：

```
a = 42,c = a
～a = － 43,c = ?
```

2. "按位与"运算符(&)

格式： 操作数 1& 操作数 2

功能：参加运算的两个操作数，若两个相应的位都为 1，则运算结果中该位的值为 1，否则为 0。即 0 & 0＝0、0 & 1＝0、1 & 0＝0、1 & 1＝1。

【例 12.3】 若 x＝0x23，y＝0x17，求 x&y。

计算结果如下：

　00100011 （x）

& 00010111 （y）

　00000011

即 x&y＝0x03。

说明：

(1) 按位与运算常用来对某一数据的指定位清零，方法是让该数据与某一常数相与，这一常数应满足：清零位为 0，其余位为 1。例如：把 8 位数 X 的高 4 位清零，可做 X&0x0f 运算(0x0f 的二进制数是 00001111)。设 X 为 0x2d，则其运算如下：

```
    00101101   （X）
&   00001111
    00001101
```

（2）按位与运算常用来获取指定某一数据的指定位。方法是让该数据与某一常数相与，这一常数应满足：获取的位置1其余位置0。例如：把8位数X的低4位取出来，可做X&0x0f(0x0f的二进制数是00001111)。设X为0x2d,其运算如下：

```
    00101101   （X）
&   00001111
    00001101
```

（3）按位与运算常用来测试指定的位为1或为0。方法是让被测试的位与1相与，其他位与0相与；然后判断结果，如果结果为0，则被测位为0，如果结果为非0，则被测位为1。例如：测试8位数X的最低位是否为1,可做X&0x01(0x01的二进制数是00000001)。

其运算如下：

```
    00101101   （X）
&   00000001
    00000001
```

【例 12.4】 分析与运算的结果。

```
#include "stdafx.h"
#include <stdio.h>
#include <stdlib.h>

int main()
{
    int a = 16, b = 24, c;
    c = a&b;
    printf("a = %d, b = %d, c = %d\n", a, b, c);
    system("pause");
    return 0;
}
```

程序运行结果如下：

a = 16, b = 24, c = 16

3. "按位或"运算符(|)

格式：**操作数 1|操作数 2**

功能：参加运算的两个操作数，只要两个相应位中有一个为1,则运算结果中该位值为1;只有当两个相应位的值均为零时,运算结果中该位值才为0。即 0|1=1,1|0=1,1|1=1,0|0=0。

【例 12.5】 若 x=0x23,y=0x17,求 x|y。

计算结果如下：

```
    00100011   （x）
|   00010111   （y）
    00110111
```

即 x|y＝0x37。

说明：

"按位或"运算的特殊用途是将一个数据的某些指定位置为 1，而其余位保持不变。方法就是让该数据与某一常数相或，这一常数应满足：置 1 的位置为 1，其余的位置为 0。

例如：把 8 位数 X 的低 4 位置 1，可做 X&0x0f(0x0f 的二进制数是 00001111)。设 X 为 0x2d，其运算如下：

```
    00101101  (X)
|   00001111
    00101111
```

【例 12.6】 分析或运算的结果。

```
# include "stdafx. h"
# include <stdio. h>
# include <stdlib. h>

int main()
{
    int a = 16,b = 24,c;
    c = a|b;
    printf("a = % d,b = % d,c = % d",a,b,c);
    system("pause");
    return 0;
}
```

程序运行结果如下：

a = 16,b = 24,c = 24

4. "按位异或"运算符(^)

格式：   **操作数 1 ^ 操作数 2**

功能：参加运算的两个操作数，若其相应位相同，则运算结果中该位置为 0；若其相应位不同，则运算结果中该位置为 1。即 1^0＝1、0^1＝1、1^1＝0、0^0＝0。

【例 12.7】 若 x＝0x23，y＝0x17，求 x^y。

计算结果如下：

```
    00100011  (x)
^   00010111  (y)
    00110100
```

即 x^y＝0x34。

说明：

(1) 按位异或运算常用来对某一数据的指定位取反。方法就是让该数据与某一常数相异或，这一常数应满足：取反的位置 1，其余位置 0。

例如，把 8 位数 X 的高 4 位置取反，可做 X&0xf0(0xf0 的二进制数是 11110000)。设 X 为 0x2d，其运算如下：

```
     00101101  (X)
&    11110000
     11011101
```

（2）根据异或运算的特点,一个数与自身相异或,结果为0,因此按位异或运算可以用来清零。

例如,把8位数X与自身相异或,结果为0,设X为0x2d,其运算如下:

```
     00101101  (X)
&    00101101
     00000000
```

【例12.8】　分析异或运算的结果。

```
# include "stdafx. h"
# include < stdio. h>
# include < stdlib. h>

int main()
{
    int a = 16,b = 24,c;
    c = a ^ b;
    printf("a = % d,b = % d,c = % d",a,b,c);
    system("pause");
    return 0;
}
```

程序运行结果如下:

a = 16,b = 24,c = 8

5. 左移运算符(<<)

格式:　**操作数<<左移位数**

功能:把"<<"号左边的操作数的各二进制位全部左移若干位(由"左移位数"指定),高位(左边)丢弃,低位(右边)补零。

【例12.9】　若 x=0x23,则将 x 左移2位的表达式为 x<<2,分析移位后的结果。

```
     00100011
00：100011        左移2位,移出的2位丢弃
     10001100        右边空出的低位部分补零
```

故表达式 x<<2 的值为 0x8c。

说明:由上面例子可见,一个数左移1位相当于乘以2,左移2位相当于乘以4,将操作数左移 n 位相当于该数乘以 2^n。例如,4<<3=32,即相当于4乘以8。左移比乘法运算快得多,有些 C 编译程序自动将乘2的运算用左移一位来实现,将乘以2的 n 次方的幂运算通过左移 n 位来实现。

但一定要注意的是,上述的结论只适用于该数据左移时,被移出的高位数中不包含1的情况,若高位中有1,就不再有乘以 2^n 的关系了。例如:对于无符号数73(二进制形式为01001001),当执行73<<1时,结果为146(二进制形式为10010010),但当执行73<<2后

结果为 36(二进制形式为 00100100),此时不存在乘以 2^n 的关系了。

6. 右移运算符(>>)

格式: **操作数>>右移位数**

功能:把">>"号左边的操作数的各二进制位全部右移若干位(由"右移位数"指定),高位(右边)丢弃,低位(左边)补零。

【例 12.10】 若 x=0x24,则将 x 左移 2 位的表达式为 x>>2,分析移位后的结果。

```
00100100
  001001 : 00      右移 2 位,移出的 2 位丢弃
00001001           左边空出的高位部分补零
```

故表达式 x>>2 的值为 0x09。

说明:

(1) 由上面例子可见,将操作数右移 n 位相当于该数除以 2^n。例如,60>>2=15,即相当于 60 除以 4。右移比除法运算快得多,有些 C 编译程序自动将除 2 的运算用右移一位来实现,将除 2 的 n 次方的幂运算通过右移 n 位来实现。

但一定要注意的是,上述的结论只适用于该数据右移时,被移出的低位数中不包含 1 的情况,若低位中有 1,就不再有除以 2^n 的关系了。例如:对于无符号数 35(二进制形式为 00100011),当执行 35>>2 时,结果为 8(二进制形式为 00001000),此时就不存在除以 2^n 的关系了。

(2) 对有符号数来讲,若符号位为 0(正数),则左边空出的高位部分补零,若符号位为 1(负数),则空出的高位部分的补法与所使用的计算机系统有关,有的计算机系统补 0,称为逻辑右移,有的计算机系统补 1,称为算术右移。

【例 12.11】 分析左移和右移运算符的使用。

```c
# include "stdafx. h"
# include < stdio. h>
# include < stdlib. h>

int main()
{
    int a;
    printf("please input a number:");
    scanf(" % d",&a);
    printf("a = % d,a << 3 = % d,a >> 3 = % d\n",a,a << 3,a >> 3);
    system("pause");
    return 0;
}
```

程序运行后,允许输入任意整数,当输入 456↙时,则输出结果为:

```
a = 456,a << 3 = 3648,a >> 3 = 57
```

【例 12.12】 编写一个程序,输入一个无符号整型数,然后将它的前 8 位与后 8 位交换。

分析:实现本例功能,应考虑到以下 3 点:

（1）将 d 右移 8 位得到高 8 位数，把结果存入中间变量 a 中。

（2）将 d 与 0ff（高 8 位全为 0，低 8 位全为 1）进行按位与，将结果再左移 8 位放到高端，把结果存入中间变量 b 中。

（3）将 a 和 b 进行按位或得到最后的结果。

这里设计了 swap 函数，实现交换高低字节的功能，程序代码如下：

```
#include "stdafx.h"
#include <stdio.h>
#include <stdlib.h>

unsigned int swap(unsigned int d)
{
    unsigned int a,b,c;
    a = d>>8;
    b = (d&0xff)<<8;
    c = a|b;
    return(c);
}

int  main()
{
    unsigned int d;
    printf("请输入一个十进制的无符号整型数:\n");
    scanf(" %x",&d);
    printf(" %x\n",swap(d));
    system("pause");
    return 0;
}
```

程序运行后，允许输入两个字节的十六进制数，若输入 658f↙，则输出结果为 8f65。

12.2 位   段

在计算机系统中，一个字节是由 8 个二进制位组成的，但在实际存储信息时，有时并不需要占用一个完整的字节，例如，用布尔值真或假表示值时，在计算机中只用 1 位（0 或 1）来存储信息就够了，因此为了节省存储空间，C 语言中提供了一种数据结构，来定义一个压缩信息的结构，这种结构被称为"位段"。

所谓"位段"就是把一个字节中的二进制位划分为几个不同的区域，并说明每个区域的位数。每个域有一个域名，允许在程序中按域名进行操作。这样就可以把几个不同的对象用一个字节的二进制位域来表示。

1. 位段结构的说明和变量的定义

位段结构的定义与结构体类型定义相仿，其一般形式为：

struct [结构标识名]
{
  类型说明符 [位段名]:位段长度;

}[变量名表];

位段的类型可以是基本的整数类型（short、int、long 等数据类型），可以为 signed，也可以为 unsigned。位段结构的说明和变量定义与结构体类型类似，可采用先说明后定义或同时说明定义的方式。

例如：

```
struct bytedata
{
    unsigned a:4;
    unsigned b:2;
    unsigned c:6;
    unsigned d:4;
}data1;                          /*说明位结构 bytedata 的同时定义 data1 */
struct bytedata    data2;        /*先说明位结构 bytedata 后定义 data2 */
```

定义 data1、data2 为 bytedata 变量，所占的存储空间是 2 个字节，其中位段 a 占 4 个位，字段 b 占 2 个位，字段 c 占 6 个位，位段 d 占 4 个位。

有关位段定义的说明如下：

（1）在位段结构中可以定义无名位段，无名位段的存储空间通常闲置不用。当无名位段的宽度被指定为 0 时有特殊作用，它使下一个位段从一个新的字节开始存放。例如：

```
struct data
{ unsigned   s1:4;
  unsigned      :0;              /*分配时越过当前字节的剩余空间*/
  unsigned      :4;              /*此 4 位空间不用*/
  unsigned   s2:12;
};
struct data data3;
```

data3 结构变量的存储空间如图 12.1 所示。

S1	不用	不用	S2
4 位	12 位	4 位	12 位

图 12.1　变量 data3 的存储分配示意图

（2）在位段结构定义中可以包含常规结构体成员。例如：

```
struct
{ unsigned short s1:3;
  unsigned short s2:8;
  unsigned short s3:2;
  short i;
};
struct data4;
```

则变量 data4 中的位段成员 s1、s2、s3 共占 13 位，不到 2 个字节；非位段成员 i 为 short 型，占 2 个字节。如图 12.2 所示，s1、s2、s3 之后空闲 3 位，i 则从另一个字节开头起存放。

s1	s2	s3	不用	i
3 位	8 位	2 位	3 位	16 位

图 12.2　变量 data4 的存储分配示意图

（3）一个位段必须存储在同一存储单元（即字）之中，不能跨两个单元。如果其单元空间不够，则剩余空间不用，从下一个单元起存放该位段。

（4）位段成员的长度不能大于指定类型存储单元的长度。

（5）不能定义元素为位段结构的数组。

2. 位段的引用

有位段的引用说明如下：

（1）对位段结构体成员的引用与一般结构体成员的引用方式相同。例如：

data1.s2 = 3;

（2）对位段赋值时，应考虑到每个位段所占的二进制位数，如果所赋的值超过了位段的表示范围，则自动取其低位数字。

（3）位段可以在数值表达式中引用，它会被系统自动地转换成整数。

（4）位段无地址，不能对位段进行取地址运算。

（5）位段可以以％d、％o、％x 格式输出。

【例 12.13】　位段的使用。

```
# include "stdafx. h"
# include < stdio. h>
# include < stdlib. h>

int   main()
{
struct
{
    unsigned a1:4;
    unsigned a2:8;
    unsigned a3:2;
    unsigned   :2;
    short i;
}
data, * pd;
data. a1 = 21;data. a2 = 100;data. a3 = 3;
data. i = data. a1 + data. a2;
printf("data.a1 = % d,data.a2 = % d,data.a3 = % d,data. i = % d\n",data.a1,
data.a2,data.a3,data.i);
pd = &data;
pd - > a1 = 18;
pd - > i = 245;
printf("data.a1 = % d,data. i = % d\n",data.a1,data.i);
system("pause");
return 0;
}
```

程序运行结果如下：

data.a1 = 5, data.a2 = 100, data.a3 = 3, data.i = 105
data.a1 = 2, data.i = 245

这里要说明的是，由于位段域 a1 的位数是 4 位，当赋值为 21(10101)时，值已经超过了位段的表示范围，系统并未报错，只是自动取其低位数字，实际上 a1 得到的初值是 5(101)；指针变量 *pd 指向 data 的首地址，所以当执行 pd->a1 = 18 时，实际上 pd->a1(data.a1)得到的实际值是 2，道理与前同。

习　题　12

一、选择题

12.1　以下运算符中优先级最低的是(　　)。

　　　A. && 　　　　　　B. & 　　　　　　C. || 　　　　　　D. |

12.2　整型变量 x 和 y 的值相等，且为非 0 值，则以下选项中，结果为零的表达式是(　　)。

　　　A. x||y 　　　　　B. x|y 　　　　　C. x&y 　　　　　D. x^y

12.3　在位运算中，操作数每右移一位，其结果相当于(　　)。

　　　A. 操作数乘以 2 　　　　　　　　　B. 操作数除以 2

　　　C. 操作数除以 4 　　　　　　　　　D. 操作数乘以 4

12.4　表达式 0x13|0x17 的值是(　　)。

　　　A. 0x13 　　　　　B. 0x17 　　　　　C. 0xE8 　　　　　D. 0xc8

12.5　表达式 0x13|0x17 的值是(　　)。

　　　A. 0x13 　　　　　B. 0x17 　　　　　C. 0xE8 　　　　　D. 0xc8

12.6　以下程序的输出结果是(　　)。

```
void main( )
{   int x = 20;   char z = 'H';
    printf("%d\n",(x&15)&&(z<'a'));
}
```

　　　A. 0 　　　　　　B. 1 　　　　　　C. 2 　　　　　　D. 3

12.7　下面程序执行后，x 和 y 的值分别是(　　)。

```
int x = 1, y = 2;
x = x^y; y = y^x; x = x^y;
```

　　　A. x=1,y=2 　　　B. x=2,y=2 　　　C. x=2,y=1 　　　D. x=1,y=1

二、填空题

12.8　在 C 语言中，& 运算符作为单目运算符时表示的是＿＿＿＿运算；作为双目运算符时表示的是＿＿＿＿运算。

12.9　与表达式 x^=y−2 等价的另一书写形式是＿＿＿＿。

12.10　运用位运算，能将 0x1e4d 除以 4，然后赋给变量 a 的表达式是＿＿＿＿。

12.11　设有"char a,b;"，若要通过 a&b 运算屏蔽掉 a 中的其他位，只保留第 2 位和第 8 位（右起为第 1 位），则 b 的二进制数是_____。

12.12　若 x＝0123,则表达式(5＋(int)(x)&(～2)的值是_____。

三、分析程序,给出程序运行结果

12.13　程序一

```
main()
{
    int a = 1,b = 2;
    if(a&b)
        printf(" **** \n");
    else
        printf("$ $ $ \n");
}
```

12.14　程序二

```
main()
{
    unsigned a,b;
    a = 0x9a;
    b = ～a;
    printf("a:%x\nb:%x\n", a, b);
}
```

12.15　程序三

```
main()
{
    short int a = 0123,x,y;
    x = a>>8;
    print("%0,",x);
    y = (a<<8)>>8;
    print("%0|n",y);
}
```

四、编程题

12.16　编写程序,取一个整数 a 从右端开始的 4～7 位。

12.17　编写一个函数,对一个 16 位的二进制数取出它的偶数位。

12.18　编写程序,将整型变量 a 的高 4 位与低 4 位进行交换,并输出移位后的结果。

12.19　从键盘输入 1 个正整数给 int 变量 num,按二进制位输出该数。

附录 A ASCII 码表

ASCII 值	控制字符	ASCII 值	控制字符	ASCII 值	控制字符	ASCII 值	控制字符
0	NUL	32	（space）	64	@	96	、
1	SOH	33	!	65	A	97	a
2	STX	34	”	66	B	98	b
3	ETX	35	#	67	C	99	c
4	EOT	36	$	68	D	100	d
5	ENQ	37	%	69	E	101	e
6	ACK	38	&.	70	F	102	f
7	BEL	39	,	71	G	103	g
8	BS	40	(	72	H	104	h
9	HT	41	)	73	I	105	i
10	LF	42	*	74	J	106	j
11	VT	43	+	75	K	107	k
12	FF	44	,	76	L	108	l
13	CR	45	—	77	M	109	m
14	SO	46	.	78	N	110	n
15	SI	47	/	79	O	111	o
16	DLE	48	0	80	P	112	p
17	DCI	49	1	81	Q	113	q
18	DC2	50	2	82	R	114	r
19	DC3	51	3	83	X	115	s
20	DC4	52	4	84	T	116	t
21	NAK	53	5	85	U	117	u
22	SYN	54	6	86	V	118	v
23	TB	55	7	87	W	119	w
24	CAN	56	8	88	X	120	x
25	EM	57	9	89	Y	121	y
26	SUB	58	:	90	Z	122	z
27	ESC	59	;	91	[	123	{
28	FS	60	<	92	/	124		
29	GS	61	=	93	]	125	}
30	RS	62	>	94	^	126	~
31	US	63	?	95	—	127	DEL

附录 B C 语言常用关键字表

类型声明关键字	基本类型	char double enum float int long short signed unsigned
	构造类型	struct union
	空类型	void
	类型定义	typedef
数据储存类别关键字	auto extern register static	
命令控制语句	分支控制	case default else if switch
	循环控制	do for while
	转向控制	break continue goto return
内部函数	sizeof	
常量修饰	const volatile	

附录 C 运算符优先级与结合性表

优先级	运算符	含义	用法	结合方向	说明
1	( )	圆括号	（表达式）/函数名(形参表)	自左至右	
	[ ]	数组下标	数组名[常量表达式]		
	->	成员选择（指针）	对象指针->成员名		
	.	成员选择（对象）	对象.成员名		
2	!	逻辑非	! 表达式	自右至左	单目运算符
	~	按位取反	~表达式		
	+	正号	+表达式		
	-	负号	-表达式		
	(类型)	强制类型转换	（数据类型）表达式		
	++	自增	++变量名/变量名++		
	--	自减	--变量名/变量名--		
	*	取内容	*指针变量		
	&	取地址	&变量名		
	sizeof	求字节数	sizeof(表达式)		
3	*	乘	表达式*表达式	自左至右	双目运算符
	/	除	表达式/表达式		
	%	取余（求模）	整型表达式%整型表达式		
4	+	加	表达式+表达式	自左至右	双目运算符
	-	减	表达式-表达式		
5	<<	左移	变量<<表达式	自左至右	双目运算符
	>>	右移	变量>>表达式		
6	<	小于	表达式<表达式	自左至右	双目运算符
	<=	小于等于	表达式<=表达式		
	>	大于	表达式>表达式		
	>=	大于等于	表达式>=表达式		
7	==	等于	表达式==表达式	自左至右	双目运算符
	!=	不等于	表达式!=表达式		
8	&	按位与	表达式&表达式	自左至右	双目运算符
9	^	按位异或	表达式^表达式	自左至右	双目运算符
10	|	按位或	表达式|表达式	自左至右	双目运算符
11	&&	逻辑与	表达式&&表达式	自左至右	双目运算符
12	||	逻辑或	表达式||表达式	自左至右	双目运算符
13	? :	条件运算符	表达式1? 表达式2:表达式3	自右至左	三目运算符

优先级	运算符	含　义	用　　法	结合方向	说明
14	=	赋值	变量＝表达式	自右至左	双目运算符
	＋＝	加后赋值	变量＋＝表达式		
	－＝	减后赋值	变量－＝表达式		
	＊＝	乘后赋值	变量＊＝表达式		
	/＝	除后赋值	变量/＝表达式		
	%＝	取模后赋值	变量%＝表达式		
	＜＜＝	左移后赋值	变量＜＜＝表达式		
	＞＞＝	右移后赋值	变量＞＞＝表达式		
	&＝	按位与后赋值	变量&＝表达式		
	^＝	按位异或后赋值	变量^＝表达式		
	|＝	按位或后赋值	变量|＝表达式		
15	,	逗号运算符	表达式,表达式,…	自左至右	

附录 D C 语言库函数

1. 输入输出函数

使用输入输出函数时需在源程序文件中包含头文件 stdio.h。

函数名	函数原形	功能及返回值	说　明
clearerr	void clearerr（FILE ∗ stream）；	使 stream 所指文件的错误标志和文件结束标志置 0	
close	int close(int handle)；	关闭 handle 所表示的文件处理,成功返回 0,否则返回－1	可用于 UNIX 系统
creat	int creat(char ∗ filename, int permiss)；	建立一个新文件 filename,并以 permiss 设定读写方式	permiss 为文件读写性,值可为: S_IWRITE(允许写) S_IREAD(允许读) S_IREAD│S_IWRITE(允许读、写)
eof	int eof(int ∗ handle)；	检查文件是否结束,结束返回 1,否则返回 0	
fclose	int fclose（FILE ∗ stream）；	关闭 stream 所指的文件,释放文件缓冲区	stream 可以是文件或设备(例如 LPT1)
feof	int feof(FILE ∗ stream)；	检测 stream 所指文件位置指针是否在结束位置	
fgetc	int fgetc（FILE ∗ stream）；	从 stream 所指文件中读一个字符,并返回这个字符	
fgets	char ∗ fgets（char ∗ string, int n, FILE ∗ stream）；	从 stream 所指文件中读 n 个字符存入 string 字符串中	
fopen	FILE ∗ fopen（char ∗ filename,char ∗ type）；	打开一个文件 filename,打开方式为 type,并返回这个文件指针	
fprintf	int fprintf（FILE ∗ stream, char ∗ format [,argument,…]）；	以格式化形式将一个字符串输出到指定的 stream 所指文件中	
fputc	int fputc(int ch,FILE ∗ stream)；	将字符 ch 写入 stream 所指文件中	
fputs	int fputs（char ∗ string, FILE ∗ stream）；	将字符串 string 写入 stream 所指文件中	

函数名	函 数 原 形	功能及返回值	说 明
fread	int fread(void * ptr, int size, int nitems, FILE * stream);	从 stream 所指文件中读入 nitems 个长度为 size 的字符串存入 ptr 中	
fscanf	int fscanf (FILE * stream, char * format [,argument,…]);	以格式化形式从 stream 所指文件中读入一个字符串	
fseek	int fseek(FILE * stream, long offset, int wherefrom);	把文件指针移到 wherefrom 所指位置的向后 offset 个字节处	wherefrom 的值: SEEK_SET 或 0(文件开头), SEEK_CUR 或 1(当前位置), SEEK_END 或 2(文件结尾)
ftell	long ftell (FILE * stream);	返回 stream 所指文件中的文件位置指针的当前位置,以字节表示	
fwrite	int fwrite(void * ptr, int size, int nitems, FILE * stream);	向 stream 所指文件中写入 nitems 个长度为 size 的字符串,字符串在 ptr 中	
getc	int getc(FILE * stream);	从 stream 所指文件中读取一个字符,并返回这个字符	
getchar	int getchar(void);	从标准输入设备读取一个字符	
getw	int getw (FILE * stream);	从 stream 所指文件中读取一个整数,若错误返回 EOF	
open	int open(char * pathname, int access[,int permiss]);	打开一个文件,按后按 access 来确定文件的操作方式	
printf	int printf (char * format [,argument,…]);	产生格式化的输出到标准输出设备	
putc	int putc(int ch, FILE * stream);	向 stream 所指文件中写入一个字符 ch	
putchar	int putchar(int ch);	向标准输出设备写入一个字符 ch	
puts	int puts(char * string);	把 string 所指字符串输出到标准输出设备	
putw	int putw(int w, FILE * stream);	向 stream 所指文件中写入一个整数	
read	int read(int handle, char * buf, int nbyte);	从文件号为 handle 的文件中读 nbyte 个字符存入 buf 中	
rename	int rename(char * oldname, char * newname);	将文件 oldname 的名称改为 newname	
rewind	int rewind (FILE * stream);	将 stream 所指文件的位置指针置于文件开头	
scanf	int scanf (char * format [,argument…]);	从标准输入设备按 format 格式输入数据	
write	int write(int handle, char * buf, int nbyte);	将 buf 中的 nbyte 个字符写入文件号为 handle 的文件中	

2. 数学函数

使用数学函数时,需在源程序文件中包含 math.h 头文件。

函数名	函 数 原 形	功能及返回值	说　　明
abs	int abs(int x);	返回整型参数 x 的绝对值	
acos	double acos(double x);	返回 x 的反余弦 $\cos^{-1}(x)$ 值	$x \in [-1.0, 1.0]$
asin	double asin(double x);	返回 x 的反正弦 $\sin^{-1}(x)$ 值	$x \in [-1.0, 1.0]$
atan	double atan(double x);	返回 x 的反正切 $\tan^{-1}(x)$ 值	
atan2	double atan2(double y,double x);	返回 y/x 的反正切 $\tan^{-1}(x)$ 值	
cos	double cos(double x);	返回 x 的余弦 $\cos(x)$ 值	x 的值为弧度
cosh	double cosh(double x);	返回 x 的双曲余弦 $\cosh(x)$ 值	x 的值为弧度
exp	double exp(double x);	返回指数函数 e^x 的值	
exp2	double exp2(double x);	返回指数函数 2^x 的值	
fabs	double fabs(double x);	返回双精度参数 x 的绝对值	
floor	double floor(double x);	返回不大于 x 的最大整数	
fmod	double fmod(double x,double y);	返回 x/y 的余数	
frexp	double frexp (double val, int * eptr);	将双精度数 val 分解成尾数 f 和以 2 为底的指数 2^n(即 $val = f * 2^n$)。返回尾数部分,并把 n 存放在 eptr 指向的位置	
log	double log(double x);	返回 $\log_e x$(即 lnx)的值	
log10	double log10(double x);	返回 $\log_{10} x$ 的值	
modf	double modf (double x, double * nptr);	将双精度数 x 分解成整数部分 n 和小数部分 f(即 $x = n + f$)。返回小数部分 f,并把整数部分 n 存于 nptr 指向的位置	
pow	double pow(double x,double y);	返回 x^y 的值	
sin	double sin(double x);	返回 x 的正弦 $\sin(x)$ 值	x 的值为弧度
sinh	double sinh(double x);	返回 x 的双曲正弦 $\sinh(x)$ 值	x 的值为弧度
sqrt	double sqrt(double x);	返回 x 的平方根	x 应大于等于 0
tan	double tan(double x);	返回 x 的正切 $\tan(x)$ 值	x 的值为弧度
tanh	double tanh(double x);	返回 x 的双曲正切 $\tanh(x)$ 值	x 的值为弧度

3. 字符函数和字符串函数

使用字符串函数时需在源程序文件中包含头文件 string.h,使用字符函数时需包含头文件 ctype.h。

函数名	函 数 原 形	功能及返回值	包含文件
isalnum	int isalnum(int c);	若 c 是字母('A'~'Z','a'~'z')或数字('0'~'9'),则返回非 0 值,否则返回 0 值	ctype.h
isalpha	int isalpha(int c);	若 c 是字母('A'~'Z','a'~'z')返回非 0 值,否则返回 0 值	ctype.h
iscntrl	int iscntrl(int c);	若 c 是 ASCII 码值为 0~31 或 127 的字符,则返回非 0 值,否则返回 0 值	ctype.h
isdigit	int isdigit(int c);	若 c 是数字('0'~'9')返回非 0 值,否则返回 0 值	ctype.h

函数名	函 数 原 形	功能及返回值	包含文件
isgraph	int isgraph(int c);	若 c 是可打印字符(不包含空格,其 ASCII 码值为 33~126)返回非 0 值,否则返回 0 值	ctype.h
islower	int islower(int c);	若 c 是小写字母返回非 0 值,否则返回 0 值	ctype.h
isprint	int isprint(int c);	若 c 是可打印字符(含空格,其 ASCII 码值为 32~126)返回非 0 值,否则返回 0 值	ctype.h
ispunct	int ispunct(int c);	若 c 是标点字符(不包括空格),即除字母、数字和空格以外的所有可打印字符返回非 0 值,否则返回 0 值	ctype.h
isspace	int isspace(int c);	若 c 是空格(' ')、水平制表符('\t')、回车符('\r')、走纸换行符('\f')、垂直制表符('\v')、换行符('\n'),返回非 0 值,否则返回 0 值	ctype.h
isupper	int isupper(int c);	若 c 是大写字母('A'~'Z')返回非 0 值,否则返回 0 值	ctype.h
isxdigit	int isxdigit(int c);	若 c 是十六进制数数码('0'~'9','A'~'F','a'~'f')返回非 0 值,否则返回 0 值	ctype.h
strcat	char * strcat (char * dest, char * src);	将字符串 src 添加到字符串 dest 末尾	string.h
strchr	char * strchr (char * s, int c);	检索并返回字符 c 在字符串 s 中第一次出现的位置,如找不到,则返回空指针	string.h
strcmp	int strcmp (char * s1, char * s2);	比较字符串 s1 与 s2 的大小,若两者相等,返回 0 值;若 s1>s2 返回一个正数;若 s1<s2 返回一个负数	string.h
strcpy	char * strcpy (char * dest, char * src);	将字符串 src 的内容复制到字符串 dest,覆盖 dest 中原有的内容	string.h
strlen	size_t strlen(char * s);	返回字符串 s 的长度	string.h
strstr	char * strstr (char * src, char * sub);	扫描字符串 src,并返回第一次出现 sub 的位置	string.h
tolower	int tolower(int c);	若 c 是大写字母('A'~'Z')返回相应的小写字母('a'~'z')	ctype.h
toupper	int toupper(int c);	若 c 是小写字母('a'~'z')返回相应的大写字母('A'~'Z')	ctype.h

4. 动态存储分配函数

使用动态分配函数时要求包含 malloc.h 头文件。

函数名	函 数 原 形	功能及返回值
calloc	void * calloc(unsigned nelem, unsigned elsize);	分配 nelem 个长度为 elsize 的内存空间并返回所分配内存空间的起始地址
free	void free(void * ptr);	释放先前所分配的内存空间,ptr 指向所要释放的内存空间
malloc	void * malloc(unsigned size);	分配 size 个字节的内存空间,并返回所分配内存空间的起始地址
realloc	void * realloc (void * ptr, unsigned newsize);	改变已分配内存空间的大小,ptr 为已分配内存空间的指针,newsize 为新的长度。返回重新分配的内存空间的起始地址

参考文献

[1] 朱鸣华.C 语言程序设计教程(第 3 版).北京:机械工业出版社,2014.

[2] 刘畅.C 语言实用教程(第 2 版).北京:电子工业出版社,2014.

[3] 朱立华,郭剑.C 语言程序设计(第 2 版).北京:人民邮电出版社,2014.

[4] 霍尔顿.杨浩,译.C 语言入门精典(第 5 版).北京:清华大学出版社,2013.

[5] (美)戴特尔.苏小红等译.C 语言大学教程(第 6 版).北京:电子工业出版社,2012.

[6] 于海英.C 语言程序设计.北京:清华大学出版社,2012.

[7] 苏小红.C 语言大学实用教程(第 3 版).北京:电子工业出版社,2012.

[8] 李凤霞.C 语言程序设计教程(第三版).北京:北京理工大学出版社,2011.

[9] 廖湖生,叶乃文.C 语言程序设计案例教程(第 2 版).北京:人民邮电出版社,2010.

[10] 谭浩强.C 程序设计(第四版).北京:清华大学出版社,2010.

图书资源支持

感谢您一直以来对清华版图书的支持和爱护。为了配合本书的使用,本书提供配套的资源,有需求的读者请扫描下方的"书圈"微信公众号二维码,在图书专区下载,也可以拨打电话或发送电子邮件咨询。

如果您在使用本书的过程中遇到了什么问题,或者有相关图书出版计划,也请您发邮件告诉我们,以便我们更好地为您服务。

我们的联系方式:

地　　址：北京市海淀区双清路学研大厦 A 座 714

邮　　编：100084

电　　话：010-83470236　010-83470237

客服邮箱：2301891038@qq.com

QQ：2301891038（请写明您的单位和姓名）

资源下载:关注公众号"书圈"下载配套资源。

资源下载、样书申请

书 圈

图书案例

清华计算机学堂

观看课程直播